化妆品学基础

谢珍茗　主编

Fundamentals
of Cosmetics

化学工业出版社
·北京·

内容简介

　　《化妆品学基础》针对化妆品行业的发展特点，以化妆品行政法规为主线，系统阐述了化妆品及其行业的相关知识。全书共6章，第1章为化妆品产业概述；第2章为化妆品基础知识，介绍化妆品的定义、分类及法规属性等；第3章为化妆品基础理论，依次介绍了化妆品生理学基础、化妆品表面活性剂基础、乳化理论、流变学理论、防腐及抗氧化等知识；第4章为化妆品原料、配方与工艺；第5章为化妆品评价方法；第6章为我国化妆品安全监管概况。

　　《化妆品学基础》可作为高等学校轻化工类专业的教材，也可供化妆品行业从业人员及相关领域的研究、设计和管理人员使用。

图书在版编目（CIP）数据

化妆品学基础/谢珍茗主编. —北京：化学工业出版
社，2022.12（2024.9重印）
ISBN 978-7-122-42187-6

Ⅰ.①化…　Ⅱ.①谢…　Ⅲ.①化妆品　Ⅳ.①TQ658

中国版本图书馆CIP数据核字（2022）第171772号

责任编辑：宋林青　　　　　　　　　文字编辑：杨凤轩　师明远
责任校对：杜杏然　　　　　　　　　装帧设计：史利平

出版发行：化学工业出版社（北京市东城区青年湖南街13号　邮政编码100011）
印　　刷：北京云浩印刷有限责任公司
装　　订：三河市振勇印装有限公司
787mm×1092mm　1/16　印张14　字数344千字　2024年9月北京第1版第3次印刷

购书咨询：010-64518888　　　　　　售后服务：010-64518899
网　　址：http://www.cip.com.cn
凡购买本书，如有缺损质量问题，本社销售中心负责调换。

定　　价：40.00元　　　　　　　　　　　　　　　　版权所有　违者必究

前　言

　　随着社会经济的快速发展和人们生活水平的不断提高，化妆品已经成为人们美化生活和提升幸福感的日用消费品，我们在不知不觉中进入了"美丽时代"。近年来，化妆品产业发展迅猛，随着《化妆品监督管理条例》等系列法规的出台，以"高质量发展"为目标的化妆品行业对从业人员也提出了更高要求。

　　《化妆品学基础》针对化妆品行业的发展特点，吸收本学科领域的研究成果，注重内容的完整性与通俗性，以化妆品行政法规为主线进行阐述，知识结构逻辑清晰，兼具科学性、实用性和通用性。

　　全书共6章：第1章为化妆品产业概述，阐述化妆品的发展历史、现状、发展趋势和人才需求；第2章为化妆品基础知识，介绍化妆品的定义、分类及法规属性等基础知识；第3章为化妆品基础理论，从化妆品生理学基础，化妆品中涉及的表面活性剂理论、乳化理论、流变学理论、防腐及抗氧化等方面展开系统介绍；第4章为化妆品原料、配方及工艺，以原料功能为分类介绍化妆品原料基础知识，结合典型实例介绍化妆品配方及工艺技术；第5章为化妆品评价方法，结合最新的研究成果，从化妆品安全性评价、功效性评价及感官评价等方面系统介绍化妆品评价概况；第6章为我国化妆品安全监管概况，系统介绍我国化妆品安全监管体系及法规体系。通过本书，能使读者在化妆品法规的观念下，构建化妆品基本原理、理论、技术和方法等知识体系。

　　本书可作为高等学校轻化工类相关专业的教材或教学参考书，也可供化妆品行业从业人员及相关领域的研究、设计和管理等人员使用。

　　本书得到了广东工业大学本科教学质量工程建设项目、广东省药品监督管理局及广东省药品不良反应监测中心的资助，在编写过程中，谢志洁、郭昌茂、魏雪芳、郭清泉等领导和老师给出了宝贵意见和建议，林雨童、黄旖婷、李毅聪等同学参与了本书的资料整理和校核修改工作，化学工业出版社的编辑对本书出版给予了帮助，在此一并表示深切的感谢。

　　由于作者水平有限，书中难免有不妥之处，恳请读者和同行批评指正。

作者

2022 年 3 月 25 日

第3章　化妆品基础理论

第1章
化妆品产业概述

1.1 化妆品的历史与发展历程

1.1.1 化妆品的历史

1.1.1.1 化妆品的世界史

"爱美之心，人皆有之"，自有人类文明以来，就有了对美化自身的追求。广义的化妆品是指各种化妆的物品。在原始社会，一些部落在祭祀活动时，会把动物油脂涂抹在皮肤上，使自己的肤色看起来健康而有光泽，这也算是最早的护肤行为了。由此可见，化妆品的历史几乎可以推算到自人类的存在开始。

有记载的化妆品使用起源于古埃及，大约在公元前5世纪，古埃及人在许多宗教仪式上除了焚烧香膏、香木外，还用黏土卷曲头发，使用芳香产品混同油脂涂抹身体参加朝圣，或涂于尸体上作防腐剂，古埃及皇后用铜绿描画眼圈，用驴乳浴身使皮肤细腻和增白等。在同一时期，罗马帝国也注重皮肤、毛发、指甲及口腔的保健和美化，并开始使用化妆品（图1-1）。

公元2世纪，希腊物理学家柏林将玫瑰花水加入到蜂蜡和橄榄油中，经搅拌混合后得到一种很不稳定的乳膏状物，这就是最早的"膏霜"化妆品。

公元3世纪，意大利的那不勒斯地区已发展成为芳香业的中心，产品有固体香膏、液体香油和香粉等，另外还生产樟脑、麝香、檀香、藏花油、玫瑰油、丁香油等香料。在意大利罗马的理发店里已开始使用香水。

公元7世纪，科学家在香膏中加入硼砂，得到类似现在"香脂"的稳定乳化膏体。公元11~12世纪，化妆品在阿拉伯国家也取得了很大发展，阿拉伯人已经懂得采用蒸馏提取技术制备香精。这是化妆品工业的一大进步。

图 1-1　古人使用化妆品

　　1370 年，匈牙利就开始用酒精、香料调制酒精香水。匈牙利是生产酒精香水最早的国家，这种香水至今仍享有盛名。

　　公元 14～16 世纪，随着欧洲文艺复兴带来的文化繁荣，人们对化妆品的需求也越来越迫切。以后随着工业革命的深入发展，化妆品开始从医药中分离出来，合成染料以及香料工业不断进步和发展，到 19 世纪末，化妆品逐渐成为单独的工业领域并迅速发展。

1.1.1.2　化妆品的中国史

　　我国是一个文明古国，有着几千年灿烂的历史，化妆品的使用与其他古老文明一样，源远流长。在远古文化宝库周口店，发现北京猿人头盖骨的同时，还发现了许多装饰品，如淡绿色的砾石、石珠、海钳壳、青鱼眼上骨、鹿的犬齿等，中间均钻有小孔，其外形相当精细和美观，说明生长在这片土地上的先祖们对美的崇尚。早在新石器中期，随着酿酒的出现，就有了最早的美容。因酒能通血脉，服用后面红如涂胭脂，所以有人提出酒为“媚药”之将帅。媚药，即使人变美的药，恐怕是人类最早使用的美容药物。

　　早在公元前 11 世纪的商朝，即有“纣烧铅作粉”（纣——商朝末代君主）涂面美容的方法记载。商周时代的化妆还局限于宫廷妇女，主要为了供君主欣赏享受的需要而妆扮。在晋《博物志》记载有“宫粉”，即用胡粉（碱式碳酸铅）制成皇家后妃专用的剥脱面部皮肤的美容用品。在后唐《中华古今注》中记载“三代，以铅为粉”“起自纣，以红兰花汁凝成燕脂”，用红兰花汁凝成胭脂（当时叫燕支），涂面作“桃花妆”，用于美容的修饰。

　　在春秋战国时期，已经有粉黛、胭脂、眉墨、兰膏等各类化妆品。《战国策》中记载：“春秋时周郑之女，粉白墨黑，立于衢间”，可见当初女性已调脂搽粉，争煊容颜。古代妇女虽然没有现成的、琳琅满目的化妆品可供选择，但是这并不会减弱她们打扮自己的意愿。《诗经》中有这么一句话：“自伯之东，首如飞蓬。岂无膏沐？谁适为容。”意思是说，自从丈夫去了东方，妻子蓬头散发，无心打扮，并非是没有保养品，而是丈夫不在，要打扮给谁看呢？可见中国古代妇女修饰容颜的习惯起源得相当早。

　　秦汉时代，随着社会经济的高度发展和审美意识的提高，化妆的习俗得到新的发展，无论是贵族还是平民阶层都会注重自身的容颜装饰。东汉班固所撰《汉书》中，有宫女画眉之说。据称当时梁冀的妻子孙寿，制备有各种各样的“妆媚”，称绝一时。北魏贾思勰的《齐民要术》中记载：作香粉，惟多着丁香于粉盒中，自然芬馥。此时的粉，除了修饰容貌外，还有让味觉舒适的功效，跟现代人擦香水的需求差不多。

到了唐朝，由于妇女非常时髦，也相当豪放，中唐以后曾流行在袒露的颈部、胸部也擦白粉，进行美化妆饰。脸部所擦的粉除了涂白色被称为"白妆"外，甚至还有涂成红褐色被称为"赭面"的。赭面的风俗出自吐蕃贞观以后，伴随唐朝的和蕃政策，两民族之间的文化交流不断扩大，赭面的妆式也传入汉族，并以其奇特引起妇女的仿效，还曾经盛行一时。

两宋时期，中外文化交流增多，当时的很多书籍中记载了不少美容方剂。《太平圣惠方》中记载了包括"治粉刺诸方""治黑痣诸方""治疣目诸方""治狐臭诸方"等各类医学美容方剂，说明当时的美容治疗已有一定发展。据史料记载，南宋的杭州，已成为生产化妆品的重要基地。杭州生产的化妆用脂粉，被称为"杭粉"，久负盛名，到明末清初时更是远销日本。

元明时期的美容化妆品方剂更是达到了空前的高度，元代许国桢的《御药院方》收集了大量的宋、金、元代的宫廷秘方，其中有 180 个为美容方，如"御前洗面药""皇后洗面药""乌云膏""玉容膏"等。其中所载"乌鬓借春散"可乌鬓黑发，"朱砂红丸子"除黑去皱、令面洁净白润。另外，"冬瓜洗面药"等至今验之仍具有很好的美容效果。明代李时珍所著"东方医学巨典"《本草纲目》一书收载美容药物 270 余种，其功效涉及增白驻颜、生须眉、疗脱发、乌发美髯、去面粉刺、灭瘢痕疣目、香衣除口臭体臭、洁齿生牙、治酒鼻、祛老抗皱、润肌肤、悦颜色等各个方面。此外受到东西方交流的影响，明代皮肤外科研究及专著也比之前历朝更加丰富多彩，陈实功的《外科正宗》总结了粉刺、雀斑、酒渣鼻、痤疮、狐气、唇风的治疗，对每个皮肤病的病理、药物的组成和制作都做了详细介绍。

清朝美容用品和药剂已有新的发展。《医宗金鉴》中记载了很多皮肤美容的方法及治疗皮肤病的药物，如用水晶膏治黑痣，用颠倒散治痤疮，用时珍正容散治雀斑，等等。清道光九年（1830 年），扬州谢馥春香号，由谢宏业创建，生产的化妆品有香佩、香囊、香板、香珠及宫粉、水粉、胭脂、桂花油等。清同治元年（1862 年），由孔传鸿创建的杭州孔凤春香粉号，生产鹅蛋粉、水粉、扑粉、雪花粉等。

由于当时我国长期处在封建势力的统治下，生产技术十分落后，化妆品的工业生产大多为手工作坊，且品种较少。直到 20 世纪初，在上海、云南、四川等地开始出现一些专门生产雪花膏的小型化妆品厂。1905 年，"千里行"在香港创办了我国第一家用机器生产化妆品的工厂——广生行，开始生产双妹牌的花露水、雪花膏和香粉。以后又陆续在上海、广州、营口等地建厂，生产双妹牌花露水、如意油、如意膏等化妆品。广生行的创建，标志着我国化妆品生产从作坊式生产发展到机械化生产。1916 年广生行的双妹牌化妆品在美国赛会上荣获金奖。

1912 年中国化学工业社在上海建厂，即目前上海牙膏厂的前身。1913 年在上海又建立了中华化妆品厂，生产菊霜、发蜡等产品。到了三四十年代，又相继建立了上海明星花露水厂、上海家庭工业社、富贝康化妆品厂、宁波凤苞化妆品厂等，使我国的化妆品工业逐渐形成了一定的规模。

新中国成立后，确立了化妆品美化人民生活、保持身心健康、促进精神文明建设的宗旨，但化妆品仍被认为是奢侈品，化妆品工业没有得到多大的发展。我国的化妆品工业在 1978 年改革开放政策实施后发生了翻天覆地的变化，进入了蓬勃发展的快车道。

1.1.2　化妆品的发展历程

化妆品的发展历史，大约可分为下列四个阶段。

1.1.2.1　天然的动植物油脂阶段

使用天然的动植物油脂对皮肤作单纯的物理防护，即直接使用动植物或矿物来源的不经过化学处理的各类油脂。由于天然物资的缺乏、功效单一、使用不方便、存储条件要求高等，限制了这个时期化妆品的广泛使用。

1.1.2.2　合成化妆品阶段

20世纪第二次世界大战后，世界范围内经济慢慢复苏，随着石油化学工业的迅速发展，为了迎合人们对美的追求和渴望，以矿物油为主要成分，以油和水乳化技术为基础理论，加入香料、色素等其他化学添加物的合成化妆品诞生。由于合成化妆品能大批量生产，价格较低廉，且能保证稳定供应，故得以迅速普及。截至目前仍然有很多化妆品品牌还在使用那个时代研制的原料，所以矿物油时代也就是日用化学品时代。

但随着合成化妆品的普及、高化学成分化妆品的运用，同时人们盲目追求化妆品的效果，合成化妆品进入一个特殊时期，越来越多化妆品伤害肌肤的事件爆发。如20世纪70年代，日本有18位妇女，因为使用含有重金属的化妆品而导致面部患上严重黑皮症，她们联名控告日本七大名牌化妆品厂家，此事件既轰动了国际美容界，也促进了人们对护肤品中有毒害成分的关注，掀起了一股"回归大自然"的思潮。

合成化妆品中有害添加物的危害：

油脂类——造成毛孔粗大，皮脂腺功能紊乱；

乳化剂——破坏皮肤组织结构，造成免疫能力下降，使皮肤敏感，具有较强致癌性；

色素——造成色素沉着，引发色斑；

香料——强致癌性，引起过敏反应；

杀菌剂——杀死有害菌的同时杀死有益菌，降低皮肤自身保护功能；

防腐剂——产生100%活性氧，皮肤老化元凶之一，致癌；

甲醛——有毒物质，强烈刺激神经系统；

激素——导致激素依赖性皮炎；

重金属——导致肌肤中毒。

1.1.2.3　天然成分化妆品阶段

为降低合成化妆品原料对肌肤的影响，用植物油、动物油等"天然油"取代"矿物油"，添加各类动植物萃取精华，减少对皮肤有潜在危害的色素、香料、化学防腐剂、乳化剂等添加剂的天然成分化妆品使化妆品进入天然化妆品时代。但需注意的是，目前某些所谓天然的化妆品中天然物质并不多，绝大部分仍然是合成品。天然化妆品与普通化妆品其实并没有太大的区别，许多人所担心的化妆品过敏，在天然化妆品中同样会发生。譬如牛奶、花粉、燕麦、大豆提取物、水解小麦蛋白等也可能引起过敏症状。

1.1.2.4　仿生化妆品阶段

随着对皮肤生理结构的认识，科学家们了解到一切问题皮肤的根源都来自皮肤内部。采用生物技术制造与人体自身结构相仿并具有高亲和力的生物精华物质，将其复配到化妆品中，以补充、修复和调整细胞因子来达到抗衰老、修复受损皮肤等功效，将是化妆品的发展方向。

1.2 化妆品产业现状及发展趋势

1.2.1 化妆品产业现状

近代迅速崛起的油脂工业、香料工业、化工原料工业、有机合成工业，为化妆品工业提供了扎实的基础，也为现代化妆品工业的迅猛发展创造了有利条件。20世纪70年代以来，化妆品科学有了很大的发展，不仅表现在传统的化学领域中，它更融合了多种学科如皮肤生理学、药理学、毒理学、微生物学、香精香料学等学科知识，使化妆品科学成为一门多学科的综合性的新型学科，化妆品已经从简单的皮肤清洁、护理、消除异味的功能向更多的功效性方面发展，并赋予产品更多的特性。

1.2.1.1 国外化妆品产业现状

总体来看，世界化妆品的生产主要集中在欧洲、美国、日本等发达国家，其化妆品企业凭借强大的研发能力、品牌影响力及营销能力，占据着化妆品产业的领先地位，引领全球的美容理念和产业发展方向，排名前列的品牌如欧莱雅、宝洁、联合利华、雅诗兰黛、资生堂，合计约占全球市场份额的一半以上。

美国是世界上最大的化妆品生产国和销售国，全美有500多家生产化妆品的企业，生产经营清洁类、护肤类、护发类、香水美容类和特殊化妆品五大类25000多种，除满足国内消费者需要外，有相当一部分产品被出口到欧洲、亚洲和拉丁美洲。在500多家化妆品生产企业中，排名前10位的是Procter & Gamble（宝洁）、Gillette（吉列）、Colgate-Palmolive（高露洁棕榄）、Johnson & Johnson（强生）、Estee Lauder（雅诗兰黛）、AVON（雅芳）、Revlon（露华浓）、Helene Curtis（海伦·柯蒂斯）、Alberto-Curtis（阿伯托·柯蒂斯）和Mary Kay（玫琳凯）。这10个公司的产品销售额约占全美化妆品工业总销售额的75%以上。

日本的化妆品生产和消费在全世界范围内仅次于美国，目前，持有厚生省化妆品许可证的企业有1400多家，主要生产护肤类、发用类、美容类、医药部外品等近2万种产品。由于日本人美容化妆的目的着重于护肤和益发，所以护肤类和发用类化妆品占主要地位。日本较大型的化妆品生产企业约有100家，主要分布在东京、大阪附近。SHISEIDO（资生堂）、POLA（宝丽）、Kao（花王）、Kanebo（佳丽宝）、KOSÉ（高丝）、LION（狮王）、NOE-VIR（诺薇雅）、TSUMURA等8家企业在日本化妆品市场中占有举足轻重的地位，它们的销售额约占日本化妆品市场销售总额的60%以上。日本化妆品主要出口美国、韩国、新加坡、法国、德国、英国、意大利、瑞士、加拿大、巴西、澳大利亚等国家和中国台湾、中国香港等地区；主要进口是法国、美国（香水）、英国、德国、荷兰、加拿大、新西兰、印度尼西亚等国家，中国台湾和中国香港等地区。

欧洲化妆品工业历史悠久，整体化妆品市场较为成熟，人均化妆品消费水平较高；整体化妆品市场对绿色天然产品的推崇度较高。以法国化妆品工业为例，香水和美容化妆品是法国化妆品工业的主要产品，其香水的产量和出口量均居全球第一，主要销往德国、美国、意大利等国家以及中国香港地区。法国香水久负盛名，其精湛的调香技术、和谐淡雅的香气以及精美的装潢设计均为世人所公认。在众多的香水生产企业当中，L'oreal（欧莱雅）、YvesRocher（伊夫·劳伦）、LVMH（高级时尚精品集团公司）、ChristianDior（克丽丝汀·迪奥）、Sanofi（赛洛非）、Chanel（香奈尔）6 家公司最为著名。此外，包括德国的Beiersdorf（拜尔斯道夫）、英国的 Tesco 等老牌化妆品企业以及新兴的意大利、保加利亚、捷克、斯洛伐克等国家在化妆品及盥洗用品的研发、生产以及销售上呈现良好态势。

韩国化妆品工业主要致力于针对亚洲人皮肤的特点，进行保湿、美白、抗皱等多功能产品的研究和开发，其产品的覆盖度全面，满足不同消费层次需求。爱茉莉太平洋和 LG 生活健康是韩国化妆品产业的两大巨头，很多国内消费者耳熟能详的韩国化妆品就是出自这两家，例如爱茉莉太平洋的雪花秀、兰芝、悦诗风吟等，又如 LG 生活健康的后和 su：m。

以泰国作为最大市场，包含印度尼西亚、马来西亚、菲律宾、新加坡和越南 6 国的东盟化妆品市场也不断扩大，随着化妆品从合成化妆品到天然化妆品的产业升级，东盟化妆品产业也在不断升级与扩展。

1.2.1.2 我国化妆品产业现状

中华人民共和国成立以后，各地都相继建立了一些化妆品厂。1956 年我国有化妆品厂288 家，产值 5678 万元，但由于当时我国人民长期受封建社会的影响，化妆品在一般人的概念中是一种奢侈品，加之人民生活水平低，化妆品的发展十分缓慢。

改革开放后，中国化妆品市场进入快速发展期，中国化妆品行业也从小到大，由弱到强，从简单粗放到科技领先、集团化经营，全行业形成了一支初具规模、极富生机活力的产业大军。截至 2021 年 2 月，我国已成为世界第二大化妆品消费市场，全国化妆品持证生产企业数量达 5400 余家，各类化妆品注册备案主体 8.7 万余家，有效注册备案产品数量近160 余万。化妆品市场与行业呈现出以下现状：

① 从化妆品人均消费规模来看，虽然我国化妆品市场的整体消费规模已位列全球第二，但人均化妆品的消费规模远低于日本、韩国、美国和德国等人均护肤品消费较为成熟的国家。

② 从化妆品类别看，我国化妆品产品有清洁类、护肤类、护发类、美容类、特殊化妆品五大类约 1 万个品种。各类化妆品都覆盖了高、中、低各个档次，基本上适应了当前不同层次消费群体的需求。随着我国化妆品消费的不断成熟、美妆步骤的不断增多，消费者使用的化妆品已不仅仅局限于护肤品类，彩妆及个性化护肤品的增速迅猛。

③ 从化妆品销售渠道上看，传统渠道（线下、商超等）增速放缓，新兴渠道（线上、电商等）增速较快，专业线（院线化妆品）的化妆品销售渠道慢慢成为普通消费者的购买方式。

④ 我国化妆品生产企业的布局特点呈现东南沿海集中、向中西部逐渐减少的趋势，主要集中在我国东南沿海地区，以广东省、浙江省、江苏省和上海市为主要聚集区，该三省一市化妆品生产企业数量占我国化妆品生产企业的 75.8%。其中广东省化妆品生产企业占到了我国化妆品生产企业的 55.3%。

随着社会经济的不断进步和物质生活的极大丰富，护肤品不再是过去只有富人才拥有的东西，它已走入了平常百姓家。但中国的人均护肤品消费水平与发达国家比还有一定的差距，表明我国护肤品销售有很大的潜在市场，因此，中国化妆品市场在今后数年内依然会保持快速发展的趋势。

1.2.2 化妆品产业发展趋势

纵观化妆品工业的发展历程，1970 年以前化妆品研究的重点是产品的制造，其相关学科为胶体化学、流变学、统计学等。20 世纪 80 年代以后，化妆品工业的研究重点步入了人和物相互调和的时代，化妆品的安全性、有效性受到极大的重视，化妆品的研究领域也扩展到皮肤学、生理学、生物学、药理学及心理学等。至 20 世纪末，已推出了高安全性并具有一定生理学功效的化妆品类型，如美白化妆品、保湿化妆品、防衰老化妆品、防脱发化妆品等。

进入 21 世纪后，随着人们需求的不断增加和化妆品科技的不断进步，化妆品将进入产品与使用者需求相互融合的新阶段，制造出对消费者真正有价值的商品，将逐渐成为化妆品市场与技术发展的方向。化妆品的基础研究已从化妆品科学扩展到细胞生物学、分子生物学、近代药物化学、药理学、心理学及生命科学等。化妆品的研究也将不仅重视提高化妆品的生理功效，即生理学的有用性，而且重视化妆品的心理学功效研究，包括通过五官的感觉影响与改变人的心理状态。根据近代生命科学的原理，心理状态影响人的神经、内分泌、免疫功能等，创造良好的心理状态可以达到身心健康的目标，还可更高层次地实现消费者对于"美丽与健康"的理想。

1.2.2.1 化妆品市场发展趋势

(1) 趋向生物化

生物技术的发展对化妆品工业起到了极大的促进作用。以生物学为基础的现代皮肤生理学逐步揭示了皮肤受损和衰老的生物化学过程，使人类可以利用仿生的方法，设计和制造生物技术制剂，生产有效的抗衰老产品，延缓和抑制引起衰老的生化过程，恢复或加速保持皮肤健康的生化过程，引起对传统皮肤保护概念的方法的突破。从传统的油膜和保持皮肤水分、着重于物理作用的护肤方法，发展到利用细胞间的脂质等与生物体中新陈代谢相关的母体、中间体和最终产物等具有相同结构的天然或合成物质以保持皮肤的健康状态。这些仿生方法开始成为发展高功能化妆品的主要方向，推动了化妆品工业的发展。生物型化妆品是21 世纪化妆品开发的主攻方向。

(2) 赋予功能化

人们的美容观念随着时代的进步而发生着变化，已由"色彩美容"转向健康美容，要求化妆品在确保安全性的前提下，力求能在皮肤细胞的新陈代谢、保持皮肤生机、延缓衰老等方面取得效果，使化妆品具有一定的疗效性，如保湿、美白、防晒、抗衰老等。顾客对功效性化妆品的渴求和苛求，推动了化妆品的功效评价研究。这项研究有利于指导开发具有明确功效的化妆品，规范功效化妆品的商业宣传，保护消费者的权益。

(3) 回归天然性

现代化妆品顺应"回归自然"的世界潮流，尽可能选用无毒、具有疗效和营养的天然物质为原料，以减少或消除含有化学物质的化妆品对皮肤的副作用。化妆品原料经历了由天然物向合成品，继而又从合成品向天然物的二次转变，但现代的天然化妆品并不是简单的复旧，而是通过精细化工、生物化工技术将具有独特功能和生物活性的化合物，从天然原料中提取、分离,再经纯化和改性,并通过和化妆品其他原料的合理配用制得的。调制技术的研究和提高,已使现代天然化妆品的性状大为改观,不仅具有较好的稳定性和安全性,其使用性能、营养性和疗效性亦有明显提高,在世界范围内已开始进入一个崭新的发展阶段。

(4)趋向多样化和个性化

消费者对化妆品的认知加深以及要求提升,多样化和个性化需求正在不断涌现,如老年人化妆品、儿童化妆品、男士化妆品及定制化化妆品等得到重视与发展;另外,随着互联网技术、人工智能、大数据等技术的发展,个体消费者需求的呈现即将成为可能。随之而来,化妆品也将朝多样化和个性化方向发展。

(5)应用高科技

高科技为化妆品的生物化和功能化提供了切实保障。如通过人体皮肤衰老机制的研究,建立人体老化模型,从而研制出抗衰老有效成分;中草药有效成分的鉴别、分离、提取技术,可以使化妆品原料进一步去除过敏源,使有效成分更好地发挥作用;超微乳化技术、多相乳化技术、脂质体技术、微胶囊、纳米技术等在化妆品中的应用,可以开发出易于人体吸收的高质量化妆品。发展中的化妆品工业,不是简单复配的物理混合,完全是一个多学科交叉的高科技产业。

1.2.2.2 化妆品技术发展趋势

化妆品科技发展越趋先进,传统化妆品的固有缺陷就越需通过各种新兴科学技术加以克服。

(1)纳米载体技术

迄今为止,已经证明纳米技术能够以多种方式改善化妆品的性能,特别是:①提高活性成分的包封率和皮肤渗透性;②控制活性成分的释放;③增强身体稳定性;④提高保湿能力;⑤提供更好的紫外线防护。

化妆品行业最近对纳米技术的应用表现出极大的兴趣,纳米材料的优越性能鼓励了创新产品的研发。尽管纳米载体存在一定的局限性,如生产成本高、溶解度低、稳定性差、水解等,包括纳米化妆品的安全性、毒性和标签的统一监管尚未构建,限制了其广泛应用,但化妆品领域的监管要求远低于制药行业,这一事实为纳米化妆品提供了许多机会。

(2)生物技术

生物技术作为21世纪高新技术的核心,在快速增长的化妆品领域,生物技术和生物制剂在化妆品的基础研究、产品开发、化妆品安全性及功效性评价和美容技术等多个环节中得到广泛的应用,不仅使化妆品品种明显增多,还促进产品内在质量的提高,推动了化妆品工业前所未有的发展速度。生物技术可用于化妆品活性成分的筛选和生产,得益于生物发酵技术、植物组织培养技术、干细胞技术、核酸技术等在化妆品行业的高效应用。生物技术主要用于生产科技含量比较高的化妆品活性添加剂,如蛋白质及多功能多肽类、氨基酸类、脂质类、酶类、多糖类、有机酸类、维生素类和其他有机物活性成分类等生物制剂。总之,化妆品中生物技术的应用已经成为当今乃至以后现代化妆品学研究和发展的方向之一。

(3)生产工艺的改进

不同产品状态的化妆品需要不同的生产工艺及设备,而化妆品生产工艺及设备上的优化及改进,能极大促进化妆品的发展。例如采用先进的高分子常温乳化剂及纳米技术结合超微乳化工艺,在严格的无菌生产环境下操作,产品中不加任何化学防腐剂,并在销售与储存中采用冷藏保鲜（0~10℃），以确保高生物活性成分不受环境温度、湿度和防腐剂的破坏，提供高活力强渗透性的护肤品。又例如在化妆品本身或包装上引入磁技术处理，能使无防腐剂的化妆品常温保存，达到更加方便的目的。而应用二元袋阀（BOV）气雾剂制作的气溶胶型化妆品，在达到更好的喷雾使用感受的同时，保障化妆品质量的可靠性和稳定性。

（4）新原料、新材料的应用

消费者对天然化妆品的温和性与环境相容性的要求在不断提高，致使越来越多的产品转向采用天然原料来生产。安全互联网技术加速了信息的透明化，消费者可以通过在线信息快速了解化妆品原料及产品的安全性，对某些有可能给皮肤带来负面影响的原料的关注度正快速增加，如对羟基苯甲酸酯、硫酸盐、有机硅、染料、香料、乙氧基化合物、石油衍生物等。功效性原料将受追捧，兼有化妆品和药物疗效的产品受到消费者的欢迎，特别是具有抗皱和皮肤紧致功效的原料，如蛋白质、维生素、抗氧剂、α-羟基酸和β-羟基酸。此外，具有生物活性的植物提取物抗氧剂将越来越受欢迎。

（5）人工智能与化妆品

人工智能（artificial intelligence，AI）是研究使计算机来模拟人的某些思维过程和智能行为（如学习、推理、思考、规划等）的学科，通过虚拟互动、模拟仿真及大数据分析等方面的优势，其在化妆品产业中的应用越来越广泛，已为化妆品的定制化、智能化及个性化提供了更广阔的发展方向。

1.3 化妆品从业人员创新发展

1.3.1 化妆品从业人员现状

随着社会的进步及人民生活水平的提高，化妆品成为重要的日常生活用品，化妆品已经发展成为一个比较成熟的产业链。企业对化妆品从业人员的定位分为：化妆品销售市场策划人员、化妆品检验人员、化妆品生产人员、化妆品客户管理与导购人员、美容化妆机构工作人员、化妆品企业研发人员、客户服务管理人员。

欧美等发达国家化妆品产业成熟、规模庞大、持续领先，在化妆品学科建设方面成效显著，一是化妆品产业发展历史悠久，注重皮肤科学基础研究，建立了严格科学的化妆品研究开发法规体系，化妆品的安全监管力度大；二是在人才培养方面，已建立起完整的本科-硕士-博士人才培养体系，化妆品专业教育蓬勃发展，将化妆品产业整体创新升级，由传统化学品制造业转变为集前沿研究、先进制造、工业设计和商业运营为一体的高端制造产业链，成为反映国家和区域创新能力和文化影响力的重要标志。

我国化妆品虽使用历史悠久，但学科与产业起步较晚，我国化妆品行业的技术与国外相比还有较大差距。伴随着"中国特色社会主义进入新时代，我国社会主要矛盾已经转化为人民日益增长的美好生活需要和不平衡不充分的发展之间的矛盾"和"实施健康中国战略"的提出，化妆品产业发展持续增加，未来化妆品产业与化学、新材料、生物技术、皮肤医学等学科结合更加紧密，生产过程需要智能制造，产品设计需要大数据分析支持，商品性发展需要人文、艺术、营销等综合素质，将更加需要科学基础扎实、创新能力突出、具有国际视野与合作交流能力的高层次复合型人才。

1.3.2　化妆品从业人员创新要求

化妆品学是将化学、皮肤医学、生物学、材料学、高分子化学等多种学科交叉应用的综合性学科，同时化妆品又是融合了技术、市场及文化于一体的消费品，因此，化妆品行业从业人员应具备以下要求：

1.3.2.1　牢固的安全风险意识

化妆品是满足人们对美的需求的消费品，与人民群众的日常生活密切相关。"化妆品安全没有零风险"，化妆品从业人员应时刻加强安全风险意识，安全高质量的化妆品，是人民群众追求美好生活的重要组成部分。

1.3.2.2　扎实的理论基础

技术研究需要同时具备扎实的理论知识及丰富的实践经验，随着各个领域技术的发展，化妆品的研究开发涉及了多学科的交叉，如医药、皮肤科学、生物技术和纳米技术等。因此，针对化妆品领域人才的培养，需要搭建以多学科交叉为基础的理论教学体系，包括胶体与界面化学、高分子化学、生物学、皮肤医学及纳米技术等相关理论课程。

1.3.2.3　丰富的文化素养

化妆品是集文化与实用、概念与功效于一体的多元素产品，同时紧跟市场、潮流的发展，蕴含丰富的文化元素产品。只有将深厚的文化底蕴与产品技术融为一体，方可开发出可以经受市场挑战的创新型产品。这样一个时时刻刻经受着市场发展挑战的行业，对人才的需求也是多元化的，既需要有扎实的理论知识、一定的实践技能，同时还需要有丰富的文化底蕴。

1.3.2.4　熟练的实践技能

化妆品属于多原料组成的多相态体系，在多种原料配伍的过程中，其相互作用的结果不可完全由理论推导而得，很大程度上需要经验的积累。行业内对技术人才的需求主要集中于化妆品原料公司与化妆品产品公司的研发部门，同时，化妆品原料的销售人员直接与化妆品产品公司的技术人员交流，因此，各原料公司的销售人员也应具备一定的专业知识与实验技能。从事美容服务以及经营管理的人员还应有美容化妆、经营管理及市场策划等实践能力。

1.3.2.5　强大的自主创新能力

化妆品是技术与艺术的结合，化妆品领域的技术日新月异，知识更新换代非常迅速，从业人员应当具备自主创新能力，紧跟时代发展的需要。

1.3.2.6　良好的职业素养

化妆品从业人员同时应拥有坚定的民族精神和家国情怀，具有良好的科学精神、人文修养、职业道德、职业素养和社会责任感，以"工匠精神"在化妆品行业发展，造福社会。

第2章

化妆品基础知识

2.1 化妆品的定义

2.1.1 什么是化妆品？

化妆（cosmetic）一词最早来源于古希腊，含义是"化妆师的技巧"或"装饰的技巧"，也就是指把人体的自身优点多加发扬，而把缺陷加以掩饰和弥补。随着社会的进步和发展，化妆品日益成为人们日常生活中不可缺少的消费品。

关于化妆品的定义，世界各国（地区）的法规规定略有不同。我国于2021年1月1日起施行的新《化妆品监督管理条例》（以下简称新《条例》）对化妆品的定义，是指以涂擦、喷洒或者其他类似方法，施用于皮肤、毛发、指甲、口唇等人体表面，以清洁、保护、美化、修饰为目的的日用化学工业产品。

2.1.2 化妆品定义的释义

2.1.2.1 判断产品是否属于化妆品

化妆品必须是符合化妆品定义的使用方法、施用部位、使用目的，经过一定的生产加工工艺制成的工业制成品。判断一个产品是否属于我国法规定义的化妆品范畴，主要从以下四个方面考虑：

第一，产品的使用方法，应该是涂擦、喷洒或者其他类似的方法，如揉、抹、敷等，因此宣称注射、口服、微针导入等使用方式的产品，不属于化妆品定义范畴。如美容院常见的美容针，用微针作微创使用，由于微针导入的部位为皮肤真皮层，不属于人体的表面；再比如离子导入仪、纳米促渗仪、能量仪、美塑仪、热力塑仪等仪器。需要区分的是，某些需要配合喷雾仪使用、超声波导入的产品仍属于化妆品，因为产品的物理形式并未发生改变，且仅用于皮肤表面。

第二，产品施于人体的部位，应是人体表面任何部位，如皮肤、毛发、指甲、口唇等，宣称用于人体私密部位、属于黏膜吸收的，不属于化妆品产品范畴。

第三，产品的功能和使用目的，应是清洁、保护、美化、修饰，化妆品不是药，不具有预防和治疗疾病的功能，不允许在产品标签上标注"药妆"。根据国家有关规定，香皂、漱口水以及宣称抑菌抗菌疗效或注有适应证的消毒杀菌产品，不属于化妆品范畴。

第四，化妆品的属性是日用化学工业产品，一些装饰品（如假指甲、假睫毛等）也不属于化妆品。

市场上产品种类很多，判别是否属于化妆品具有迷惑性，举例如下：

美容针　使用方法：注射。使用部位：体内。不符合化妆品定义，不属于化妆品的管理范畴。

美容胶囊　使用方法：口服。不符合化妆品定义，不属于化妆品的管理范畴。

花露水　若花露水使用目的是仅具有芳香效果，则属于化妆品的管理范畴。若宣称具有消炎、驱蚊等效果的，不属于化妆品管理范畴。

洗手液　使用方法：涂擦后以清水洗净。使用部位：皮肤表面。使用目的：清洁皮肤。符合化妆品的定义，属于化妆品的管理范畴。若宣称具有抗菌功效的，就不属于化妆品管理范畴。

精油　使用方法：涂擦。使用部位：人体表面。如果精油产品宣称具有修饰、护肤等功效的，属于化妆品。如果精油产品宣称具有卵巢保养等功效的，则不属于化妆品。

需要注意的是：

① 牙膏虽未纳入化妆品定义，但参照化妆品规定进行管理；

② 仅具有清洁功效的香皂属于一般日化产品，特殊功效香皂（如美白祛斑香皂、防脱香皂）按照化妆品进行管理。

2.1.2.2　化妆品的功能有哪些?

清洁作用：对皮肤、毛发、指甲、唇等部位的污垢进行清洁，如洗面奶、沐浴液、洗发水等。

护肤作用：保护皮肤和毛发等处，使其滋润、柔顺、光滑、富有弹性，以抵御寒风、烈日和紫外线等的损害，达到保持皮肤水分、延缓皮肤衰老和防止毛发枯断的目的，如润肤霜、防晒霜、润发油、护发素等。

美化、修饰作用：对皮肤、毛发、指甲、口唇等通过遮掩或修饰，达到美容和修饰容颜的目的，如香水、止汗喷雾、香粉、胭脂、唇膏、发胶、染发剂、烫发剂等。

2.1.2.3　全球化妆品定义比较

从表2-1中可以分析得出：各个国家和地区对于化妆品的定义不同，相应的监管模式和思路也不同。尤其是一些"跨界"的化妆品，可能在某一个国家（地区）作为化妆品管理，而在其他国家（地区）被归类为药品或其他产品。所以，在讨论不同化妆品管理模式时，不能简单地将其判断为"严格"或"宽松"，而应当结合该国（地区）化妆品的定义、内涵及行业特点。相应地，在对化妆品安全性评价时，也不只考虑原料及产品在科学上的安全，首先要考虑产品在当地是否属于"化妆品"而进行管理。

2.1.2.4　中国、欧盟、美国、日本、韩国化妆品概念特有属性对比

从表2-2中可以看出：各国及地区在化妆品用法、作用部位、用途上基本一致；属性上中

国更强调化妆品的化学特征；美国、日本、韩国强调作用轻微的使用限制，特别是美国强调不影响人体结构和功能，日本强调对人体作用缓和，韩国强调对人体作用轻微，与中国、欧盟存在明显不同。对不同国家化妆品定义与属性进行横向比较，便于我们理解同一类产品在不同国家的法规管理模式和归属，从而理解各国产品管理范围和产品管理方式不同的重要原因。

表 2-1 化妆品定义对比

中国	欧盟	美国	加拿大	日本	韩国
以涂擦、喷洒或者其他类似方法，施用于皮肤、毛发、指甲、口唇等人体表面，以清洁、保护、美化、修饰为目的的日用化学工业产品	用于人体各外部器官［表皮、毛发、指（趾）甲、口唇和外生殖器］，或口腔内的牙齿和口腔黏膜，以起到清洁、发出香味、改善外观、改善身体气味或保护身体的作用，以达到健康、改变外形或消除体臭目的的物质和制剂	指用涂擦、撒布或喷雾或其他方法使用于人体，能起到清洁、美化、促使有魅力或改变外观作用的产品（不包括肥皂）	用于清洁、改善或改变面部外观及皮肤、头发或牙齿而制造、销售或提供的任何物质或物质混合物，并且包括除臭剂和香精	为了清洁、美化人体、增加魅力、改变容貌、保持皮肤及头发健美而涂擦、撒布于身体上或以其他类似的方法使用，并要求对人体作用缓和的物质	用于人体清洁、美化、增加魅力，使人容貌变得靓丽，维持、提高皮肤、毛发健康，使用后对人体作用轻微的物品，但医药物品除外

表 2-2 化妆品概念与属性对比表

国家	属性	用法	作用部位	用途	用限
中国	日用化学工业产品	涂擦、喷洒或者其他类似方法	人体表面任何部位	清洁、保护、美化、修饰目的	没有规定
欧盟	物质和制品	没有规定	人体外部器官或牙齿、口腔黏膜	清洁、香化、保护保持其健康、改善其外观、去除体味	没有规定
美国	产品	涂抹、擦布、喷洒或者类似方法	人体	清洁、美化、增加魅力或改变容颜	不影响人体结构和功能
日本	制品	涂敷、撒布或其他类似方法	身体	清洁、美化、增加魅力、改变容颜、保护皮肤头发健康	对人体作用缓和
韩国	物品	涂抹、轻揉或喷洒等类似方法	人体	清洁、美化、增加魅力、改变容颜、保持肌肤毛发健康	对人体作用轻微

2.2 化妆品的分类

2.2.1 化妆品行政监管分类

化妆品的种类繁多，目前国际上并没有统一的分类方法。不同的标准有不同的分类方式，各种分类方法都有其优缺点。根据我国国情以及监管需求，《化妆品监督管理条例》将化妆品按照风险程度分为特殊化妆品和普通化妆品两大类。

特殊化妆品主要包括用于染发、烫发、祛斑美白、防晒、防脱发的化妆品以及宣称新功效的化妆品。为达到上述功效，特殊化妆品需要添加某些功效成分，安全风险相对较高。因此，特殊化妆品需要在国家药品监督管理局注册，取得特殊化妆品批准文号后方可生产、进口。

特殊化妆品以外的化妆品为普通化妆品。国产普通化妆品需要在省级药品监督管理部门备案，取得备案号后方可上市销售。进口普通化妆品需在国家统一备案管理系统办理备案，获得进口普通化妆品备案号后才可进口及上市销售。

2.2.2 解读新《条例》化妆品分类变化

从 2021 年 1 月 1 日开始，曾经的"非特殊用途化妆品"的说法将成为过去，化妆品的分类将改为特殊化妆品和普通化妆品两类，除删除了"用途"一词进行了简化外，"非特殊用途化妆品"改为"普通化妆品"。不仅是名称有所改变，其中的功能分类也有了一些较大的改变。无论是之前的"特殊用途化妆品"还是已经改名的"特殊化妆品"，在化妆品分类中，皆为俗称的"特字号"化妆品。通过新旧《条例》的对比，我们可以看到"特字号"化妆品的几点变化。

(1) 育发、脱毛、美乳、健美、除臭五类从特殊化妆品中去除

育发、脱毛、美乳、健美、除臭这五个品类在新《条例》中不再出现在特殊化妆品类别的定义中，而新《条例》也明确指出"对本条例施行前已经注册的用于育发、脱毛、美乳、健美、除臭的化妆品自本条例施行之日起设置 5 年的过渡期，过渡期内可以继续生产、进口、销售，过渡期满后不得生产、进口、销售该化妆品。"这五类特殊用途化妆品的去除主要取决于新《条例》的定义从功效性和安全性方面考虑，使化妆品属性更为贴近现实。

(2) 美白功效列入特殊化妆品

新《条例》规定的特殊化妆品"祛斑美白类"产品包括美白、美白祛斑、祛斑产品。产品宣称可对皮肤本身产生美白增白效果的，严格按照特殊化妆品实施许可管理，产品通过物理遮盖方式发生效果，且功效宣称中明确含有美白、增白文字表述的，纳入特殊化妆品实施管理。

(3) 防脱发列入特殊化妆品

育发类产品管理更细分，原《条例》特殊用途化妆品"育发"产品，在新《条例》特殊化妆品中变成了"防脱发"，因为两者有着本质的区别。原育发产品中的"通过改善发质预防断发"的产品，将调整为普通化妆品；对"通过改善头皮状态预防脱发"的产品，则继续按照特殊化妆品管理；或将"通过参与人体生理活动促进头发生长"的产品纳入药品管理。

(4) 宣称新功效的化妆品列入特殊化妆品

化妆品原常见的功效宣称有补水、保湿、防晒、修复、美白、祛斑、抗皱、控油、祛痘、去屑、育发、脱毛、美乳、健美、除臭等。而新功效的化妆品是指国务院药品监督管理部门根据化妆品的功效宣称、作用部位、产品剂型、使用人群等因素，制定、公布化妆品分类规则和分类目录而定的功效性化妆品。宣称新功效的化妆品，需遵循特殊化妆品的管理办法。

2.2.3 化妆品分类规则和目录

为规范化妆品生产经营活动，保障化妆品的质量安全，我国化妆品监管部门根据《化妆品监督管理条例》及有关法律法规的规定，按照化妆品的功效宣称、作用部位、产品剂型、使用人群，同时考虑使用方法，制定《化妆品分类规则和分类目录》，为更科学地规范我国化妆品产品分类编码提供依据。

2.2.3.1 功效宣称分类目录

功效宣称分类目录见表 2-3。

表 2-3　化妆品按功效宣称分类目录

序号	功效类别	释义说明和宣称指引
A	新功效	不符合以下规则的
01	染发	以改变头发颜色为目的,使用后即时清洗不能恢复头发原有颜色
02	烫发	用于改变头发弯曲度(弯曲或拉直),并维持相对稳定 注:清洗后即恢复头发原有形态的产品,不属于此类
03	祛斑美白	有助于减轻或减缓皮肤色素沉着,达到皮肤美白增白效果;通过物理遮盖形式达到皮肤美白增白效果 注:含改善因色素沉积导致痘印的产品
04	防晒	用于保护皮肤、口唇免受特定紫外线所带来的损伤 注:婴幼儿和儿童的防晒化妆品作用部位仅限皮肤
05	防脱发	有助于改善或减少头发脱落 注:调节激素影响的产品,促进生发作用的产品,不属于化妆品
06	祛痘	有助于减少或减缓粉刺(含黑头或白头)的发生;有助于粉刺发生后皮肤的恢复 注:调节激素影响的,杀(抗、抑)菌和消炎的产品,不属于化妆品
07	滋养	有助于为施用部位提供滋养作用 注:通过其他功效间接达到滋养作用的产品,不属于此类
08	修护	有助于维护施用部位保持正常状态 注:用于疤痕、烫伤、烧伤、破损等损伤部位的产品,不属于化妆品
09	清洁	用于除去施用部位表面的污垢及附着物
10	卸妆	用于除去施用部位的彩妆等其他化妆品
11	保湿	用于补充或增强施用部位水分、油脂等成分含量;有助于保持施用部位水分含量或减少水分流失
12	美容修饰	用于暂时改变施用部位外观状态,达到美化、修饰等作用,清洁卸妆后可恢复原状 注:人造指甲或固体装饰物类等产品(如假睫毛等),不属于化妆品
13	芳香	具有芳香成分,有助于修饰体味,可增加香味
14	除臭	有助于减轻或遮盖体臭 注:单纯通过抑制微生物生长达到除臭目的的产品,不属于化妆品
15	抗皱	有助于减缓皮肤皱纹产生或使皱纹变得不明显
16	紧致	有助于保持皮肤的紧实度、弹性
17	舒缓	有助于改善皮肤刺激等状态
18	控油	有助于减缓施用部位皮脂分泌和沉积,或使施用部位出油现象不明显
19	去角质	有助于促进皮肤角质的脱落或更新
20	爽身	有助于保持皮肤干爽或增强皮肤清凉感 注:针对病理性多汗的产品,不属于化妆品
21	护发	有助于改善头发、胡须的梳理性,防止静电,保持或增强毛发的光泽
22	防断发	有助于改善或减少头发断裂、分叉;有助于保持或增强头发韧性
23	去屑	有助于减缓头屑的产生;有助于减少附着于头皮、头发的头屑
24	发色护理	有助于在染发前后保持头发颜色的稳定 注:改变头发颜色的产品,不属于此类
25	脱毛	用于减少或除去体毛
26	辅助剃须剃毛	用于软化、膨胀须发,有助于剃须剃毛时皮肤润滑 注:剃须、剃毛工具不属于化妆品

2.2.3.2 作用部位分类目录

作用部位分类目录见表2-4。

表2-4 化妆品按作用部位分类目录

序号	作用部位	说明
B	新功效	不符合以下规则的
01	头发	注:染发、烫发产品仅能对应此作用部位; 防晒产品不能对应此作用部位
02	体毛	不包括头面部毛发
03	躯干部位	不包含头面部、手、足
04	头部	不包含面部
05	面部	不包含口唇、眼部; 注:脱毛产品不能对应此作用部位
06	眼部	包含眼周皮肤、睫毛、眉毛 注:脱毛产品不能对应此作用部位
07	口唇	注:祛斑美白、脱毛产品不能对应此作用部位
08	手、足	注:除臭产品不能对应此作用部位
09	全身皮肤	不包含口唇、眼部
10	指(趾)甲	

2.2.3.3 使用人群分类目录

使用人群分类目录见表2-5。

表2-5 化妆品按使用人群分类目录

序号	使用人群	说明
C	新功效	不符合以下规则的产品;宣称孕妇和哺乳期妇女适用的产品
01	婴幼儿(0~3周岁,含3周岁)	功效宣称仅限于清洁、保湿、护发、防晒、舒缓、爽身
02	儿童(3~12周岁,含12周岁)	功效宣称仅限于清洁、卸妆、保湿、美容修饰、芳香、护发、防晒、修护、舒缓、爽身
03	普通人群	不限定使用人群

2.2.3.4 产品剂型分类目录

产品剂型分类目录见表2-6。

表2-6 化妆品按剂型分类目录

序号	产品剂型	说明
00	其他	不属于以下范围的
01	膏霜乳	膏、霜、蜜、脂、乳、乳液、奶、奶液等
02	液体	露、液、水、油、油水分离等
03	凝胶	啫喱、胶等
04	粉剂	散粉、颗粒等
05	块状	块状粉、大块固体等
06	泥	泥状固体等
07	蜡基	以蜡为主要基料的

序号	产品剂型	说明
08	喷雾剂	不含推进剂
09	气雾剂	含推进剂
10	贴、膜、含基材	贴、膜、含配合化妆品使用的基材的
11	冻干	冻干粉、冻干片等

2.2.3.5 使用方法分类目录

使用方法分类目录见表 2-7。

表 2-7 化妆品按使用方法分类目录

序号	使用方法	说明
01	淋洗	根据国家标准、《化妆品安全技术规范》要求,选择编码
02	驻留	

2.2.3.6 按销售渠道不同分

化妆品按销售渠道不同可分为日化线化妆品和专业线化妆品。

日化线化妆品是指在商场专柜、超市、专卖店中销售的产品,特点是较温和,安全性高,一般适用于广大普通人群,但功效性不强,以保养和简单的基础护理为主,使用前后皮肤表面不会有明显的变化,作用效果较慢。推广方式主要靠广告和口碑相传,销售量大。

专业线化妆品也叫院线化妆品,是指只在美容院或专业美容会所等美容机构销售或使用的产品,由美容专业人士指导购买和使用,产品目的明确并且效果明显。美容机构的专业人士针对顾客的不同皮肤状况设计不同的搭配使用方案,顾客需要按疗程的不同及时调整产品的搭配方案,有的专业线化妆品是在美容机构由美容师做专业护理时使用,有的是需要顾客购买后按照美容师的指导居家使用,有的还用于医疗美容。专业线化妆品的销售渠道是从厂家到各级代理商,再到美容院或美容机构,由于不在商场、超市或专卖店销售,所以不靠广告做推销,而是靠美容机构的专业人员推荐及销售。因此在美容机构使用和销售的化妆品在商场购买不到。现在已经有化妆品公司同时开发专业线和日化线的产品。

2.2.3.7 按产地分

进口化妆品可以简单地理解为国外生产,国内销售的化妆品。

国产化妆品可以简单地理解为国内生产,国内销售的化妆品。

2.3 化妆品的作用及其特性

化妆品作为人类日常使用的消费品,不仅能改善肌肤问题,还能通过良好的质地、肤感、香味等复杂的生理体验,满足人们对愉快、安心、美好的情感需求。化妆品除满足有关化妆品法规的要求外,作为商品也应满足一般商品的基本的必要条件,必须具备高度的安全性、一定的功效性、相对的稳定性、良好的使用性等特性。

2.3.1 安全性

化妆品的使用与外用药物不同。外用药物是在医师指导下使用的，允许有一定的副作用，但化妆品是一般不需要医师指导的长期使用产品，并可能长时间停留在皮肤、面部、毛发等部位上。对化妆品的安全性在原料阶段就要提出要求。化妆品对人体的作用必须缓和、无毒，不得对人体健康产生危害。

2.3.2 稳定性

化妆品的稳定性是指在规定的存储条件和保质期内，在胶体化学性能和微生物存活等方面保持质量稳定。例如，有些化妆品属于胶体分散体系，该体系始终存在着分散与聚集两种状态的动态平衡。尽管体系中存在稳定剂，但在本质上是热力学不稳定系统，只能在一定时间内稳定，所以化妆品的稳定性是相对的。化妆品一般货架期是2～3年。

2.3.3 功效性

化妆品的功效性是指化妆品的功能和使用效果，一般化妆品除了常规的清洁、护理、美化等使用效果外，消费者还期望产品具备保湿、防晒、祛斑、染发、烫发等显著的作用，这类短时间可以体现的作用常常被称之为"功效性"。有时候功效性与安全性之间需要寻求一个平衡，即：既具有一定的功效性，同时具备良好的安全性。

2.3.4 使用性

化妆品和药品的另一不同之处是必须使人们乐意使用，在使用皮肤护理型化妆品的过程中，感觉如润滑、黏性、弹性、发泡性、铺展性、滋润性等，不同类型的产品所要求的使用性能不同，对使用性能的要求也因年龄、肤质、季节、地域等因素的不同而不同，所开发的产品也需要考虑到上述因素，生产适合于特定消费群体使用性能需求的产品。

2.3.5 时尚性

化妆品是科学技术与文化艺术的结晶，具有时尚性和潮流性。

2.4　化妆品的基本法规属性

2.4.1 化妆品的命名

消费者对化妆品的第一印象通常取决于产品名称，产品名称应能够直接反映化妆品特征，应当保证科学准确，容易被消费者理解。为了避免广大的消费者被误导，保障消费者合法权益，国家在《化妆品标签管理办法》中对化妆品命名有明确规定。

2.4.1.1　化妆品名称构成

化妆品名称一般应当由商标名、通用名、属性名组成，名称顺序一般为商标名、通用名、属性名。

例如，某款市面上在售的化妆品：×××美白紧肤防晒精华乳 SPF25 PA＋＋，其中，产品的商标名是"×××"，通用名是"紧肤防晒精华"，属性名是"乳"。

可以看出，化妆品的商标名就是我们常说的品牌名称，可分为注册商标和未经注册商标。

化妆品的通用名一般是表明产品主要原料或描述产品用途、使用部位或产品功能的文字。在这个部分，商家会竭尽全力堆砌各种文字，以吸引消费者。

化妆品的属性名应表明产品真实的物理性状或外观形态，例如"乳液""膏""霜""水"等。

约定俗成、习惯使用的化妆品名称可以省略通用名或者属性名。

2.4.1.2　化妆品命名指南

化妆品商标名、通用名和属性名应当符合下列规定要求：

① 商标名的使用除符合国家商标的有关法律法规外，还应当符合国家化妆品管理相关法律法规的规定。不得以商标名的形式宣称医疗效果或者产品不具备的功效。以暗示含有某类原料的用语作为商标名时，产品配方中含有该类原料的，应当在销售包装可视面对其使用目的进行说明；产品配方不含有该类原料的，应当在销售包装可视面明确标注产品不含该类原料，相关用语仅作商标名使用。

② 通用名应当准确、客观，可以是表明产品原料或者描述产品用途、使用部位等的文字。使用具体原料名称或者表明原料类别的词汇的，应当与产品配方成分相符，且该原料在产品中产生的功效作用应当与产品功效宣称相符。使用动物、植物或者矿物等名称描述产品的香型、颜色或者形状的，配方中可以不含此原料，命名时可以在通用名中采用动物、植物或者矿物等名称加香型、颜色或者形状的形式，也可以在属性名后加以注明。

③ 属性名应当表明产品真实的物理性状或者形态。

④ 不同产品的商标名、通用名、属性名相同时，其他需要标注的内容应当在属性名后加以注明，包括颜色或者色号，防晒指数，气味，适用发质、肤质或者特定人群等内容。

⑤ 商标名、通用名或者属性名单独使用时符合本条上述要求，组合使用时可能使消费者对产品功效产生歧义的，应当在销售包装可视面予以解释说明。

2.4.1.3　化妆品名称标注要求

① 产品中文名称应当在销售包装可视面显著位置标注，且至少有一处以引导语引出。

② 化妆品中文名称不得使用字母、汉语拼音、数字、符号等进行命名，注册商标、表示防晒指数、色号、系列号，或者其他必须使用字母、汉语拼音、数字、符号等的除外。产品中文名称中的注册商标使用字母、汉语拼音、数字、符号等的，应当在产品销售包装可视面对其含义予以解释说明。

③ 特殊化妆品注册证书编号应当是国家药品监督管理局核发的注册证书编号，在销售包装可视面进行标注。

2.4.1.4 化妆品名称禁用语

为了避免广大消费者被误导，国家在化妆品名称中禁止使用某些词意表达或词语，禁用语大概如下：

① 虚假、夸大和绝对化的词语；
② 医疗术语、明示或暗示医疗作用和效果的词语；
③ 医学名人的姓名；
④ 消费者不易理解的词语及地方方言；
⑤ 庸俗或带有封建迷信色彩的词语；
⑥ 已经批准的药品名；
⑦ 外文字母、汉语拼音、数字、符号等；
⑧ 其他误导消费者的词语。

2.4.2 化妆品的"身份证明"

2.4.2.1 什么是化妆品的"身份证明"？

如前所述，化妆品可分为特殊化妆品和普通化妆品两类，根据原产地的不同又可分为国产特殊化妆品和进口特殊化妆品，国产普通化妆品和进口普通化妆品。

国产和进口特殊化妆品采取注册管理，即须获得国家药品监督管理局批准颁布的批准文号。进口普通化妆品和国产普通化妆品要完成备案并取得备案电子凭证。

以上批准文号、备案电子凭证就是化妆品的"身份证明"。化妆品的批准文号需标注在产品的包装标签上，备案电子凭证的备案编号，虽未要求标注在产品的包装标签上，但可在国家药品监督管理局网站或"化妆品监管APP"上查询。具体形式如下：

（1）进口特殊化妆品批准文号

国妆特进字J×××××××××，如图2-1所示。

产品名称中文	花印水漾美白焕肤面膜
产品名称外文	HANAJIRUSHI WHITENING FACE MASK
产品类型	祛斑美白类
注册证号	国妆特进字J20151204
批准日期	2021-11-17
注册证有效期至	2027-01-14

图2-1 进口特殊化妆品批准文号示例

（2）进口普通化妆品批准文号

国妆备进字J×××××××××，如图2-2所示。

（3）国产特殊化妆品批准文号

国妆特字G×××××××××，如图2-3所示。

（4）国产普通化妆品备案电子凭证

备案编号格式为：省、自治区、直辖市简称+妆备字+4位年份数+6位本行政区域内的发证顺序编号，如图2-4所示。

产品名称（中文）	丝芙兰香草香保湿身体乳液
批件状态	已过期
产品名称（英文）	Sephora Vanilla Moisturizing body lotion
产品类别	普通类
批准文号	国妆备进字J20125974
批准日期	2012-08-22
批件有效期	4

图 2-2　进口普通化妆品批准文号示例

产品名称	美白臻素颜焕白祛斑美白乳液
产品类别	祛斑类
批准文号	国妆特字G20211617
批准日期	2021-05-27
批件有效期	5

图 2-3　国产特殊化妆品批准文号示例

韩方科颜 肌密补水套-补水焕颜柔肤水

备案编号　粤G妆网备字2017056268

备案日期　2017-06-01

生产企业　东莞韩方科颜商贸有限公司

生产企业地址　广东省东莞市南城街道鸿福西路南城段81号1008室

图 2-4　国产普通化妆品备案电子凭证示例

2.4.2.2　为什么需要"身份证明"？

在我国，市场上所有合法的化妆品都必须有前面所说的"身份证明"。一款化妆品的身份证明得以确认，则可基本判断该产品为合法产品。不具备"身份证明"的化妆品，则可肯定其属于非法产品。

2.4.2.3　"身份证明"如何查询？

既然化妆品"身份证明"如此重要，那应该如何查询呢？一种方法是在购买化妆品时，要求销售者出示相应产品的"身份证明"，销售者如果拒绝或无法出示，则不要购买，并可向当地市场监督管理部门举报；另一种方法就是自己通过国家药品监督管理局的网站或"化妆品监管"APP，查询相应产品"身份证明"的详细信息。

（1）进口化妆品、国产特殊化妆品

统一查询网址：https：//www.nmpa.gov.cn/datasearch/home-index.html # category=hzp，如图 2-5 所示。

查询路径：首页→政务公开→数据查询→化妆品。

图 2-5　进口化妆品、国产特殊化妆品统一查询网站

（2）国产普通化妆品

备案信息查询平台网址：https://hzpba.nmpa.gov.cn/gccxl，如图 2-6 所示。

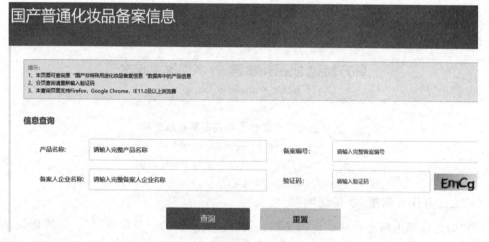

图 2-6　国产普通化妆品备案信息查询网站

（3）"化妆品监管"APP

"化妆品监管"APP下载二维码及页面显示见图 2-7。

图 2-7　"化妆品监管"APP下载二维码及页面显示

但现在也有些商家盗用别人的合法产品批准文号、备案电子凭证，为自己的伪劣化妆品

披上合法的外衣。据新闻报道，执法人员就曾查获过一款标示为"×××"藏药草本活肤祛斑系列（晚霜＋日霜）的产品，盗用了另一款特殊化妆品的批准文号，导致消费者权益受损。在查询化妆品的"身份证明"时，要看清楚国家药品监督管理局网站的产品详细信息，不仅批准文号，还有产品名称、生产厂家、外包装等，都要符合，才能保证产品的合法性。

2.4.3 化妆品的标签

2.4.3.1 化妆品标签的定义

我国对化妆品标签宣传有明确规定。2021年出台的《化妆品标签管理办法》将化妆品标签定义为产品销售包装上用以辨识说明产品基本信息、属性特征和安全警示等的文字、符号、数字、图案等标识，以及附有标识信息的包装容器、包装盒和说明书。除了《化妆品标签管理办法》外，我国对化妆品标签管理的法律法规还有《广告法》《化妆品功效宣称评价规范》等，这些法律法规规定了化妆品标签宣称内容等要求。

2.4.3.2 化妆品标签的作用

化妆品包装上都会有标签，化妆品标签的目的主要是方便并促进销售，化妆品标签的特征是通过销售这一媒介与化妆品内容物一起到达消费者手中。

化妆品标签反映了化妆品的特性和功效，是传递产品信息的有效途径，这些信息直接关系到消费者的安全和健康。学会看化妆品的标签，就能了解这款产品的作用、成分、保质期及使用方法、注意事项等信息，帮助我们买到更适合自己的产品。

2.4.3.3 化妆品中文标签内容

化妆品标签（图 2-8）应当至少包括以下内容：

图 2-8 化妆品标签内容

(1) 产品中文名称、特殊化妆品注册证书编号

产品名称应标注在销售包装可视面的显著位置，产品中文名称的注册商标使用字母、汉语拼音、数字、符号等的，应当在销售包装可视面对含义予以解释说明；特殊化妆品注册证书编号属于非必须标注或特定条件下必须标注项目。

(2) 注册人、备案人的名称、地址

注册人或者备案人为境外企业的，应当同时标注境内责任人的名称、地址；标明依法登记的产品注册人、备案人或生产加工企业名称和地址，注册人与生产企业相同时，可使用"注册人/生产企业"作为引导语进行简化标注。

(3) 生产企业的名称、地址、生产许可证编号

国产化妆品应当标注生产企业生产许可证编号；生产企业名称和地址应当标注完成最后一道接触内容物工序的生产企业的名称、地址。化妆品标签上应当标注由省、自治区、直辖市药品监督管理部门颁布的化妆品生产企业的生产许可证编号，新执行的化妆品生产许可证编号的格式为：省、自治区、直辖市简称＋妆＋年份（4位阿拉伯数字）＋流水号（4位阿拉伯数字）。

(4) 产品执行的标准编号

保障化妆品产品质量的执行标准也应标记在标签上，产品质量执行标准号一般分为国家标准 GB×××（如 GB 5296.3—2008）、行业标准 QB/T×××（如 QB/T 1685—2006）、地方标准 DB××/T×××（如 DB32/T 4158—2021）、企业标准 Q/×××（如 Q/ZSTT 017—2020）等，通常情况下，企业标准都高于行业标准和国家标准。

(5) 全成分

化妆品标签应当在销售包装可视面标注化妆品全部成分的原料标准中文名称，以"成分"作为引导语引出，配方中成分含量＞0.1%（质量分数）的，应按照各成分在产品配方中含量的降序列出。所有不超过 0.1%（质量分数）的成分应当以"其他微量成分"作为引导语引出另行标注，可以不按照成分含量的降序列出。

(6) 净含量

净含量是指去除包装容器和其他包装材料后，内容物的实际质量或体积或长度。液态化妆品以体积标明净含量；固态化妆品以质量标明净含量；半固态或者黏性化妆品，用质量或者体积标明净含量。化妆品的净含量应当使用国家法定计量单位表示，并在销售包装展示面标注。

(7) 使用期限

产品的使用期限是指产品的保质期。产品的保质期由生产者提供，标注在限时使用的产品上。在保质期内，产品的生产企业对该产品质量符合有关标准或明示担保的质量条件负责，销售者可以放心销售这些产品，消费者可以安全使用。保质期不是识别产品是否变质的唯一标准，可能由于存放方式、环境等变化物质过早变质，所以尽量在保质期未到期就及时使用。开启的化妆品的保质期将会缩短，所以应尽早使用完，避免变质。

① 标注方式可选择下列二者之一：Ⅰ.生产日期和保质期；Ⅱ.生产批号和限期使用日期，也可以采用标注生产批号和开封后使用期限的方式。

② 日期标注方法按年、月、日的顺序，YYYYMMDD。

③ 保质期标注：保质期×年或者保质期×月。

④ 生产批号标注：由生产加工企业自定。

⑤ 限期使用日期标注：请在××年×月×日之前使用。

销售包装内含有多个独立包装产品时，每个独立包装应当分别标注使用期限，销售包装可视面上的使用期限应当按照其中最早到期的独立包装产品的使用期限标注；也可以分别标注单个独立包装产品的使用期限。

(8) 使用方法

为保证消费者正确使用，需要标注产品使用方法的，应当在销售包装可视面或者随附于产品的说明书中进行标注。

(9) 必要的安全警示用语

法律、行政法规、部门规章、强制性国家标准、技术规范有对应要求的，如容易造成不良反应的限用、准用成分，对于儿童等特殊人群或有特殊使用警示、注意事项的，应当注明使用方法和注意事项。

(10) 法律、行政法规和强制性国家标准规定应当标注的其他内容

具有包装盒的产品，还应当同时在直接接触内容物的包装容器上标注产品中文名称和使用期限。

2.4.3.4 化妆品标签的其他说明

① 化妆品的最小销售单元应当有符合相关法律、行政法规、强制性国家标准的标签，标签内容必须真实、完整和准确。进口化妆品可以直接使用中文标签，也可以加贴中文标签；加贴中文标签的，中文标签内容应当与原标签内容一致。

② 中文标签应当使用规范汉字，使用其他文字或者符号的，应当在产品销售包装可视面使用规范汉字对应解释说明，网址、境外企业的名称和地址以及约定俗成的专业术语等必须使用其他文字的除外。

③ 加贴中文标签的，中文标签有关产品安全、功效宣称的内容应当与原标签相关内容对应一致。

④ 除注册商标之外，中文标签同一可视面上其他文字字体的字号应当小于或者等于相应的规范汉字字体的字号。

⑤ 化妆品标签中使用尚未被行业广泛使用导致消费者不易理解，但不属于禁止标注内容的创新用语的，应当在相邻位置对其含义进行解释说明。

2.4.3.5 化妆品标签禁止标注内容

化妆品标签禁止标注的内容包括：明示或者暗示具有医疗作用的内容；虚假或者引人误解的内容；违反社会公序良俗的内容；法律、行政法规禁止标注的其他内容四个方面。

2.4.4 化妆品注册人、备案人

化妆品注册人、备案人是取得化妆品注册证书或者备案，（并以自己的名义）将化妆品投放市场的企业或组织（是化妆品的"出品方"），需要对化妆品的质量安全和功效宣称全程负责，是化妆品产品的第一责任人。

注册人、备案人制度的提出，从源头上追溯保障化妆品安全性和功效性，充分保证化妆品质量安全，保障消费者健康。

化妆品注册申请人、备案人应当具备的条件：

① 是依法设立的企业或者其他组织；

② 有与申请注册、进行备案的产品相适应的质量管理体系；

③ 有化妆品不良反应监测与评价能力。

2.4.5 化妆品的功效宣称

消费者选购化妆品的根本依据是功效，直接依据是影响功效的因素，包括成分、原料、配方、口碑、品牌等。可以说，对化妆品功效宣称是化妆品吸引消费者的重要手段。也因此，有些不良商家为了盈利，进行虚假宣传，欺骗消费者，搅乱了化妆品市场的秩序。良莠不齐的化妆品市场，呼唤更为严格的化妆品功效宣称的监管制度。

实践中，化妆品标签宣传的常见问题包括以下几类：

① 明示、暗示医疗作用、治疗效果或宣称药品，如治疗各类皮肤病或疾病，具有抗菌、消炎、抗过敏、减肥、治疗妊娠纹等功效；宣称药物、药方、药妆、医疗美容、微整形等；出现医学名人（如李时珍、华佗）以及医生姓名等。

② 虚假、夸大宣传或包含绝对化用词，如特效、奇效、高效、速效、神效，最、特级、顶级、极致、去除皱纹等。

③ 炒作概念，如智能、基因、解码、数码、纯天然等。

④ 宣传植物成分，但产品配方中未含植物成分，或含有的植物成分为非功效成分，以及夸大产品配方中所使用植物成分的效果。如植物染发、植物烫发、植物防晒，某种植物成分能够预防和治疗皮肤过敏等。

⑤ 贬低同类产品或容易给消费者造成误解或混淆，如不含某成分、无添加某成分、有机、环保等。

⑥ 使用文字谐音替代禁用词语或使用低俗词汇。

⑦ 标签宣传内容与审批内容不一致。个别企业虽获得注册或批件，但产品上市后，任意改动或肆意夸大标签宣传。

较之旧版《化妆品卫生监督条例》，新版《化妆品监督管理条例》中对化妆品功效宣称、相关责任人与处罚措施等进行了清晰明确的规定。可以预见的是，这些规定更新了现有化妆品市场的一些规则。

2.4.6 化妆品不良反应

2.4.6.1 什么是化妆品不良反应？

化妆品不良反应，是指正常使用化妆品所引起的皮肤及其附属器官的病变，以及人体局部或者全身性的损害。

2.4.6.2 化妆品不良反应/不良事件

化妆品不良反应监测，是指包括化妆品不良反应收集、报告、分析、评价、调查、处理的全过程。根据化妆品不良反应监测内容可以分为化妆品不良反应和化妆品不良事件。化妆品不良反应是指正常使用化妆品所引起的皮肤及其附属器官的病变，以及人体局部或者全身性的损害。化妆品不良事件比化妆品不良反应的涵盖范围更广，化妆品不良事件包括错误使用化妆品或使用假冒伪劣产品所引起的病变或者损害。注意：违规添加禁用物质或限用物质的产品属于假冒化妆品，不合格的产品属于劣质化妆品。两者的关系如图 2-9 所示。

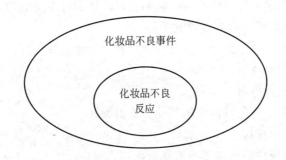

图 2-9　化妆品不良反应与化妆品不良事件的关系图

2.4.6.3　化妆品不良反应的表现

化妆品不良反应的表现多种多样，最常见的是接触性皮炎，表现为自觉皮肤瘙痒、灼热感、紧绷感，出现红斑、丘疹、水肿等，严重时可出现水疱、糜烂、渗出等，出现系统性损害比如呼吸、消化等系统方面的过敏反应，甚至出现过敏性休克的情况。此外还会出现化妆品光感性皮炎、化妆品皮肤色素异常、化妆品痤疮、化妆品毛发损害和化妆品甲损害等现象，具体表现为：

（1）化妆品接触性皮炎

化妆品接触性皮炎，是皮肤与化妆品接触后诱发的急性或慢性皮肤炎症反应，是化妆品最常见的不良反应类型（占 60％以上）。

（2）化妆品痤疮

化妆品痤疮是由化妆品引起的面部痤疮样皮疹，是仅次于接触性皮炎的常见化妆品皮肤病。

（3）化妆品毛发损害

化妆品毛发损害是指使用与毛发接触的化妆品后引起的毛发脱色、变脆、分叉、断裂、脱落、失去光泽、变形等病变损害。

（4）化妆品甲损害

化妆品甲损害是使用甲用化妆品所致的甲本身及甲周围损伤及炎症。

（5）化妆品光感性皮炎

化妆品光感性皮炎是指使用化妆品后，又经过日晒，化妆品中的光感物质引起皮肤炎症性改变。根据发病机理和发病情况不同，化妆品光感性皮炎可分为光毒反应和光变态反应。

（6）化妆品皮肤色素异常

化妆品皮肤色素异常是指因使用化妆品引起的接触部位或临近皮肤色素改变，包括皮肤色素沉着或脱失。

（7）化妆品唇炎

化妆品唇炎是指唇部接触化妆品后产生的刺激性、变应性、光毒性或光变态唇部炎症，包括口唇干燥、皲裂、脱屑等临床表现。

2.4.6.4　化妆品不良反应分类

（1）严重化妆品不良反应

严重化妆品不良反应，是指化妆品所引起的皮肤（含黏膜）及其附属器官大面积或者较深度的严重损伤，以及其他器官组织等全身性损害。主要包括以下五种情形：

① 导致暂时性或者永久性功能丧失，影响正常人体和社会功能的，如明显损容性改变、皮损持久不愈合、瘢痕形成、永久性脱发等；

② 导致全身性损害，如败血症、肝肾功能异常、过敏性休克等；

③ 导致先天异常或者致畸；

④ 导致死亡或者危及生命；

⑤ 医疗机构认为有必要住院治疗的其他严重类型。

（2）一般化妆品不良反应

除严重化妆品不良反应外的属于一般化妆品不良反应。

（3）可能引发较大社会影响的化妆品不良反应

是指涉及以下情形之一的化妆品不良反应：

① 导致人体严重损害、危及生命或者造成死亡的；

② 因使用同一产品在相对集中的时间和区域导致一定数量人群发生不良反应的；

③ 导致婴幼儿和儿童发生严重不良反应的；

④ 经国家监测机构研判认为可能引发较大社会影响的其他情形。

2.4.6.5　化妆品不良反应产生的原因

导致化妆品不良反应的原因首先来自化妆品本身，化妆品中原料的安全性、制备过程、环境、包装材料等方面都可能影响产品的质量安全，污染是常见的原因，例如原料污染、生产过程污染、使用过程污染等都会使其安全性下降。

其次，化妆品使用者的个体差异也是重要因素。过敏体质人群更容易对化妆品过敏。例如消费者具有过敏体质，在使用化妆品前没有详细阅读产品说明书或没有做相应的皮肤敏感试验，这类人群就容易过敏。

再次，标签、说明书夸大宣传，误导消费者，导致达不到公众的预期效果。比如美容院对消费者施用不当、延误就诊和处理不当也是造成化妆品不良反应及皮肤病病情加重的重要因素之一。

最后，消费者错误认为化妆品不是药品，可以随意使用，甚至不受使用量的限制，过量使用化妆品，也可能会对皮肤产生一定的刺激，甚至出现毒性反应，造成不良反应的产生。例如，不能盲目追求过高 SPF 值的防晒类化妆品。

2.4.6.6　常见引起化妆品不良反应的成分

化妆品的成分中，最易引起化妆品不良反应的过敏原主要有香精、防腐剂、天然提取成分等。

（1）香精

香精是由人工调配的含有多种香料的混合物，具有某种香气或香型，它是一种人造香料，添加于化妆品中，可以产生不同的香味。

（2）防腐剂

化妆品中使用较多的防腐剂有对羟基苯甲酸酯类、咪唑烷基脲、甲醛和异噻唑啉酮类，此外还有苯氧乙醇、溴硝丙二醇等。甲醛是一种常见的过敏原，虽很少作为化妆品防腐剂使用，但化妆品中一些防腐剂在使用后可释放甲醛，如咪唑烷基脲等。

（3）天然提取成分

近几年，植物提取物和中药成分普遍应用于化妆品产品中，引起皮肤过敏问题。譬如牛奶、花粉、燕麦、大豆提取物、水解小麦蛋白等也可能引起过敏症状。

（4）其他过敏性成分

对苯二胺是染发剂中引起皮肤过敏概率最高的物质，在使用染发剂时，一定要关注成分清单，使用前进行局部敏感性皮试。此外着色剂、有机溶剂、甲醛释放体、紫外吸收剂等也是化妆品不良反应的常见致敏成分。

2.4.6.7　发生化妆品不良反应的应对方法

使用化妆品过程中出现皮肤瘙痒、皮疹等任何不良反应时，应该第一时间停用产品，避免对皮肤的进一步刺激。一般轻微的接触性皮炎在停用产品后可自愈。

如果出现皮肤显著红肿、丘疹及水疱甚至皮肤坏死等严重表现，则应携带使用过的化妆品及外包装，及时到医院皮肤科就诊，同时配合医生将相关化妆品不良反应信息提交至"国家化妆品不良反应"监测平台，为化妆品监督部门监管化妆品市场提供技术依据。

注意：化妆品不良反应监测范围不包括使用假冒伪劣化妆品引起的不良反应。如怀疑购买了假冒伪劣化妆品，可拨打食品药品投诉举报电话：12315。

第3章
化妆品基础理论

3.1　化妆品生理学基础

根据我国化妆品的定义，化妆品以涂擦、喷洒的方式作用于人体表面，与人的毛发、口唇、皮肤、指甲等长时间连续接触。因而配方合理、与人体表面亲和性好、使用安全的化妆品能起到清洁、保护、美化和修饰的作用；相反，使用不当或使用质量低劣的化妆品，会引起皮肤炎症或其他疾病。因此，为了更好地研究化妆品的功效，开发亲和性好、安全、有效的化妆品，有必要了解与化妆品有关的皮肤与毛发等生理学基础科学知识。

3.1.1　皮肤基础理论

3.1.1.1　皮肤的结构及其特点

皮肤作为人体和外部世界接触的表面，是人体最大的器官，也是人体第一道防线。皮肤覆盖全身，它使体内各种组织和器官免受物理性、机械性、化学性和病原微生物侵袭。人的皮肤由外而内主要包括表皮、真皮、皮下组织和皮肤附属器，如图 3-1 所示。

（1）表皮

表皮（epidermis）是皮肤的最外层组织，由角质形成细胞和非角质形成细胞两种细胞组成。前者主要由角质形成细胞（keratinocyte）组成，占表皮细胞中的大多数，它们在分化过程中合成大量角蛋白，根据角朊细胞的不同分化过程及细胞形态，表皮层由内而外又可分为基底层、棘层、颗粒层、透明层和角质层五个层次。非角质形成细胞又称树枝状细胞，包括黑色素细胞、朗格汉斯细胞、默克尔细胞、未定类细胞和梅克尔细胞，该类细胞与表皮角化无直接关系。

① 基底层

基底层（stratum germinativum）又名生发层，是表皮的最内一层，由一层呈栅形排列

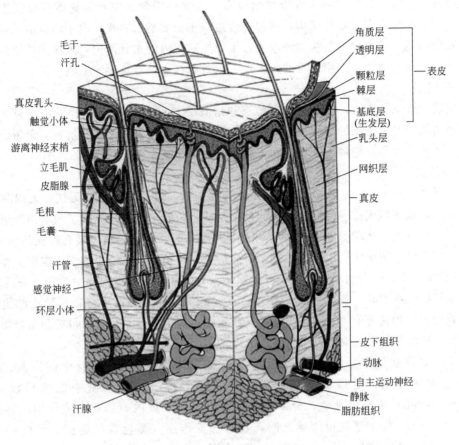

图 3-1　皮肤结构图

【图中标注（从左上顺时针）】

毛干
汗孔
角质层
透明层
颗粒层
棘层
基底层（生发层）
表皮
乳头层
网织层
真皮
皮下组织
动脉
自主运动神经
静脉
脂肪组织
汗腺
环层小体
感觉神经
汗管
毛囊
毛根
皮脂腺
立毛肌
游离神经末梢
触觉小体
真皮乳头

的圆柱状细胞组成，与真皮波浪式相接。基底细胞具有很强的分裂繁殖能力，它可不断分裂，有序向上移行、生长并演变成表皮各层角朊细胞，最后移行至角质层并角化脱落，正常表皮细胞的角化周期是 28～42 天。如果细胞角化周期出现紊乱，会导致皮肤角质细胞的堆积使得皮肤干燥，或引起皮肤功能的损伤。

基底细胞内尚含有黑色素细胞，约占整个基底细胞的 4%～10%，具有防止日光照射至皮肤深层的作用。黑色素细胞形成黑色素后，通过树枝状突起将黑色素颗粒输送到基底细胞或者毛发，其含量往往会影响到皮肤的颜色。

② 棘层

棘层（stratum spinosum）在基底层上方，是表皮中最厚的一层，一般有 4～10 层多角形细胞组成，核大呈圆形，相邻细胞借桥粒连结，形成细胞间桥，细胞间桥明显呈棘状，故称棘细胞。

各棘细胞间有空隙，储存淋巴液，富含大量水分，营养成分，具有细胞分裂增殖能力，参与创伤的修复，维持表皮层皮肤弹性，有助于头发和指甲的生长，同时吸收淋巴液中的营养成分，供给基底层养分，协助基底层细胞分裂。

③ 颗粒层

颗粒层（stratum granulosum）位于棘细胞层的上方，由 2～4 层扁平、纺锤形或梭形的细胞构成，有许多大小、形状不规则的透明角质颗粒是其主要特点。颗粒的主要成分为富含组氨酸的蛋白质，颗粒层细胞含板层颗粒多，能够将所含的糖脂等物质释放到细胞间隙内，在细胞外面形成多层膜状结构，能够有效地阻止物质透过表皮。由于颗粒层上部细胞间充满疏水性磷脂，使水分不易从体外渗入，也能抑制体内的水分流失，致使角质层细胞的水分显著减少，成为角质层细胞死亡的原因之一，对储存水分有重要的影响。

④ 透明层

透明层（stratum lucidum）位于颗粒层和角质层之间，由2～3层界限不明显、扁平无核、无色透明、紧密连结的细胞构成，仅见于手掌和足跖的表皮。透明层含有角蛋白和磷脂类物质，能防止水分、电解质、化学物质透过皮肤，起到生理屏障作用。

⑤ 角质层

角质层（stratum corneum）是表皮的最外层部分，由多层扁平、无核、无细胞器的角化细胞组成，重叠形成比较坚韧有弹性的板层结构。角质层细胞内充满了角质白纤维，其中由膜被颗粒释放的天然保湿因子（NMF）是各种氨基酸及其代谢物，具有很强的吸水能力，使得角质层不仅能防止体内水分的散发，还能从外界环境中获取一定的水。本质上，角质层NMF的量决定了在给定的相对湿度下可能保持水分的量。角质层细胞中一般水分约15%～25%，使皮肤保持柔润。若水分低于10%，皮肤的水合能力不断下降，导致皮肤组织细胞的水分减少，皮肤就会干燥发皱，出现鳞屑或皲裂。适当的角质层含水量有利于延缓皮肤老化、防治某些皮肤病以及充分发挥皮肤的屏障功能。

角质层是皮肤最重要的屏障，能耐受一定的物理性、机械性、化学性伤害，并能吸收一定量的紫外线，对内部组织起保护作用。非角质形成细胞中的朗格汉斯细胞（Langerhans cell）来源于骨骼，分布于基底层以上的表皮内，具有免疫作用；梅克尔细胞（Merkel cell）位于基底层细胞之间，具有感觉作用；黑色素细胞由外胚叶的神经嵴产生，是一种分泌性细胞，每10个基底细胞中有一个黑色素细胞（melanocyte）（图3-2），黑色素细胞含有酪氨酸酶，能产生黑色素颗粒，黑色素颗粒的数目与大小决定皮肤颜色的差异，同时可吸收阻挡紫外线，起保护作用，若黑色素颗粒代谢不良，会导致色素沉淀产生色斑。

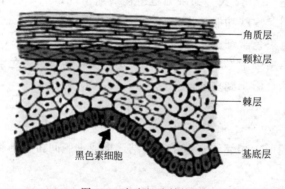

角质层
颗粒层
棘层
黑色素细胞
基底层

图 3-2　表皮细胞结构图

（2）真皮

真皮（dermis）位于表皮下面，由结缔组织组成，结缔组织与表皮牢固相连，深部与皮下组织接连，但两者之间没有清晰的界限。神经、血管、淋巴管、肌肉、毛囊、皮脂腺及大小汗腺均位于真皮结缔组织内。真皮作为皮肤代谢物质交换的途径，也是对抗外伤的第二道防线。

真皮分为乳头层和网状层，近表皮为乳头层，深部为网状层。真皮主要成分是各种纤维状蛋白质，包括胶原蛋白、弹性蛋白等，其次蛋白多糖、氨基多糖等统称为细胞外基质（ECM）。真皮层的主要细胞为成纤维细胞，可合成胶原蛋白、弹性蛋白、酶等物质。身体各部位真皮的厚薄不等，一般厚约 $1 \sim 2 mm$，是表皮的 $15 \sim 40$ 倍。因真皮层影响到皮肤的整体度，因此在延缓皮肤衰老方面扮演了重要角色。

① 纤维状蛋白质

不同蛋白质构成的纤维的性能也不一样，有的弹性高，有的刚性强。真皮内的纤维状蛋白质主要有胶原纤维、弹性纤维和网状纤维三种。

Ⅰ. 胶原纤维　又称胶原蛋白，胶原纤维是真皮纤维的主要成分，约占95%，集合组成束状。胶原纤维具有韧性大、抗拉力强的特点，能够赋予皮肤张力和韧性，抵御外界机械性损伤，并能储存大量的水分。浅在乳头层的纤维束较细，排列紧密，走行方向不一，亦不互相交织。而在深部网状层的胶原纤维较粗，与皮肤交织成网。

Ⅱ. 弹性纤维　弹性纤维由交叉相连的弹性蛋白构成，可通过构型变化来使皮肤富有弹性、光泽。在外力牵拉下，卷曲的弹性蛋白分子伸展拉长，而除去外力后，被拉长的弹性蛋白分子恢复为卷曲状态，犹如弹簧一样。所以，弹性纤维富于弹性，但韧性较差，多盘绕在胶原纤维束下及皮肤附属器周围。除赋予皮肤弹性外，也构成皮肤及其附属器的支架。乳头层弹性纤维的走向与表皮垂直，使皮肤受到触压后能够弹回原位；网状层弹性纤维的走向与胶原纤维相同，与皮肤平面平行，使胶原纤维经牵拉后恢复原状，使皮肤具有横向的弹性和顺应性，对外界机械性损伤具有防护作用。

Ⅲ. 网状纤维　网状纤维为未成熟的纤细胶原纤维，在真皮中数量最少，环绕于皮肤附属器及血管周围。在网状层，纤维束较粗，排列疏松，交织成网状，与皮肤表面平行者较多。由于纤维束呈螺旋状，故有一定伸缩性。网状纤维在关键时刻会大量增生，帮助皮肤创伤愈合或形成新的胶原蛋白，是皮肤中不可缺少的重要组成部分。

② 基质

基质为一种无定形的、均匀的胶状物质，主要分布于纤维束间及细胞间，为皮肤各种成分提供物质支持，并为物质代谢提供场所。基质拥有强大的水合能力，基质中含有的透明质酸和硫酸软骨素等黏合糖类物质可和水结合，防止水分缺失，使皮肤水润充盈。从而在化妆品中常把生物提取的透明质酸作为保湿原料添加到化妆品中。

同时基质也是为细胞提供水分的重要物质，具有激活纤维细胞、表皮基底细胞的作用，以促进胶原蛋白的合成。

③ 细胞

主要有成纤维细胞、肥大细胞、组织细胞等。其中成纤维细胞是真皮结缔组织中最重要的细胞，它的主要功能包括合成各种胶原、弹性蛋白及细胞外基质成分，同时还产生分解这些成分的酶类，来维持代谢平衡，对皮肤的弹性及抗拉性具有重要作用。

(3) 皮下组织及皮肤附属器

皮下组织位于真皮下部，由结缔纤维束和大量脂肪组织所构成，所以又称皮下脂肪组织。它的厚薄因个人的营养状况、年龄性别以及身体部位的不同而有差异，具有保温防寒、贮存能量、缓冲外力、保护内部组织的作用。若皮下组织过厚，会造成弹性纤维折断，身体肥胖；过薄则容易造成皮肤松弛，人体抵抗力下降等。因此，保持适度的皮下组织厚度与皮肤美感及健康息息相关。

皮肤附属器包括汗腺、皮脂腺、毛发、毛囊、指（趾）甲及血管、淋巴管、神经与肌肉等。

其中汗腺可分为顶浆汗腺和排泄汗腺。汗腺通过分泌汗液达到调节身体温度恒定的效果，也具有软化角质、调节皮肤 pH 值的作用。而皮脂腺分布广泛，是皮肤的一个重要腺体。其分泌出的皮脂可润滑皮肤、毛发，防止皮肤干燥。青春期分泌相对旺盛。

3.1.1.2 皮肤的功能

（1）保护作用

人体正常皮肤有两方面的屏障，一方面是防止体内水分、电解质物质和其他物质的丢失，另一方面是保护机体内各器官及组织免受外界环境中机械性、物理性、化学性和生物性有害因素的损伤，保持机体内环境的稳定，这在生理学上有着重要作用。

① 对机械性损伤的防护　皮肤中的弹性纤维及脂肪能避免外界机械撞击直接传递到身体内部，起到缓冲外界压力的作用。

② 对低电压、电流的防护　皮肤是不良导体，对电的屏障作用主要取决于角质层，角质层的水分含量决定了皮肤电阻值的大小，当电阻值较大时，皮肤对低电压、电流有一定阻抗能力。

③ 对微生物有防疫作用　皮肤中的弱酸性及不饱和脂肪酸的杀菌作用，能有效防止外界化学毒素及细菌的侵蚀，假如细菌已经侵入，皮肤会发炎进而消灭侵入的细菌。

④ 对紫外线损伤的保护作用　正常皮肤对光有防护能力，角质层可将大部分日光反射回去，又可过滤大部分透入表皮的紫外线，以保护机体内的器官和组织免受光的损伤。在正常情况下，皮肤能接受一定量的紫外线照射而不致有任何反应，而肤色较深的皮肤比肤色较浅的皮肤对紫外线和日光有较好的耐受性。

⑤ 防止体液丢失　全身水分主要储存在皮肤中。致密的角质层细胞有抵抗弱酸、弱碱等化学物质的能力，对水分及一些化学物质有屏障作用，因而可以限止体内液体的外渗和化学物质的内渗作用。皮肤的多层结构、致密的角质层以及由皮脂腺分泌的皮脂，在皮肤表面与汗液及水分形成一层乳化脂类薄膜，可防止皮肤水分过度蒸发和体外水分的渗透，调节和保持角质层适当的水含量，从而保持表皮的柔软，防止发生裂隙。皮肤能够有效地防止体液丢失，维持人体内环境的稳定。

（2）吸收作用

皮肤通过角质细胞及其间隙、毛囊、皮脂腺或汗管可吸收外界物质，角质层越薄吸收作用越强。类固醇类物质，例如雌性激素和雄性激素以及脂溶性物质（如维生素 A、维生素 D、维生素 E 和维生素 K）能够被皮肤吸收，但水溶性物质则由于角质层及皮脂腺的屏障作用，不易被机体吸收。脂溶性物质的吸收程度与个体年龄和性别、皮肤部位、皮肤含水量、皮肤温度、皮肤湿度、化妆品酸碱度等因素具有明显关系。

（3）感觉作用

皮肤的感觉极其发达，有人把它称之为感觉器官。皮肤能把来自外部的种种刺激通过无数神经传达至大脑，从而有意识或无意识地在身体上做出相应的反应，以避免机械、物理及化学性损伤。

皮肤的知觉神经末梢呈点状分布在皮肤上，能传导出六种基本感觉：触觉、痛觉、冷觉、温觉、压觉及痒觉。感觉最灵敏的是手指和舌尖，平滑、潮湿、干燥等感觉用指尖就可以判别出来。痒感是一种较弱的痛觉，因为痒和痛并不是质的差别，而是一种量的差别，发痒原因产生于摩擦、温热或者来源于组胺以及类组胺的物质。

（4）分泌和排泄作用

皮肤还具有分泌和排泄功能，汗来自皮脂的排泄作用，而皮脂则来自皮肤的分泌作用。

汗腺、顶泌汗腺、皮脂腺具有分泌排泄的作用。皮脂腺可以分泌油脂，帮助皮肤柔软和健康，部分皮脂分泌与汗水混合加上细菌的感染会产生异味。皮肤可由汗腺将汗排出体外，体内的水分会随汗的排出而散失，同时汗带有盐分及其他化学物质，也能通过皮肤排泄出体外。

（5）调节体温作用

不论寒冷冬天还是炎热夏天，人体可以保持 37℃ 的常温，这是由于皮肤通过保温和散热两种方式参与体温的调节。当温度降低时交感神经功能加强，皮肤毛细血管收缩，血流量减少，同时立毛肌收缩，排出皮脂，保护皮肤表层，防止热量丧失；当外界温度升高时，皮肤血管舒张，血流量增多，汗液蒸发增快，促使热量散发，使体温不致过高，皮肤主要通过辐射、对流和蒸发来实现散热。

体温代表合成代谢和分解代谢产生的热量与通过躯体散失至外界环境热量之间的平衡，热量产生和损失之间的平衡结果是体温的自身稳定作用。

（6）代谢作用

作为人体整个机体的组成部分，皮肤和其他器官一样，基础代谢活动是必不可少的，皮肤内新旧细胞会不断进行新陈代谢，一般一个代谢周期是 28 天，也是皮肤内糖、蛋白质、脂类、水与电解质、黑色素吸收与更新的途径之一。

（7）免疫作用

皮肤是人体重要的免疫器官，当皮肤出现问题时，皮肤会发出免疫信号。例如皮肤过敏就是免疫反应，表现为红、肿、痒、痛和小红疹子。

3.1.1.3 皮肤的分类

皮肤通常按皮肤类型和皮肤状况两方面来分类。正确了解皮肤类型是选择适当护肤品的前提，而了解自己的皮肤状况，才能设计护肤流程，让皮肤得到有效的护理。

皮肤类型和皮肤状况的鉴别方法常用皮肤观察法，是指在光线充足的地方进行皮肤检查；卸妆前，先检查皮肤表面出油的情况；卸妆清洁后约 5～10min，再继续分析检查；从 T 字部位（指脸部的前额、鼻子及下巴）开始检查，再注意两颊及眼睛周围；细心查看皮肤特征的状况，如水分、毛孔、暗疮、斑点、细纹、皱纹、光泽、弹性等。

（1）按皮肤类型分

皮肤类型可分为中性、干性、油性、混合性四种（图 3-3）。

① 中性皮肤

中性皮肤肤质光滑、纹理细腻、毛孔细小、光泽富有弹性，油脂和水分分泌均衡，不干燥也不油腻，皮脂分泌顺畅，很少或没有瑕疵、细纹，很少出现皮肤问题，是理想的皮肤

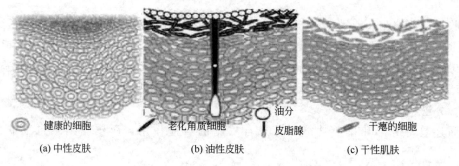

健康的细胞　　　老化角质细胞　　油分　　　干瘪的细胞
　　　　　　　　　　　　　　　　皮脂腺
(a) 中性皮肤　　　　　　(b) 油性皮肤　　　　　　(c) 干性肌肤

图 3-3　不同皮肤类型的表皮细胞图

类型。

中性皮肤的保养只需做好清洁工作及基本保养，注意根据季节、气候、身体状况调整护肤品，规律地进行周护理，生活作息正常，睡眠充足，健康饮食，就足以保持皮肤的最佳状态，造就令人羡慕的最佳肤质了。

② 干性皮肤

干性皮肤又称干燥型皮肤，肤质细腻、较薄，毛孔细小，隐约可以看见微血管，皮脂分泌不足且缺乏水分，脸部干燥，会有干裂、蜕皮现象，容易出现细纹，缺乏光泽，日晒后易出现红斑，风吹后易皲裂、脱屑，洗脸后皮肤有紧绷感，干性皮肤的彩妆较持久，不易脱妆。

这类肌肤容易出现过敏反应，如保护不好容易出现早期衰老。干性皮肤的保养应该选择温和型洁肤产品，保护皮脂膜，选用深层保湿及滋润产品，保持皮肤滋润，防止水分流失，定期做去角质、深层保湿、按摩的周护理，加强新陈代谢及血液循环，加强防晒，避免皮肤过早老化，日常饮食中注意水分的摄取。

③ 油性皮肤

油性皮肤又称脂溢性皮肤，多见于年轻人、中年人及肥胖者，由于皮脂腺分泌旺盛，所以含有较高的皮脂和水分。外观呈油亮感，肤质较厚，毛孔粗大，因油脂分泌过多，积于毛囊内不能顺利排出，易吸收空气中的灰尘，使毛孔污染，对细菌抵抗力减弱，容易长粉刺、暗疮、面疱，易留色素斑、凹洞或疤痕结节。但由于皮肤油脂的保护，油性皮肤不易老化，不易产生皱纹，但彩妆较易脱落。

油性皮肤的保养应控制皮肤油脂分泌，减少黑头、粉刺及暗疮的发生，选择清爽收敛型洁肤产品，保持皮肤清洁，选用质地较薄，具有控油功效的护肤产品，加强磨砂、去角质及深层清洁的周护理，同时做好保湿防晒，避免皮肤老化，彩妆应选用质地较薄，且具控油功效的产品。

④ 混合性皮肤

同时存在两种不同性质的皮肤为混合性皮肤。一般在 T 形区的前额、鼻翼、下巴处为油性肤质，呈现毛孔粗大、油脂分泌较多的特征，而 V 形区如面颊部、眼睛四周呈现出干性或中性皮肤的特征。

混合性皮肤由于油脂分泌不均衡，建议根据皮肤各部分状况，区分重点保养护理，根据不同部分的需要组合搭配产品，如 T 形区以油性皮肤保养法，V 形区以干性肌肤保养法。也可以采用油性皮肤的护理方法进行护理，护理以水性滋养剂为主，在饮食上注意少吃肥肉及含脂肪多的食品。并根据季节变换调整产品类型，在保养的手法上也要讲求技巧。

皮肤的类型并不是终生不变的，它随着人的体质因素及自然环境变化而在不断地改变着，但一般的规律是各类皮肤容易向干性皮肤转化，产生皱纹将是老年人的共同特点。

（2）按皮肤状态分

皮肤状态主要指皮肤的含水程度、敏感性、衰老情况、皱纹等，不同的皮肤类型还呈现不同的皮肤状态，例如干性皮肤可以分为缺水的干性皮肤、缺油的干性皮肤以及季节性干性皮肤等不同状态；油性皮肤可分为角质肥厚型油性皮肤、毛孔粗大型油性皮肤、青春期油性皮肤、暗疮型油性皮肤等。

敏感性皮肤，也称为敏感性皮肤综合征，它是一种高度敏感的皮肤亚健康状态，任何肤质中都可能有敏感性皮肤。处于此种状态下的皮肤极易受到各种因素的激惹而产生刺痛、灼烧、紧绷、瘙痒等主观症状。与正常皮肤相比，敏感性皮肤所能接受的刺激程度非常低，抗紫外线能力弱，甚至连水质的变化、穿化纤衣物等都能引起其敏感性反应。此类皮肤的人群常表现为面色潮红、皮下脉络依稀可见。

敏感性皮肤通常归咎于遗传因素，但更多的是由于使用了激素类的化妆品导致成为敏感性肌肤，并可能伴有全身的皮肤敏感。对于这类肌肤宜选用天然、不含香料及刺激内分泌的护肤品，不宜使用含药物成分或营养成分的化妆品。

3.1.2 毛发基础理论

3.1.2.1 毛发的分布与作用

毛发是哺乳类动物的特征之一，在人体中分布很广，几乎遍及全身，但和其他哺乳类动物相比，人类的毛发几乎处于退化状态，仅在头部和身体的一小部分还残余一些硬毛。全身的毛发数目尚无精确统计，但有人曾测定过头发约有 10 万根左右。身体各部位毛发的密度不同，随性别、年龄、个体和种族等而异。一般头部最密，头顶部约为 300 根/cm^2，后顶部约为 200 根/cm^2，手背处则很少，只有 15～20 根/cm^2，在前额和颊部毛发密度为躯干和四肢的 4～6 倍。一般认为毛囊的密度是先天性的，到成人期不能增添新的毛囊数。

毛发的粗细不同，与性别、个体、部位和种族有关。男子一般比女子粗。毛发的长度也不等，汗毛最短，如睫毛、眉毛、鼻毛等，一般长度也不超过 10mm。头发的长度最长，据文献记载最长的达 3.2m。

毛发本身不是活的器官，因而不含有神经、血管或活细胞，但却具有保护皮肤和大脑、防止头皮损伤、调节体温、排泄和触觉感知等作用。此外，头发也是仪表的重要组成部分，好的发型可以弥补头部和面形的不足，头发的多少、形状、颜色、光泽等都会给人们带来心理和精神上的影响，在某种程度上也反映了一个人的文化素养、审美情趣，在历史上甚至也成为身份象征之一。

3.1.2.2 毛发的组织结构

毛发生长于筒状的毛囊（hair follicle）中，露出皮肤表面以上的部分称为毛干（hair shaft），毛囊内的部分为毛根。毛根下端略微膨大的称为毛囊，毛囊下端内凹部分称为毛乳头。

（1）毛干

毛干是露出皮肤之外的部分，即毛发的可见部分，由角化细胞构成。由外到内分别为毛表皮（hair cuticle）、毛皮质（hair cortex）和毛髓质（hair medulla）三层，如图 3-4 所示。

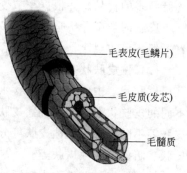

① 毛表皮是毛发的外表层，一般由 6～10 层的鳞片状细胞重叠排列而成，从毛根排列到毛梢，包裹着内部的皮质。这一层保护膜虽然很薄，只占整个毛发的 10％～15％，但却具有重要的功能，可以保护毛发不受外界环境的影响，保护皮脂并抑制水分的蒸发，赋予毛发以光泽及弹性，并在一定程度上决定毛发的色调。

毛表皮(毛鳞片)

毛皮质(发芯)

毛髓质

图 3-4　毛干的结构图

毛表皮膨胀力强，可有效地吸收化学成分，遇碱时关闭毛孔。表皮层有凝聚力，可以抵抗外界的一些物理作用与化学作用。毛表皮层变薄的话，毛发会失去凝聚力和抵抗力，发质变得脆弱，当阳光从表皮层的半透明细胞膜进入细胞内时，如果发质损伤或分叉，阳光射入时会发生不规则反射，给人一种发质粗糙的感觉。毛表皮由硬质角蛋白组成，有一定硬度但很脆，对摩擦的抵抗力差，在过分梳理和使用劣质洗发香波时很容易受伤脱落，使毛发变得干枯无光泽。

② 毛皮质是由蛋白细胞和色素细胞组成的，毛皮质部分的面积占毛发总截面的 80％，是毛发最主要的构成部分，它决定毛发的弹性、强度、色调与粗细。

③ 毛髓质是毛发的中心部分，由 2～3 层立方形细胞组成，被皮质层细胞所包围，面积只占毛发总截面的 3％左右。成熟的毛发里才有毛髓质的结构。髓质层含硫量低，并且有一种特殊的物理结构，决定毛发的硬度、强度，对化学反应的抵抗性特别强，含色素颗粒。髓质较多的毛发较硬，但并不是所有的毛发都有髓质，一般细毛如毳毛不含髓质，毛发末端亦无髓质。

（2）毛根

毛根是毛发的根部，埋在皮肤内的部分，并且被毛囊包围。毛囊是上皮组织和结缔组织构成的鞘状囊，是由表皮向下生长而形成的囊状构造，外面包覆一层由表皮演化而来的纤维鞘。毛根和毛囊的末端膨大，称毛球，如图 3-5 所示。毛球由分裂活跃、代谢旺盛的毛基质细胞组成，是毛发及毛囊的生长区，相当于基底层及棘细胞层，并有黑色素细胞。毛球下端内凹部分称为毛乳头，内含有毛细血管及神经末梢，可向毛发提供生长所需的营养，并使毛发具有感觉作用。

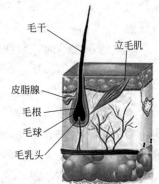

毛干

立毛肌

皮脂腺

毛根

毛球

毛乳头

图 3-5　毛根的结构特征

如果毛乳头萎缩或受到破坏，毛发停止生长并逐渐脱落。毛囊的一侧有一束斜行的平滑肌，称为立毛肌。立毛肌一端连于毛囊下部，另一端连于真皮浅层，当立毛肌收缩时，可使毛发竖立。有些小血管会经由真皮分布到毛球里，其作用为供给毛球毛发部分生长的营养。毛囊的上方接着皮脂腺，其分泌的皮脂对头发和头皮有着滋养的作用。

3.1.2.3　毛发的颜色与分类

（1）毛发的颜色

毛发的颜色因种族不同而异，有金黄、棕、黑、红和灰白等颜色。毛发颜色由毛干中黑色素的含量与分布决定。黑色素存在于毛球中的毛母细胞上部的树突状的黑素细胞中，由酪氨酸（tyrosine）氧化和聚合而成。毛发中含有两种黑色素颗粒，一种为黑褐色的真黑素（eumelanins），另一种为红黄色的褐黑素（phaeomelanins），由两者相互之间的数量和大小的平衡程度来决定头发的颜色。如果褐黑素的数量很集中并靠近表皮层，那么头发的颜色就更趋向红色。发色很深很黑的人甚至可能在表皮层都有黑色素，而发色较浅的人只在毛皮质中才有黑色素。

在黑色素细胞内产生的色素质粒位于真皮树突尖端部位，然后，由像手指状的树突尖端转移到新生成的毛发细胞中。这些质粒本身是黑色素颗粒的最终产物，原来是无色的，随着外移，所含色素会逐渐变深。这些质粒是卵圆形或棒状（长 $0.8\sim1.8\mu m$，宽 $0.3\sim0.4\mu m$）的。毛发越黑，质粒越大，所以黑色人种的质粒比白色人种大而少。

染发时，染发剂给头发上色主要是先打开头发最外层的毛鳞片，氧化剂和着色剂通过毛鳞片打开的小孔进入头发内部；氧化剂先将头发内部的色素漂白，之后和同时进入的着色剂发生氧化反应，给头发重新上色；最后再关闭毛鳞片。

（2）毛发的种类

① 按种族分

毛发的类型很大程度上受种族、生长的部位、年龄、性别和头发粗细等因素的影响。一般来说，亚洲人的头发粗而直，横切面为圆形；白种人的头发较细，横切面为椭圆形；而非洲人的头发是卷的，其横切面呈三角形。如图 3-6 所示。日本科学家调查发现美国和德国女性的头发平均直径为 $50\sim55\mu m$，墨西哥为 $65\sim70\mu m$，泰国为 $70\sim75\mu m$，而日本和中国为 $80\mu m$ 左右。

(a) 圆而直,横　　　　(b) 形似羊毛,横　　　　(c) 弯曲,横截面
断面呈圆形　　　　　截面为椭圆形　　　　介于前两种之间

图 3-6　不同种族人群毛发的横截面

② 按质地分

毛发按质地特点可分为钢发、绵发、油发、沙发、卷发五种：

Ⅰ. 钢发　比较粗硬，生长稠密，含水量也较多，有弹性，弹力也稳固；

Ⅱ. 绵发　比较细软，缺少硬度，弹性较差；

Ⅲ. 油发　油脂较多，弹性较强，抵抗力强，弹性不稳定；

Ⅳ. 沙发　缺乏油脂，含水量少；

Ⅴ. 卷发　弯曲丛生，软如羊毛。

③ 按毛发外观分

Ⅰ. 长毛　如头发、胡须、阴毛及腋毛；

Ⅱ. 短毛　如眉毛、睫毛、鼻毛、外耳道的毛及长在四肢、躯干的某些汗毛属于短毛；

Ⅲ. 毳毛　指分存于面部、颈部、躯干及四肢的细软短毛。

④ 按结构分

根据结构中毛髓质的有无、生长周期的长短，人类一共有三种类型的毛发，这三种毛发在不同时期可以起源于相同的毛囊。

Ⅰ．胎毛 在子宫内形成，较细，不含毛髓质，通常在妊娠第 36 周开始脱落，胎儿在子宫内于分娩前一个月所有胎毛脱落；

Ⅱ．毳毛（vellus hair） 俗称"汗毛"，短而细，无毛髓质，无或只有少量黑色素，长度不超过 14mm，毛干直径小于 $30\mu m$，主要分布于面部、四肢、躯干；

Ⅲ．终毛（terminal hair） 粗而硬，有毛髓质，含黑色素，按长度可分为长毛和短毛。

青春期前儿童的头发、睫毛和眉毛属于终毛，面部和躯干的毛发大部分为毳毛。自青春期开始，许多部位的毳毛在雄激素作用下转变为终毛。典型终毛与毳毛的区分比较容易，但由于还存在着较多的中间型毛发，所以对这些毛发的定义显得有些模糊。在组织学上，一般将毳毛定义为毛干直径不超过 $30\mu m$，并且与其内毛根鞘相比直径不超过内毛根鞘厚度的毛发。

⑤ 按毛发类型分

由于人体健康状态、分泌状态和保养状态的不同，可将头发分为：

Ⅰ．健康发质；

Ⅱ．干性发质；

Ⅲ．油性发质；

Ⅳ．受损发质。

选择发用化妆品时，不同类型的毛发需根据发质特点选择适合的发用产品。

3.1.2.4 毛发的生长

毛发是由胚胎的外层演变而来的，毛发生长的速度受年龄、性别、季节以及类型等因素影响，毛发从毛囊深部的毛球不断向外生长，每根毛发可生长若干年，直至最后其本身自然脱落，毛囊休止一段时间后再产生新的毛发，这个过程称为毛发生长周期。毛发生长周期一般分为生长期、退行期和休止期三个阶段。另外，毛发生长周期在不同的种族间也有较大的差异，不过，在毛发生长周期过程中所有的毛囊结构变化都是一样的。

（1）生长期

也称成长型活动期，是毛发生长周期中最长的阶段，持续时间为 2～6 年。生长期是毛发生长周期的活跃期，在此期间，构成毛发根部的细胞连续且快速地分裂。这种持续的分裂过程产生了新的头发，被推到了头皮表面。这种新毛发会取代旧头发，旧头发不再处于生长期，不再生长。正常情况下，头皮 90% 的毛囊处于生长期。

（2）退行期

也称萎缩期或退化期，为期 2～3 周。当毛母质细胞的有丝分裂活性逐渐降低并最终完全丧失时，毛囊即开始进入退行期。在此阶段，毛发积极增生停止，形成杵状毛。其下端为嗜酸性均质性物质，周围呈竹木棒状；内毛根鞘消失，外毛根鞘逐渐角化，毛球变平，不成凹陷，毛乳头逐渐缩小，细胞数目减少；黑色素细胞退去树枝状突，又呈圆形，而无活性。由于在进入退行期之前，毛发就停止合成黑色素，所以导致毛干末端的棒状结构不含有黑色素。

（3）休止期

又称静止期或休息期，为期约 3 个月。在此阶段，毛囊渐渐萎缩，在已经衰老的毛囊附近重新形成 1 个生长期毛球，最后旧发脱落；在静止期末，毛发自发进入下一个新的生长期，拔除休止期的毛发也可诱导毛发进入下一个生长周期的生长期。正常情况下，老的毛发随着毛囊底部向上推移而自然脱落或很容易地被拔出而不感疼痛。梳头或洗发时脱落的发，多是休止期的头发。

毛发处于生长周期中各期的比例随部位不同而异。生长速度也与部位有关，头发生长得最快，每天生长 0.27～0.4mm，每月平均 1.9cm，其他部位约每天生长 0.2mm。

毛发的生长期和休止期的周期性变化是由内分泌调节的，有人认为与卵巢激素有关。此外，营养成分对头发生长也有影响。

3.1.2.5 毛发的化学组成

毛发的主要化学成分是角蛋白（keratin），占毛发重量的 65%～95%。其中含有 C、H、O、N 和少量 S 元素。S 的含量大约为 4%，但这少量的 S 却对毛发的很多化学性质起着重要的作用。角蛋白中以胱氨酸的含量最高，可达 15.5%。烫发后，胱氨酸含量降低为 2%～3%，同时出现半胱氨酸。这说明烫发有损发质。另外，毛发中还含有脂质（1%～9%）、色素及一些微量元素如硅、铁、铜、锰等。微量元素与角蛋白的支链或脂肪酸结合存在，不是游离态的。

毛发的另一重要成分就是水。毛发中水的含量受环境湿度的影响，通常占毛发总重量的 6%～15%，最大时可达 35%。水的存在可以起到降低角蛋白链间氢键形成程度的作用，从而使毛发变得柔软。

3.1.3 口腔与牙齿的基础知识

根据《化妆品监督管理条例》内容，牙膏被列入化妆品监管范围，参照普通化妆品的规定进行管理。口腔是人体重要的组成部分，健康的口腔能影响和反映人们的身体状况和精神面貌，了解口腔与牙齿的基本知识对牙膏等化妆品的研发与使用具有重要意义。

3.1.3.1 口腔

口腔位于面颜的下部，是消化系统的起端。前壁以口唇为界，两侧被双颊包围，上界的前期 2/3 为硬腭，后 1/3 为软腭，下界由口腔底部的肌肉组成，后界借咽峡与咽相通（图 3-7）。在闭口时，口腔可分为前庭和固有口腔两个部分，口唇以内、牙齿以外叫口腔前庭，牙齿以内到咽部叫固有口腔。

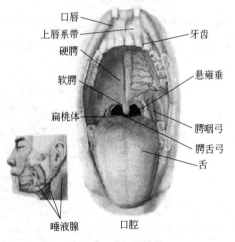

图 3-7　口腔的结构

（1）嘴唇

嘴唇外面覆盖皮肤，里面衬有黏膜，中间由肌肉、血管、神经等组成。口唇分上唇和下唇，唇两端为口角。上唇正中有一纵行的浅凹，称为人中，在上 1/3 正中处，为人中穴，常用作人事不省病人的急救穴位。唇皮肤与黏膜交界处，叫作唇缘。唇黏膜紧贴着牙齿，有保护牙齿的作用，"唇亡齿寒"就是这个道理。

（2）颊

颊位于口腔的两侧，由肌肉组成。外面覆盖脸部皮肤，内侧为口腔黏膜。颊部肌肉间有脂肪组织，脂肪存积得多，人的面部就显得丰满；脂肪存积得少，面部就显得干瘪瘦小。

(3) 舌

舌是口腔底部向口腔内突起的器官，以平滑肌为基础，表面覆以黏膜而构成。具有搅拌食物、协助吞咽、感受味觉和辅助发音等功能。人类全身上下最强韧有力的肌肉就是舌头。

(4) 腭

腭俗称天花板。前期 2/3 在黏膜下的是骨板，所以叫作硬腭；后部 1/3 是黏膜和肌肉，可以活动，叫作软腭。软腭后部中央有一向下突起，叫悬雍垂，俗称小舌头。

(5) 涎腺

涎腺又称唾液腺，是口腔内分泌唾液的腺体。人或哺乳动物有三对较大的唾液腺，即腮腺、颌下腺和舌下腺，另外还有许多小的唾液腺，也叫唾腺，位于口咽部鼻腔和上颌窦黏膜下层。

(6) 牙齿

牙齿是口腔内的重要器官，其主要功能是咀嚼食物和辅助发音，并与保持面部正常形态有密切关系。牙齿是钙化了的硬固性物质，所有牙齿都被结实地固定在上下牙槽骨中。露在口腔里的部分叫牙冠；嵌入牙槽看不见的部分称为牙根；中间部分称为牙颈；牙根的尖端叫根尖，有咀嚼、发音、语言以及保持面部的正常形态等功能。牙齿周围的黏膜叫牙龈（俗称牙肉）。

如果缺失前牙，会导致发音不清晰。咀嚼运动能促进颌骨的发育和牙周组织的健康，单侧咀嚼会造成废用侧颌骨发育不足，面部不对称；牙齿全部缺失，会使面部凹陷，皱纹增加，显得苍老。因此保护好牙齿是非常重要的。

3.1.3.2 牙体组织

牙齿的本身叫牙体，其主要成分是羟基磷灰石 $Ca_{10}(OH)_2(PO_4)_6$。牙体包括牙釉质、牙本质、牙骨质和牙髓 4 个部分，如图 3-8。

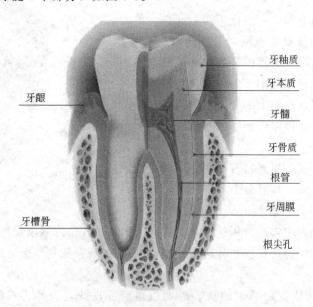

图 3-8 牙齿的组织

（1）牙釉质

牙釉质是牙冠外层的白色半透明坚硬组织，亦称珐琅质。天然牙釉质呈暗白色或轻微米色，有一定的透明度。薄而透明度高的釉质，能透出牙本质的浅黄色，使牙冠呈黄白色；牙髓已死的牙齿，透明度和色泽都有改变。牙釉质也是人体中最硬的组织，牙釉质内没有血管和神经，是没有感觉的活组织，能保护牙齿不受外界的冷、热、酸及其他机械性刺激。

（2）牙骨质

牙骨质是覆盖在牙根表面的一种很薄的钙化组织，呈浅黄色，硬度不如牙本质，类似于骨组织，具有不断新生的特点。由于硬度不高且较薄，当牙骨质外露时，容易受到机械性损伤，引起过敏性疼痛。

（3）牙本质

牙本质是一种高度矿化的特殊组织，是牙齿的主体，呈淡黄色，硬度不如牙釉质。牙本质内有很多小管，是牙齿营养的通道，其中有不少极微细的神经末梢，因此，牙本质是有感觉的，一旦牙釉质被破坏，牙本质暴露时，外界的机械、温度和化学性刺激就会引起牙齿疼痛，这就是牙本质过敏症。

（4）牙髓

牙髓位于牙齿内部的牙髓腔内及根管内，是一种特殊的疏松结缔组织，主要包含神经、血管，淋巴和结缔组织，还有排列在牙髓外周的造牙本质细胞，其作用是造牙本质。如果牙髓坏死，则牙釉质和牙本质因失去主要营养来源而变得脆弱，牙釉质失去光泽且容易折裂。

当牙冠某一部位有龋或其他病损时，可在相应的髓腔内壁形成一层牙本质，称为修复性牙本质，以补偿该部的牙冠厚度，即为牙髓的保护性反应。牙髓组织的功能是形成牙本质，具有营养、感觉、防御的能力。牙髓神经对外界的刺激特别敏感，可产生难以忍受的剧烈疼痛。

老年人的牙髓组织，也和机体其他器官一样，会发生衰老性变化，如钙盐沉积、纤维增多、牙髓内的血管脆性增加、牙髓腔变窄等，这些都会影响牙髓对外界刺激的反应力。

3.1.3.3 牙周组织

牙齿周围的组织称为牙周组织，包括牙周膜、牙槽骨和牙龈。

（1）牙周膜

牙周膜（牙周韧带、牙周间隙）由致密结缔组织所构成。多数纤维排列成束，纤维的一端埋于牙骨质内，另一端则埋于牙槽窝骨壁里，使牙齿固位于牙槽窝内。牙周膜内有神经、血管、淋巴和上皮细胞。牙周膜一旦受到损害，无论牙体如何完整，也无法维持其正常功能。

（2）牙槽骨

牙槽骨是颌骨包绕牙根的部分，藉牙周膜与牙根紧密相连。牙根所在的骨窝称牙槽窝。牙槽骨和牙周膜都有支持和固定牙齿的作用。牙槽骨随着牙齿的发育而增长，而牙齿缺失时，牙槽骨也就随之萎缩。

（3）牙龈

牙龈通称牙肉、牙床，有的地区叫牙花儿，是附着在牙颈和牙槽突部分的黏膜组织，呈粉红色，有光泽，质坚韧。牙龈是口腔黏膜的一部分，由上皮层和固有层组成。它的作用是保护基础组织，牢固地附着在牙齿上，它对细菌感染构成一个重要屏障。突出于相邻两牙之间的牙龈叫"龈乳头"。

3.2 化妆品表面活性剂理论

3.2.1 表面活性剂及结构特点

3.2.1.1 表面活性剂概述

表面活性剂（surfactant）是一类重要的精细化学品，因其在较低的浓度下即能显著改变溶液体系的界面状态，被应用于各个领域，常常被称为"工业味精"。

人类认识表面活性剂是从洗涤剂开始的。早在公元前2500年，幼发拉底河流域的苏美尔人就已经知道用羊油和草木灰制造肥皂；而在罗马时代的庞贝遗址挖掘中还发现了现在仍可使用的肥皂。从17世纪到20世纪初期，肥皂仍然是唯一的天然洗涤剂，后来逐渐出现了发用、沐浴用和洗涤用等各类产品。然而，由于天然表面活性剂受原料来源的限制，合成表面活性剂是现代工业加工工艺和配方中的主要成分。表面活性剂早期主要应用于洗涤、纺织等行业，现在其应用范围几乎覆盖了精细化工的所有领域。

3.2.1.2 表面活性剂原理

自然界中任何物质都以气体、液体或固体三种状态存在，两相接触便会产生接触面。通常把液体或固体与气体的接触面称为液体或固体的表面。而把液体与液体、固体与固体或液体与固体的接触面称为界面。表面与界面无本质区别，有时统称为界面。

在没有外力的影响或影响不大时，液体总是趋向于收缩成为球状，如水银珠和植物叶子上的露珠。使液体表面收缩的力是垂直通过液体表面上任一单位长度、与液面相切的收缩表面的力，常简称作表面张力（surface tension，γ），其单位通常为 mN/m。表面张力是液体的基本物理化学性质之一。

液体表面自动收缩的现象从能量的角度来研究，是液体通过收缩而减少表面积，从而降低表面自由能。液体的表面自由能（surface free energy）即恒温恒压下液体增加单位表面积时体系自由能的增量，也称为比表面自由能，单位为 J/m^2。此自由能单位也可用力的单位表示，因为 $J = N \cdot m$ 所以 $J/m^2 = N/m$。

表面自由能与表面张力是液体本身固有的基本物理性质之一，分别是用力学方法和热力学方法研究液体表面现象时采用的物理量，具有不同的物理意义，却又具有相同的单位。

3.2.1.3 表面活性剂定义与结构特点

（1）表面活性剂的定义

纯液体中只含有一种分子，在恒温恒压下，其表面张力是一个恒定值。而溶液由两种或多种分子组成。由于溶液表面的化学组成不同于溶剂表面的化学组成，形成单位溶液表面时体系所增加的能量便不同。因此，溶液的表面张力（γ）受溶质的性质和浓度（c）影响。

水溶液的表面张力随溶质浓度的变化可分为三类，如图 3-9 所示。它们的特点如下。

第 1 类（曲线 a）溶液表面张力随溶质浓度增加而缓慢升高，大致成直线关系。多数无机盐，如 NaCl、Na_2SO_4、KNO_3 等的水溶液及蔗糖、甘露醇等多羟基有机物的水溶液属于这一类型。

第 2 类（曲线 b）溶液表面张力随浓度增加而逐步降低。一般低分子量的极性有机物如醇、醛、酸、酯、胺及其衍生物属于此类。

第 3 类（曲线 c）溶液表面张力在浓度很低时急剧下降，很快达到最低点，此后溶液表面张力随浓度变化很小。

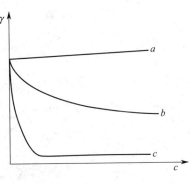

图 3-9　表面张力（γ）和
浓度（c）关系示意图

只有形成第 3 类溶液的溶质才被称为"表面活性剂"，表面活性剂使溶液表面张力达到最低点的浓度一般在 1% 以下，主要是由长度大于 8 个碳原子的碳链和足够强大的亲水基团构成的极性有机化合物，例如高碳的羧酸盐、硫酸盐、烷基苯磺酸盐、季铵盐等。

（2）表面活性剂的结构特点

从分子结构来看，表面活性剂分子一般总是由非极性的、亲油（疏水）的碳氢链部分和极性的、亲水（疏油）的基团共同构成的，故称它为两亲性化合物（amphiphilie compounds）。两亲性化合物一部分易溶于水，具有亲水性质，称作亲水基（hydrophilic group）；另一部分不溶于水而易溶于油，具有亲油性，称作亲油基（lipophilic group），也称疏水基（hydrophobic group）。同一分子中，极性的基团和非极性的基团分别处于分子的两端，形成不对称的结构。典型的表面活性剂两亲结构如图 3-10 所示。

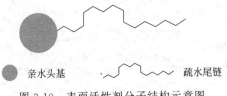

亲水头基　　　　　　　　疏水尾链

图 3-10　表面活性剂分子结构示意图

表面活性剂分子的结构特征赋予它两个基本性质：一是可以在溶液表面形成吸附膜（一般为单分子吸附层），二是可以在溶液内部发生分子自聚形成多种分子有序聚集体（称为胶束）。这种性质使表面活性剂产生了许多应用性能，如润湿、乳化、增溶、起泡、抗静电、分散、絮凝、破乳等。

3.2.1.4　表面活性剂的分类

表面活性剂种类众多，可以根据溶解性能分为水溶性表面活性剂和油溶性表面活性剂；根据分子量大小可分为低分子量、中分子量和高分子量表面活性剂。而最常用的分类方式，是根据亲水头基的类型，将表面活性剂分为离子型表面活性剂和非离子型表面活性剂（图 3-11）。离子型表面活性剂在水溶液中能够发生电离，并产生带正电或带负电的离子。根据其亲水基离子的类型，可分为阳离子型、阴离子型和两性表面活性剂。非离子型表面活性剂在水溶液中不发生解离，没有离子生成。

（1）阴离子型表面活性剂

阴离子型表面活性剂是表面活性剂中发展历史最悠久、产量最大、品种最多的一类产品。阴离子型表面活性剂按亲水基结构主要可分为：羧酸盐类、硫酸酯类、磺酸盐类及磷酸酯类等，常用于化妆品中的阴离子型表面活性剂见表 3-1。

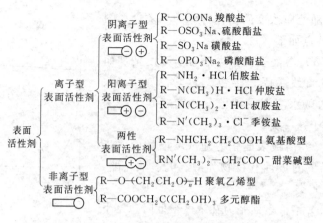

图 3-11 表面活性剂的分类

表 3-1 常见阴离子型表面活性剂

类型	典型表面活性剂	典型结构
羧酸盐类	脂肪酸盐	$RCOOM$
	脂肪醇聚氧乙烯醚羧酸盐	$R(OCH_2CH_2)_n OCH_2COOM$
	酰基肌氨酸盐	$\underset{\underset{CH_3}{\mid}}{RCNCH_2COOM}$ (O双键)
	酰基谷氨酸盐	$RCNHCHCH_2CH_2COOM$ (O双键, COOH)
	烷基磺酸盐	RSO_3M
	N-酰基-N-甲基牛磺酸盐	$\underset{\underset{CH_3}{\mid}}{RCONCH_2CH_2SO_3M}$
	脂肪酰氧乙基磺酸盐	$RCOOCH_2CH_2SO_3Na$
	琥珀酸酯磺酸盐	$\underset{\underset{SO_3Na}{\mid}}{C_{10}H_{19}CONHCH_2CH_2OOCCH_2CHCOONa}$
硫酸(酯)盐类	脂肪醇硫酸盐	$ROSO_3M$
	脂肪醇聚氧乙烯醚硫酸盐	$RO(CH_2CH_2O)_n SO_3M$
磷酸(酯)盐类	单烷基磷酸酯	$R^1O—\underset{\underset{OM}{\mid}}{\overset{\overset{O}{\|\|}}{P}}—OM$
	二烷基磷酸双酯	$\underset{R^1O}{\overset{R^1O}{>}}\overset{\overset{O}{\|\|}}{P}—OM$
	脂肪醇聚氧乙烯醚磷酸酯	$RO(C_2H_4O)_n PO(OM)_2$

阴离子型表面活性剂在化妆品中主要用于洁肤、洗发类化妆品的主表面活性剂或辅助表面活性剂,阴离子型表面活性剂的优点是来源广、种类多、价格便宜;缺点是抗硬水能力较差、稍有刺激性、对部分配方组分的相容性有限。

(2)阳离子型表面活性剂

阳离子型表面活性剂主要是含氮的有机胺衍生物,有胺盐、季铵盐、杂环类等,还有一小部分含硫、磷、砷等元素的阳离子型表面活性剂。常用于化妆品中的阳离子型表面活性剂见表 3-2，此类表面活性剂在酸性介质中才具有良好的表面活性，而在碱性介质中容易析出而失去表面活性。

　　阳离子型表面活性剂在化妆品中主要用作护发产品的主表面活性剂，起到护理毛发的作用。阳离子型表面活性剂的优点是耐硬水、酸性条件也可使用；缺点是种类少，配方组分的相容性差，刺激性较大，实际应用不多。

表 3-2　常见阳离子型表面活性剂

类型	典型表面活性剂	典型结构
季铵盐	烷基三甲基季铵盐	$\left[\begin{array}{c} Me \\ R-N-Me \\ Me \end{array} \right]^{+} X^{-}$
	烷基二甲基苄基季铵盐	$\left[\begin{array}{c} Me \\ R-N-CH_2-C_6H_5 \\ Me \end{array} \right]^{+} X^{-}$
	二烷基二甲基季铵盐	$\left[\begin{array}{c} Me \\ R^1-N-R^1 \\ Me \end{array} \right]^{+} X^{-}$

(3) 两性表面活性剂

　　两性表面活性剂是在同一分子中既含有阴离子亲水基又含有阳离子亲水基的表面活性剂，其最大特征在于它既能给出质子又能接受质子，水溶液 pH 值在等电点时呈非离子性，在等电点以上时呈阴离子性，在等电点以下时呈阳离子性。在酸性或碱性溶液中都可以使用，耐硬水，可与其他类型表面活性剂混用。常用于化妆品中的两性表面活性剂主要有氨基酸类、甜菜碱类、咪唑啉类、磷酸酯类等，见表 3-3。

表 3-3　常见两性表面活性剂

类型	典型表面活性剂	典型结构
甜菜碱类	羧酸甜菜碱	$\begin{array}{c} CH_3 \\ R-N-CH_2COO^- \\ CH_3 \end{array}$
	磺基甜菜碱	$\begin{array}{c} CH_3 \\ R-N-CH_2CH_2SO_3^- \\ CH_3 \end{array}$
	硫酸酯基甜菜碱	$\begin{array}{c} CH_3 \\ R-N-CH_2CH_2SO_4^- \\ CH_3 \end{array}$
	磷酸酯基甜菜碱	$\begin{array}{c} CH_3 \\ R-N-CH_2CH(OH)CH_2PO_4H^- \\ CH_3 \end{array}$

类型	典型表面活性剂	典型结构
咪唑啉类	乙酸型咪唑类	$R-C\overset{\underset{\\|}{N^+}}{\underset{\underset{CH_2COO^-}{\\|}}{N}}$
	丙酸型咪唑类	$R-C\overset{N}{\underset{\underset{CH_2CH_2OCH_2CH_2COOH}{N}}{}}$
磷酸酯类	磷脂酰胆碱	$\begin{array}{l}CH_2OCOR\\CHOCOR\quad OH\\CH_2-O-\overset{\underset{\\|}{O}}{P}-OCH_2CH_2NH_2\end{array}$

两性表面活性剂在化妆品中主要用作洁肤、洗发产品中的辅助表面活性剂，两性表面活性剂一般不作主表面活性剂，如椰油酰胺丙基甜菜碱是清洁类化妆品中经常会添加的一个辅助表面活性剂；磷脂酰胆碱常用作护肤化妆品的表面活性剂，也是脂质体的主要原料之一。

（4）非离子型表面活性剂

非离子型表面活性剂分子在水溶液中不解离，根据亲水基的种类和结构，可分为醚基类、酯基类、酰胺类和杂环类等。实际应用最多的一类主要是由聚乙二醇基即聚氧乙烯基构成的，另外一类就是以多元醇（如甘油、季戊四醇、蔗糖、葡萄糖、山梨醇等）为基础构成的。常用于化妆品中的非离子型表面活性剂见表 3-4。

表 3-4 常见非离子型表面活性剂

类型	典型表面活性剂	典型结构
聚氧乙烯类	脂肪醇聚氧乙烯醚	$RO(CH_2CH_2O)_nH$
	脂肪酸聚氧乙烯醚	$RCOO(CH_2CH_2O)_nH$
	聚氧乙烯失水山梨醇脂肪酸酯	$H(OCH_2CH_2)_xO$ 型环 OCR 型结构 $H(OCH_2CH_2)_xO$ $O(CH_2CH_2O)_yH$
多元醇类	甘油单脂肪酸酯	$\begin{array}{l}CH_2OCOR\\CHOH\\CH_2OH\end{array}$
	脂肪酸季戊四醇酯	$\begin{array}{l}\quad\quad CH_2OH\\HOCH_2-C-CH_2OCOR\\\quad\quad CH_2OH\end{array}$
	失水山梨醇脂肪酸酯	HO 环 HO $HO-C-CH_2OCOR$

类型	典型表面活性剂	典型结构
多元醇类	蔗糖脂肪酸酯	
	糖苷类	
烷基醇酰胺	椰油二乙醇酰胺	$RCON(CH_2CH_2OH)_2$
氧化胺	十二烷基氧化胺	
	酰胺丙基氧化胺	$RCONH(CH_2)_3N(CH_3)_2{\rightarrow}O$ $R=$椰油基或月桂基

非离子型表面活性剂在化妆品中的应用是最多的,其优点是种类多样、可选择性广、耐硬水、pH 使用范围广、乳化力强、配方适应性强、刺激性低等;缺点是部分品种有浊点限制、价格高等。

(5)特殊类型表面活性剂

特殊类型表面活性剂显示出十分优异的应用性能,它们的结构与传统表面活性剂不同,主要有以下几类。

① 碳氟表面活性剂

指疏水基碳氢链中的氢原子部分或全部被氟原子取代的表面活性剂。该类化合物表面活性很高,既具有疏水性,又具有疏油性,碳原子数一般不超过 10。如全氟代辛酸钠、CF_3COONa 及氟代醚等。氟代醚的结构式:

② 含硅表面活性剂

其活性介于碳氟表面活性剂和传统碳氢表面活性剂之间,通常以硅烷基和硅氧烷基为疏水基,例如:

A型

B型

③ 高分子表面活性剂

习惯上将分子量在 2000 以上的称为高分子表面活性剂，根据来源可以分为天然、合成和半合成三类，根据离子类型可以分为阴离子、阳离子、两性和非离子型四类。高分子表面活性剂起泡性小，洗涤效果差，但分散性、增溶性、絮凝性好，多用作乳化剂或分散剂等。例如聚乙烯醇、聚丙烯酰胺、聚丙烯酸酯等。

④ 生物表面活性剂

生物表面活性剂是细菌、酵母和真菌等微生物在一定条件下代谢过程中分泌出的具有一定表面活性的代谢产物，如糖脂、多糖脂、脂肽或中性类脂衍生物等，其疏水基多为烃基，亲水基可以是羧基、磷酸酯基及多羟基等。

生物表面活性剂不仅具有增溶、乳化、润湿、发泡、分散、降低表面张力等表面活性剂所共有的性能，还具有无毒、可生物降解、生态安全以及高表面活性等优点。

⑤ 冠醚型表面活性剂

冠醚是以氧乙烯基为结构单元构成的环状化合物，能够与金属离子配合，在某些方面的性质与非离子表面活性剂类似。

目前应用于化妆品中的特殊类型表面活性剂主要是含硅表面活性剂、高分子表面活性剂、生物表面活性剂，这类表面活性剂因其不同于一般表面活性剂的化学结构也具备了特殊的性质。比如聚丙烯酸类高分子表面活性剂在乳化的同时也具有改变体系流变性的作用，而生物表面活性剂则具有更好的安全性。其他研究较多的特殊类型表面活性剂主要有双子（gemini）表面活性剂、Bola 型表面活性剂、螯合型表面活性剂、开头型表面活性剂等。

3.2.2 表面活性剂的基本特征

3.2.2.1 胶束与临界胶束浓度

胶束是由英国胶体化学家 McBain 和他的学生们在研究肥皂、烷基季铵盐、硫酸盐等离子型表面活性剂的溶液性质时首先发现的。他们发现表面活性剂在溶液中当浓度超过一定值时会从单体（分子或离子）自动缔合形成胶体大小的聚集体，同时溶液的物理性质会发生转折性变化。McBain 给这种聚集体定名为 micelle 即胶束，带有胶束的液体叫作胶束溶液。溶液性质发生突变时的浓度，称为临界胶束浓度（critical micelle concentration，CMC），胶束形成的过程称为胶束化作用。

用胶束理论可对表面活性剂溶液的性质做出合理的解释。当溶液浓度在 CMC 以下时，溶液中基本上是单个表面活性剂分子（或离子），表面吸附量随浓度增大而逐渐增加，直至表面上再也挤不下更多的分子，此时表面能不再下降，表面活性剂分子开始聚集，该浓度是开始形成胶束的浓度，这也是各种性质开始与理想性质发生偏离时的浓度。浓度继续增加并超过 CMC 后，单个的表面活性剂分子或离子的浓度基本上不再增加，而胶束浓度或胶束数目增加。因胶束表面是由许多亲水基覆盖的，故胶束表面不是表面活性的，因而不被溶液表面吸附，而胶束内部皆为碳氢链所组成的亲油基团，有溶解不溶于水的有机物的能力。胶束的形成使溶液中的质点（离子或分子）数目减少，因此依数性（如渗透压等）的变化减弱。

图 3-12(a)，低浓度时以单分子态或离子态分散于溶液中。图 3-12(b)，浓度稍增大时，分布在溶液中及界面上的分子数增多，同时，溶液中少量的表面活性剂分子以非极性烃链相

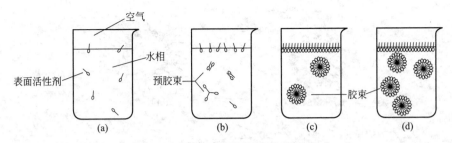

图 3-12　表面活性剂的胶束化过程

向的形式聚集在一起。图 3-12(c)，浓度达到 CMC 时，界面上的表面活性剂分子或离子达到饱和吸附，溶液内部的表面活性剂分子聚集在一起形成胶束。图 3-12(d)，继续增大浓度，胶束数量增加。

临界胶束浓度下，表面活性剂的许多物理化学性质发生突变，如图 3-13 所示，对十二烷基硫酸钠的水溶液。其物理性质变化如图 3-13 所示。

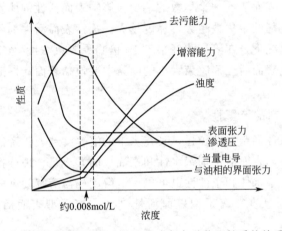

图 3-13　十二烷基硫酸钠水溶液浓度与各种物理性质的关系曲线

临界胶束浓度（CMC）是表面活性剂活性的量度。CMC 值低标志着达到表面饱和吸附所需表面活性剂浓度低，从而在较低的浓度下即能起到润湿、乳化、增溶、起泡作用，即表面活性强。影响 CMC 或表面活性的因素主要受表面活性剂本身结构的影响，同时也受到外界因素的影响，如有机、无机添加剂及温度等。

3.2.2.2　胶束的结构与影响因素

胶束结构是表面活性剂分子在其浓度超过临界值后形成特殊聚集体的形状与分子在其中的空间排布。

在水溶液中形成的正常胶束，表面活性剂碳氢链（疏水基）聚集成胶束内核，极性端基朝向水相，构成胶束的外层。

在非极性有机溶剂（统称为"油"）中，油溶性表面活性剂也可以形成聚集数不大的反胶束（reverse micelle）。反胶束依靠极性基间的氢键或偶极子的相互排斥形成由亲水基构成的反胶束内核，疏水基构成反胶束外层，一般有大的疏水基和小的亲水基才能形成反胶束。

在水中形成的胶束和在油中形成的反胶束结构如图 3-14 所示。

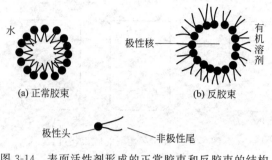

水
极性核
有机溶剂

(a) 正常胶束　　　　　(b) 反胶束

极性头　　　●　　　非极性尾

图 3-14　表面活性剂形成的正常胶束和反胶束的结构

一般认为，在 1%～2% 的临界胶束浓度时，胶束较小，呈球状，大小约 2～10nm，浓度增大时，胶束逐渐呈棒状、层状、板状、束状等，大小约 100～300nm。胶束结构使混合体系成为稳定的两相分散体系。

通常采用胶束聚集数作为胶束大小的量度。所谓胶束聚集数即缔合成一个胶束的表面活性剂分子或离子数目。表面活性剂聚集数的多少会影响表面活性剂体系的黏度，一般在同样条件下，体系表面活性剂的聚集数越大，黏度越大。虽然表面活性剂胶束的形状和大小均会随浓度改变，但一般情况下，在溶液浓度小于 10 倍临界胶束浓度（CMC）时，胶束的大小和形状大致不变，影响表面活性剂胶束大小的因素主要包括表面活性剂结构、无机盐、有机物以及温度。

3.2.2.3　表面活性剂的溶解性

一般来说，表面活性剂亲水性越强，其在水中的溶解度越大；亲油性越强，则越易溶于油，因此在实际应用中，表面活性剂亲水性和亲油性的大小是合理选择表面活性剂的一个重要依据，表面活性剂的亲水性和亲油性也可以用溶解度或与溶解度有关的性质来衡量，如临界溶解温度和浊点分别是表征离子型表面活性剂和非离子型表面活性剂溶解性质的特征指标。

（1）离子型表面活性剂的 Krafft 点

离子型表面活性剂在水中的溶解度随着温度的上升而逐渐增加，当达到某一特定温度时，溶解度迅速增大，该温度称为溶解度曲线临界溶解温度，即该表面活性剂的克拉夫特点（Krafft point），以 T_k 表示。它被定义为溶解度曲线和临界胶束浓度（CMC）曲线的交点，即在此温度下，单体表面活性剂的溶解度与其同温度下的 CMC 相等，如图 3-15 所示。

当溶液中表面活性剂的浓度未超过 CMC 时（区域Ⅰ），溶液为真溶液；当继续加入表面活性剂时，则有过量表面活性剂析出（区域Ⅱ）；此时再升高温度，体系又成为澄明溶液（区域Ⅲ），但与区域Ⅰ不同，区域Ⅲ是表面活性剂的胶束溶液。

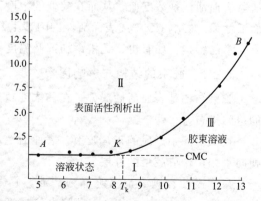

图 3-15　表面活性剂温度与浓度的依赖关系曲线

Krafft 点是离子型表面活性剂的特征值，它表示表面活性剂形成胶束的下限温度，只有当温度高于 Krafft 点时，表面活性剂才能更大程度地发挥作用。

（2）非离子型表面活性剂的浊点

非离子型表面活性剂，在水溶液中的溶解度随温度上升而降低，在升至一定温度时出现浑浊，经放置或离心可得到两个液相，这个温度被称之为该表面活性剂的浊点（cloud point）。浊点是非离子表面活性剂均匀胶束溶液发生相分离的温度，是非常重要的物理参数。浊点与表面活性剂分子中亲水基和亲油基质量比有一定关系。浊点的范围与产品的纯度有一定关系，质量好、纯度高的产品浊点明显，质量差的不明显。

3.2.2.4 表面活性剂的 HLB 值

为了建立溶液中表面活性剂亲水性与官能团之间的定量关系，Griffin 提出表面活性剂的 HLB（Hydrophilic-Lipophilic-Balance）概念。HLB 值表示分子中亲水和亲油的两个相反基团的大小和作用的平衡，简单说，表示亲水亲油的平衡。后来 Davies 扩展了 Griffin 的概念，提出表面活性剂的基团与其 HLB 值相对应，即 HLB 值是由分子的化学结构、极性强弱或分子中的水合作用决定的。

表 3-5 显示了表面活性剂水溶液状态对表面活性剂的 HLB 值的依赖性，同时给出不同 HLB 值的表面活性剂的典型应用。数据还显示，HLB 值低表示亲油性强，反之则表示亲水性强，其平衡点为 10 左右，通过 HLB 值可以预见表面活性剂的性能、作用与用途。

表 3-5　不同 HLB 值的水溶液外观及应用

表面活性剂加水后的性质	HLB 值	应用
不分散	0 2 4 6	W/O 乳化剂
分散得不好		
不稳定乳状分散体	8 10	润湿剂
稳定乳状分散体		
半透明至透明分散体	12 14	洗涤剂 O/W 乳化剂
透明溶液	16 18	增溶剂

由于温度、水中电解质浓度、油的极性以及水与油的比例等都影响到乳状液的状态，因此，HLB 值不能作为决定表面活性剂所形成的乳液类型的唯一条件。一些常用表面活性剂的 HLB 值见表 3-6。

表 3-6　常用表面活性剂的 HLB 值

商品名	化学名	中文名	类型	HLB 值
	oleic acid	油酸	阴离子	1.0
Span 85	sorbitan trioleate	失水山梨醇三油酸酯	非离子	1.8
Ariacel 85	sorbitan trioleate	失水山梨醇三油酸酯	非离子	1.8
Atias G-1706	polyoxyethylene sorbitol beeswax derivative	聚氧乙烯山梨醇蜂蜡衍生物	非离子	2.0
Span 65	soibitan tristearate	失水山梨醇三硬脂酸酯	非离子	2.1
Ariacel 65	sorbitan tristearate	失水山梨醇三硬脂酸酯	非离子	2.1
Afias G-1050	polyoxyethylene sorbitol hexastearate	聚氧乙烯山梨醇六硬脂酸酯	非离子	2.6
Emcol EO-50	ethyleneglycol ester fatty acid	乙二醇脂肪酸酯	非离子	2.7
Emcol ES-50	ethyleneglycol ester fatty acid	乙二醇脂肪酸酯	非离子	2.7

3.3 化妆品乳化原理与技术

3.3.1 乳状液概述

皮肤干燥是缺水造成的，因此为皮肤补充水分和营养的乳化体化妆品受到了人们的青睐。皮肤的保湿包括"补水"和"锁水"两个环节，如果将水直接涂抹于皮肤表面，则会很快蒸发掉，无法确保皮肤适宜的水分含量，保持皮肤的柔润与健康。油膜虽然能抑制水的蒸发，有效"锁水"，但若直接将油涂于皮肤表面，则显得过份油腻，且过多的油会阻碍皮肤的呼吸和正常的代谢，不利于皮肤健康。

乳化，就是把两种互不相溶的液体，如油与水，加入适当的表面活性剂，在强烈的搅拌下，使油微滴均匀分散在水中，形成稳定乳状液。乳状液是一种（或几种）液体以液滴的形式均匀地分散于和它互不相溶的另一种液体中所形成的多相分散体系。

乳状液化妆品既可以给皮肤补充水分，又可以在皮肤表面形成油膜，还能作为功能成分的载体，将功能性组分迅速而有效地输送给皮肤，在配制乳状液时添加有表面活性剂，易于冲洗。大部分化妆品是油和水的乳化体，如膏霜、乳液等。乳状液的配制技术是化妆品行业的基础技术，也是决定化妆品优劣的关键技术，本小节将介绍乳状液的基本知识和技术要点。

3.3.2 乳状液的分类

3.3.2.1 根据相来分

乳状液是由两种不相混合的液体形成的分散体系，通常一相是水，另一相是极性小的有机溶液，习惯上统称为"油"。如水和油所组成的两相体系，即由一种液体以球状微粒分散于另一种液体中所组成的体系，分散成小球状的液体称为分散相或内相；包围在外面的液体称为连续相或外相。当油是分散相、水是连续相时称为水包油（O/W）型乳液；反之，当水是分散相、油是连续相时，称为油包水（W/O）型乳液。需要指出，油、水两相不一定是单一的组分，经常每一相都可包含有多种组分。

3.3.2.2 根据分散相的粒子大小来分

按照分散相粒子的微观结构，可以将乳状液分为普通结构乳状液与特殊结构乳状液，特殊结构乳状液包括了纳米乳液、微乳乳液、多重结构乳状液、液晶结构乳状液等。

（1）普通结构乳状液

普通结构乳状液是指分散相粒径大于1000nm的乳状液，乳化体呈现乳白色，大部分普通结构乳状液的分散相粒子在几微米以上，或几十微米，是化妆品中最常见的分散体系。普通结构乳状液属于热力学不稳定、动力学具有一定稳定性的体系，由于只有简单的O/W或W/O体系，这类体系在稳定性和肤感上具有一定的局限性。

（2）纳米乳液

纳米乳液是一类液相以液滴形式分散于第二相的胶体分散体系，呈透明或半透明状，粒径尺寸为50～400nm，也被称为细乳液、超细乳液、不稳定的微乳液和亚微米乳液等。纳米乳液是热力学不稳定体系，但具有动力学稳定性，其性质和稳定性主要依赖于配方组成、制备方法、原料的加入顺序和乳化过程中产生的相态变化。

纳米乳液应用于化妆品中，主要有两个方面：一是纳米乳液体系直接作为护理类化妆品的终产品，也即将乳状液中的乳化粒子控制在 50~400nm 之间，这类乳化体系如果是 O/W 型乳状液，其肤感更清爽，由于内相粒子较小，减少了内相肤感的体现；二是作为活性成分的一种载体，也即将油溶性或油水不溶性的活性成分事先做成纳米乳液，可以很好地分散于水体系中。纳米乳液在化妆品应用的优势主要体现在两个方面：①增强活性成分的渗透；②提升乳液产品的稳定性。

(3) 微乳乳液

Hoar 和 Schulman 于 1943 年发现了一种热力学稳定的油、水、表面活性剂和助表面活性剂四个组分形成的均相体系，其体系直径约为 10~100nm，该体系被定义为微乳乳液，微乳乳液是能自发形成或稍加搅拌就可形成热力学稳定的透明液体，在医药、食品、化妆品等行业具有很广泛的应用，应用前景良好。

微乳乳液化妆品具有稳定性高、活性物的溶解度高、粒径微小、容易被皮肤吸收、手感细腻等优点，为化妆品功效活性成分的溶解度小、难吸收等问题提供了很好的解决方法。在化妆品工业中微乳乳液主要用于香精和精油在水或水/醇体系的加溶、透明凝胶类护肤和护发制品以及二甲基硅氧烷为基体的头发调理剂药物和活性物的加溶等。在制备技术上可以分为水包油型、油包水型和双连续型三类（图 3-16）。

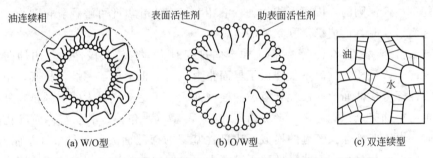

图 3-16　微乳乳液的水包油型、油包水型和双连续型三种类型

(4) 多重结构乳液

多重结构乳液最早在 1925 年被 Seifriz 发现，指的是一种 O/W 型和 W/O 型乳状液共存的复合体系。目前研究较多的是双重结构乳状液。即 W/O/W 型或 O/W/O 型乳状液。W/O 型乳状液被分散于另一连续的水相中所形成的体系，称为 W/O/W 型乳状液。O/W 型乳状液被分散于另一连续的油相中所形成的体系，称为 O/W/O 型乳状液。

在化妆品中较广泛使用的乳状液有两种类型：O/W 和 W/O 型乳状液。O/W 型乳状液有较好的铺展性，使用时不会感到油腻，有清新感觉，但净洗效果和润肤作用不如 W/O 型乳状液。W/O 型乳状液具有光滑的外观，高效的净洗效果和优良的润滑作用，但油腻感较强，有时还会感到发黏，W/O/W 型多重乳液可消除 O/W 和 W/O 型乳状液的上述缺点，使用性能优良，兼备两种乳状液的优点。更重要的特点是由于其多重结构，在内相添加有效成分或活性物后，它们要通过两个界面才能释放出来，这可延缓有效成分的释放速度，延长有效成分的作用时间，达到控制释放和延时释放的作用。

(5) 液晶结构乳状液

液晶结构乳状液是近几年来备受化妆品领域关注的乳化体系，该类乳状液是乳化剂分子在油/水界面形成液晶结构的有序分子排列，这种有序排列形成的液晶结构的乳状液具有比普通乳状液更好的优异性能，体现在：具有很好的稳定性；同时它可以延长水合作用和闭合作用，具有优异的保湿性。

这种液晶结构可以使添加于分散相的活性成分更为缓慢地释放并促进渗透，作为未有成熟的防晒体系可与化学防晒剂起到协同增效的作用，肤感清爽。因此，这种特殊结构能有助于功效性产品和药妆护肤品发挥其更大的护理美肤作用。

3.3.3　乳化原理

在制备乳状液时，将分散相以细小的液滴分散于连续相中，这两个互不相溶的液相所形成的乳状液是不稳定的，而通过加入少量的乳化剂则能得到稳定的乳状液。对此，科学工作者从不同的角度提出了不同的理论解释，这些乳状液的稳定机理，对研究、生产乳状液的化妆品有着重要的理论指导意义。

3.3.3.1　定向楔理论

这是哈金斯（Harkins）1929 年提出的乳状液稳定理论。他认为在界面上乳化剂的密度最大，乳化剂分子以横截面较大的一端定向指向分散介质，即总是以"大头朝外，小头朝里"的方式在小液滴的外面形成保护膜，从几何空间结构观点来看是合理的，从能量角度来说是符合能量最低原则的，因而形成的乳状液相对稳定。并以此可解释乳化剂为一价金属皂液及二价金属皂液时，形成稳定乳状液的机理。

乳化剂一价金属皂液在油/水界面上作定向排列时，具有较大极性的基团伸向水相，非极性的碳氢键伸入油相，这时不仅降低了界面张力，而且也形成了一层保护膜，由于一价金属皂液的极性部分横截面比非极性碳氢键的横截面大，于是横截面大的一端排在外圈，这样外相水就把内相油完全包围起来，形成稳定的 O/W 型（水包油）乳状液。而乳化剂为二价金属皂液时，由于非极性碳氢键的横截面比极性基团的横截面大，于是极性基团（亲水的）伸向内相，所以内相是水，而非极性碳氢键（大头）伸向外相，外相是油相，这样就形成了稳定的 W/O 型（油包水）乳状液。这种形成乳状液的方式，乳化剂分子在界面上的排列就像木楔插入内相一样，故称为"定向楔"理论。

此理论虽能定性地解释许多形成不同类型乳状液的原因，但常有不能用它解释的实例。该理论不足之处在于它只是从几何结构来考虑乳状液的稳定性，实际影响乳状液稳定的因素是多方面的。何况从几何上看，乳状液液滴的大小比乳化剂分子要大得多，液滴的曲表面对于其上的定向分子而言，实际近于平面，故乳化剂分子两端的大小就不重要了，也无所谓楔形插入了。

3.3.3.2　界面张力理论

这种理论认为界面张力是影响乳状液稳定性的一个主要因素。因为乳状液的形成必然使体系界面积大大增加，也就是对体系要做功，从而增加了体系的界面能，这就是体系不稳定的来源。因此，为了增加体系的稳定性，可减少其界面张力，使总的界面能下降。由于表面活性剂能够降低界面张力，因此是良好的乳化剂。

凡能降低界面张力的添加物都有利于乳状液的形成及稳定。在研究一系列的同族脂肪酸作乳化剂的效应时也说明了这一点。随着碳链的增长，界面张力的降低逐渐增大，乳化效应也逐渐增强，形成较高稳定性的乳状液。但是，低的界面张力并不是决定乳状液稳定性的唯一因素。有些低碳醇（如戊醇）能将油-水界面张力降至很低，却不能形成稳定的乳状液。有些大分子（如明胶）的表面活性并不高，却是很好的乳化剂。固体粉末作为乳化剂形成相当稳定的乳状液，则是更极端的例子。因此，降低界面张力虽使乳状液易于形成，但单靠界面张力的降低还不足以保证乳状液的稳定性。

总之，可以这样说，界面张力的高低主要表明了乳状液形成之难易，并非为乳状液稳定性的必然衡量标志。

3.3.3.3　界面膜理论

在体系中加入乳化剂后，在降低界面张力的同时，表面活性剂必然在界面发生吸附，形成一层界面膜。界面膜对分散相液滴具有保护作用，使液滴在布朗运动的相互碰撞中不易聚结，因液滴的聚结（破坏稳定性）是以界面膜的破裂为前提的，因此，界面膜的机械强度是决定乳状液稳定性的主要因素之一。

与表面吸附膜的情形相似，当乳化剂浓度较低时，界面上吸附的分子较少，界面膜的强度较差，形成的乳状液不稳定。乳化剂浓度增高至一定程度后，界面膜则由比较紧密排列的定向吸附的分子组成，这样形成的界面膜强度高，大大提高了乳状液的稳定性。大量事实说明，要有足够量的乳化剂才能有良好的乳化效果，而且，直链结构的乳化剂的乳化效果一般优于支链结构的。

此结论都与高强度的界面膜是乳状液稳定的主要原因的解释相一致。如果使用适当的混合乳化剂有可能形成更致密的"界面复合膜"，甚至形成带电膜，从而增加乳状液的稳定性。如在乳状液中加入一些水溶性的乳化剂，而油溶性的乳化剂又能与它在界面上发生作用，便形成更致密的界面复合膜。由此可以看出，使用混合乳化剂，以使形成的界面膜有较大的强度，可提高乳化效率，增加乳状液的稳定性。实践中，经常是使用混合乳化剂的乳状液比使用单一乳化剂的更稳定，混合表面活性剂的表面活性比单一表面活性剂往往要优越得多。

基于上述两段的讨论，可以得出这样的结论：降低体系的界面张力，是使乳状液体系稳定的必要条件；而形成较牢固的界面膜是乳状液稳定的充分条件。

3.3.3.4　电效应理论

对乳状液来说，若乳化剂是离子型表面活性剂，则在界面上，主要由于电离还有吸附等作用，使得乳状液的液滴带有电荷，其电荷大小依电离强度而定；而对非离子表面活性剂，则主要由于吸附还有摩擦等作用，使得液滴带有电荷，其电荷大小与外相离子浓度及介电常数和摩擦常数有关。带电的液滴靠近时，产生排斥力，难以聚结，因而提高了乳状液的稳定性。乳状液的带电液滴在界面的两侧构成双电层结构，双电层的排斥作用，对乳状液的稳定有很大的意义。双电层之间的排斥能取决于液滴大小及双电层厚度 $1/\kappa$，还有 ζ 电势（或电势 φ_0）。当无电解质表面活性剂存在时，虽然界面两侧的电势差 ΔV 很大，但界面电位 ζ 却很小，所以液滴能相互靠拢而发生聚沉，这对乳状液很不利。当有电解质表面活性剂存在时，令液滴带电。O/W 型的乳状液多带负电荷；而 W/O 型的多带正电荷。这时活性剂离子吸附在界面上并定向排列，以带电端指向水相，便将带相反电荷的离子吸引过来形成扩散双电层。具有较高的 ζ 及较厚的双电层，而使乳状液稳定。若在上面的乳状液中加入大量的电解质盐，则由于水相中相反电荷离子的浓度增加，一方面会压缩双电层，使其厚度变薄，另一方面会进入表面活性剂的吸附层中，形成一层很薄的等电势层，此时，尽管电势差值不变，但是 ζ_0 减小，双电层的厚度也减薄，因而乳状液的稳定性下降。

3.3.3.5　固体微粒理论

根据乳化剂的稳定理论，许多固体微粒，如碳酸钙、黏土、炭黑、石英、金属的碱式硫酸盐、金属氧化物以及硫化物等，可以作为乳化剂起到稳定乳状液的作用。显然，固体微粒只有存在于油水界面上才能起到乳化剂的作用。固体微粒是存在于油相、水相还是在它们的界面上，取决于油、水对固体微粒润湿性的相对大小，若固体微粒完全被水润湿，则在水中悬浮；微粒完全被油润湿，则在油中悬浮；只有当固体微粒既能被水，也能被油所润湿，才会停留在油水界面上，形成牢固的界面层（膜），而起到稳定作用。这种膜愈牢固，乳状液愈稳定。这种界面膜具有前述的表面活性剂吸附于界面的吸附膜类似的性质。

3.3.3.6　液晶稳定性

液晶是一种结构和力学性质都处于液体和晶体之间的物态，它既有液体的流动性，也具有固体分子排列的规则性。1969 年，弗里伯格（Friberg）等第一次发现在油水体系中加入表面活性剂时，即析出第三相——液晶相，此时乳状液的稳定性突然增加，这是由于液晶吸附在油水界面上，形成一层稳定的保护层，阻碍液滴因碰撞而乳化。同时液晶吸附层的存在会大大减少液滴之间的长程范德华力，因而起到稳定作用。此外，生成的液晶由于形成网状结构而提高了黏度，这些都会使乳状液变得更稳定。由此可以说，乳状液的概念已从"不能相互混合的两种液体中的一种向另一种液体中分散"，变成液晶与两种液体混合存在的三相分散体系。因此，液晶在乳化技术或在化妆品领域有着广泛应用的前景，已称为化妆品及乳化技术的一个重要研究课题。如研究液晶在乳化过程中生成的条件（乳化剂的类型及用量、温度等）和如何控制生成的液晶的状态。

3.3.4　乳化剂的分类与选择

3.3.4.1　乳化剂的类型

乳化剂是乳状液赖以稳定的关键，乳化剂的品种繁多。按乳化剂乳化机理的不同可分为以下三类。

（1）合成表面活性剂

合成表面活性剂是目前应用于化妆品乳化体系中最主要的一大类乳化剂，它又分成阴离子型、阳离子型和非离子型三大类。其中以非离子型表面活性剂为主，包括脂肪醇聚氧乙烯醚系列、失水山梨醇酯类、聚甘油酯类、烷基糖苷类等；阴离子型表面活性剂有烷基磷酸酯类等。

合成表面活性剂由于疏水基的疏水性和亲水基的亲水性吸附于油/水界面上，起到降低界面张力、形成具有一定强度的界面膜、阻止液滴聚结的作用，进而起到乳化作用。

表面活性剂在乳化过程中，受其亲水亲油平衡值（HLB）、临界堆积参数（CPP）等因素的影响，倾向于形成 O/W、W/O 型乳状液，如图 3-17 所示。

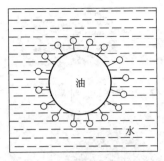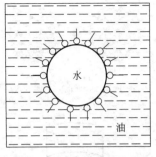

图 3-17　不同类型表面活性剂形成油包水、水包油型乳状液示意

(2) 高分子聚合物乳化剂

高分子聚合物乳化剂的乳化机理与表面活性剂有类似之处。高分子化合物的分子量大，但在分子结构上依然有疏水基与亲水基，高分子受到疏水性与亲水性的驱使，吸附于油水界面上，改善了界面膜的机械性质，又能增加分散相和分散介质的亲和力，因而提高了乳状液的稳定性。高分子聚合物乳化形成乳状液示意图如图 3-18 所示。

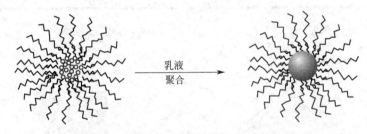

图 3-18　高分子聚合物乳化形成乳状液示意

常用的高分子聚合物乳化剂有聚乙烯醇、聚氧乙烯-聚氧丙烯嵌段共聚物及具有乳化作用的卡波树脂类。其中有些分子量很大，能提高 O/W 型乳状液水相的黏度，增加乳状液的稳定性。

(3) 固体颗粒乳化剂

20 世纪初，Ramsden 发现胶体尺寸的固体颗粒也可以稳定乳液。之后，Pickering 对这种乳液体系展开了系统的研究工作，因而此类乳液又被称为 Pickering 乳状液。

用来稳定乳液的颗粒就叫作 Pickering 乳化剂，其优势在于在较低乳化剂用量下即可形成稳定的乳液，而且固体颗粒在油/水界面上的吸附几乎是不可逆的，可以形成稳定性很强的乳液体系。目前研究表明其可能的乳化机理是：机械阻隔机理，即固体颗粒在乳液液滴表面紧密排布，相当于在油/水界面间形成一层致密的膜，空间上阻断了乳液液滴之间的碰撞聚结，同时固体颗粒吸附在界面膜上，增加了乳液液滴之间的排斥力，两者共同作用，提高了乳液的稳定性，这是目前最为人们认可的 Pickering 乳液稳定机理，见图 3-19。

Schulman 通过测定矿物粒子、水和烃之间的接触角 θ 证明当接触角接近 90° 时，所得乳状液最稳定，而形成稳定乳状液的类型则取决于其接触角大于还是小于 90°。当 θ 略大于 90°时，利于形成 W/O 型乳状液；相反，当 θ 略小于 90°时，则有利于形成 O/W 型乳状液，见图 3-20。

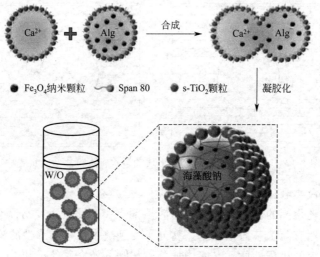

● Fe₃O₄纳米颗粒   ∼ Span 80   ● s-TiO₂颗粒

图 3-19   海藻酸钠微球固体颗粒乳化剂的形成示意

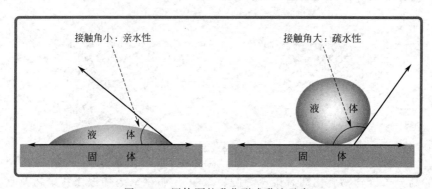

图 3-20   固体颗粒乳化形成乳液示意

3.3.4.2 乳化剂的选择

乳化剂是化妆品配方中重要的组分之一，它决定了产品的外观、肤感、稳定性和油相的用量。制备高质量的乳液最重要的问题是从数千种表面活性剂中选择在某一温度下适用于该体系的乳化剂。

（1）选择原则

表面活性剂是多功能的，其乳化作用的能力、产生乳液的类型和稳定性不仅与表面活性剂的类型和浓度有关，而且与体系中各组分之间的配伍性有关。选择用作乳化剂的表面活性剂一般原则为：

① 在所应用的体系中具有较高的表面活性，产生较低的界面张力。这就意味着该表面活性剂必须有迁移至界面的倾向，而较少留存于界面两边的体相中。因而，表面活性剂的亲水和亲油部分要有恰当的平衡，这样将使两体相的结构产生某些程度的变形。

② 在界面上必须通过自身的吸附或其他被吸附的分子形成相当结实的吸附膜。从分子结构的要求而言，界面上的分子之间应有较大的侧向相互作用力。这就意味着在 O/W 型乳液中，界面膜上疏水基应有较强的侧向相互作用；在 W/O 型乳液中，界面膜上亲水基应有较强的侧向相互作用。

③ 表面活性剂必须以一定的速度迁移至界面，使乳化过程中体系的界面张力及时降至较低值。某一特定的乳化剂或乳化剂体系向界面迁移的速度是可改变的，与乳化剂在乳化前添加于油相或水有关。

综上所述，从乳化剂亲水-亲油平衡的角度，选择乳化剂一般应有如下考虑：油溶性的乳化剂倾向形成 W/O 型乳状液；油溶性乳化剂与水溶性乳化剂的混合物产生乳液的质量和稳定性优于单一乳化剂产生的乳状液；油相的极性越大，乳化剂应是更亲水的，被乳化的油类越是非极性，乳化剂应是更亲油的。

实际应用中，化妆品和其他日化制品的乳状液是较复杂的，这些乳状液的配制，除了按上述原则选择乳化剂外（主要是理化性质），作为化妆品乳液（膏霜和乳液等），还需考虑到化妆品本身的特性和功能。化妆品的安全性是最重要的，产品必须不会对皮肤有刺激作用；化妆品又带有消费品属性，消费者的喜爱直接影响到产品的销售，一些感观性质（如黏度、涂抹分散性、触变性、润滑、油性和干性、被皮肤吸收快慢和怡人的香味等）也需要考虑；此外，还需考虑到产品价格定位、经济成本和市场供应等情况，这些问题都是选择乳化剂时应仔细考虑的。

（2）选择方法

由于乳液的油相和水相组分性质的多样性，表面活性剂的化学结构与其乳化能力的一般关系还是靠一些经验和半经验的方法，其中主要包括：亲水-亲油平衡（HLB）法、相转变温度（PIT）法和浓乳状液相转变计算（calculation of phase inversion in concentrated emulsions，CAPICO）。以 HLB 法选择乳化剂为例，可根据以下步骤来进行：

① 确定产品的剂型等类型。例如护肤品可以是膏霜、乳液、啫喱和气雾剂等剂型。必须明确产品的特性以及外观要求。

② 选定油相组分。按照产品的要求（性质、功能）来选定油分和大致组成。根据已知数据估算油相所需的 HLB 值，再确定相应的乳化剂。

③ 选择乳化剂体系。所选择乳化剂体系的 HLB 值要与油相所需的 HLB 值接近。计算满足油相所需 HLB 值的乳化剂体系中各组分的比例。

④ 初步选定乳化剂体系进行乳化试验，并测试乳化稳定性。

3.3.5 乳状液类型的鉴别

乳状液一般分为 O/W 型和 W/O 型两种，两者在使用感觉和效果上均有较大的区别。在乳状液的制备过程中，往往利用转型来得到稳定的乳状液，即要制备 O/W 型乳状液，往往先做成 W/O 型，然后增加水分含量，让其转变成 O/W 型，因此乳状液类型的测定很重要，不仅能知道所制备的乳状液是什么类型，而且可以知道在什么条件下乳状液会转型。

根据"油"和"水"的一些不同特点，可以采用一些简便的方法对乳状液的类型进行鉴定。

3.3.5.1 稀释法

此方法是依据乳状液是否可被水性或油性溶剂稀释，从而来判断乳状液的类型，因为乳状液只能被与其外相同一类型的溶剂稀释，即 O/W 型乳状液易于被水稀释，而 W/O 型乳状液易于被油稀释。其具体方法是：取两滴乳状液分别涂于玻片上两处，然后在这两液滴处分别滴入水和油，若液滴在水中呈均匀扩散，而在油中不起变化，则该乳状液为 O/W 型乳状液；反之，若在油中渐渐溶解，而在水中不起变化，则为 W/O 型乳状液。

一种类似但更容易观察的方法是：用事先浸了 20％氯化钴溶液并烤干的滤纸，W/O 型乳状液的液滴在滤纸上迅速展开并呈红色，而 O/W 型乳状液不展开，滤纸保持蓝色。

3.3.5.2　染色法

选择一种只溶于油相而不溶于水相的染料，如 Sudan Ⅲ（苏丹红三号、红色），取其少量加入乳状液中，并摇荡。若整个乳状液皆被染色，则油相是外相，乳状液就为 W/O 型。若只有液珠呈现染料的颜色，则油相是内相，这时乳状液为 O/W 型。反之，选择水溶性（不溶于油）的染料，直接染于乳状液，若乳状液呈色，则为 O/W 型的，若不呈色，则为 W/O 型的。上述染色试验通过显微镜观察，效果更为明显且易于判断。

3.3.5.3　电导法

多数油相是不良导体，而水相是良导体。故对 O/W 型乳状液，其外相（水相）电导高，电阻较低；相反，对 W/O 型则其电阻高。电导法虽极简便，但对于有些体系却须注意，若 O/W 型乳状液的乳化剂是离子型的，水相的电导当然很高，但是乳化剂若是非离子型的，就不如此。另外，W/O 型乳状液中若分散相的相体积较高（如 60％），则其电导可能并不太小。

3.3.6　乳状液的物理性质

乳状液的某些物理性质是判别乳状液类型、测定液滴大小、研究其稳定性的重要依据，主要包括分散相液滴的大小、浓度、黏度及电导性能等。

3.3.6.1　分散相的液滴大小和外观

不同体系乳状液中分散相液滴的大小差异很大，在一个乳状液中，当其他条件相同时，小半径的液滴越多，乳状液的稳定性越大。

此外，分散相液滴的大小也会影响乳状液的外观。多相分散体系的分散相与分散介质，一般折射率不同，光照射在分散质点上可以发生折射、反射、散射等现象。当液珠直径远大于入射光的波长时，主要发生光的反射（也可能有折射、吸收），体系表现为不透明状。当液珠直径远小于入射光波长时，则光可以完全透过，体系表现为透明状。当液珠直径稍小于入射光波长时，则有光的散射现象发生，体系呈半透明状。乳状液液滴大小对乳状液外观的影响如表 3-7 所示。

表 3-7　乳状液液滴的大小和外观

液滴大小/μm	外观	液滴大小/μm	外观
≥1	可以分辨出两相	0.05～0.1	灰色半透明
>1	乳白色	<0.05	透明
0.1～1	蓝白色		

常见的测定乳状液液滴大小的方法有：

① 浊度法

用测定光直接透过被测溶液时，以光强度的衰减来测定液滴的大小。

② 计数法

让乳状液流过一个窄孔，孔的两边装有测电导用的电极，因为油和水的电导差别很大，所以当 O/W 型乳状液流过小孔时每流过一个液珠，电导就会改变，并记录下来，电导改变的多少与液珠的大小成正比。但此方法要求外相导电，对 W/O 型乳状液不适用。

③ 光散射法

是通过测定与光成某确定的角度（通常为 90°）的散射光来测定液滴大小的方法。

④ 显微镜法

这是最常用的方法，简便、可靠，显微镜法有两种，一种是在带有标尺的显微镜中直接读数，另一种是用照相的方法拍下照片，然后在照片上读数，为了得到 95％的可信度，一般需要数 300～500 个粒子，才能算出较准确的平均值。

3.3.6.2　乳状液的浓度

在讨论乳状液时，浓度一词有两个不同的含义。第一个与乳状液中两相的相对量有关，表示浓度的方式有质量分数，摩尔浓度，体积分数等。但在理论讨论中，用分散相的体积分数最为方便。第二个应当明确乳化剂的浓度，常用的是质量分数，但必须弄清所说乳化剂的浓度是对全体乳状液说的，还是对某一相的体积或质量说的。如一种乳状液用 10 份油和 90 份的 0.1％磺酸钠溶液制备，显然最后所得的乳状液中，乳化剂（磺酸钠）的浓度是小于 0.1％的。

3.3.6.3　乳状液的黏度

乳状液是一种流体，所以黏度（流动性质）为其主要性质之一。从乳状液的组成可知，外相黏度、内相黏度、内相的体积浓度、乳化剂的性质、液滴的大小等都能影响乳状液的黏度。在这些因素中，外相的黏度起主导作用，特别是当内相浓度不很大时。乳状液的黏度常常可能是决定其稳定性的重要因素，此外不仅影响外观，还影响其使用性能，因此某些产品只有符合一定的黏度规格才能使用。因此在实际生产过程中，必须考虑如何使乳状液达到一个合适的黏度，并维持其稳定性。

3.3.6.4　乳状液的电性质

乳状液的电性质主要是电导。乳状液的电导主要取决于连续相的性质。O/W 型乳状液的电导比 W/O 型乳状液大。该性质常被用于辨别乳状液的类型，研究乳状液的转型过程，判断 O/W 型乳状液的乳化过程是否完成（即电导恒定不变）。研究乳状液分散液滴在电场中的移动（即电泳），可以提供与乳状液稳定性有关的液滴带电的情况。

除以上性质外，还有乳状液的介电性质。与化妆品工业有关的乳状液主要特性是乳状液的稳定性、相特性、液滴大小分布和流变特性等，这些特性在本书以下各部分将做较详细的讨论。

3.3.7　影响乳状液稳定性的因素

化妆品储存时间的长短，是由化妆品乳状液的稳定性决定的，乳状液的稳定性是化妆品的一个重要质量指标。乳状液是热力学不稳定体系，这里所说的稳定性，主要是指相对稳定性。

乳状液依靠表面活性剂降低体系的界面能，阻止体系中被分散液滴聚结，保持乳状液的稳定性，下面将联系界面性质、分散相及温度讨论影响乳状液稳定性的因素。

3.3.7.1　界面张力

为了得到乳状液，就要把一种液体高度分散于另一种液体中，体系界面积的增大导致界面张力以及界面能的增加，因此，乳状液是热力学不稳定体系。乳化剂的添加能降低油水界面张力，减少这种不稳定程度，但降低界面张力只是乳状液稳定的必要条件，而不是最关键的因素。比如在制备 O/W 型乳状液时，常常用脂肪醇聚氧乙烯醚乳化剂对（即 S72、S721），脂肪醇聚氧乙烯醚（S72）可以很好地降低油/水界面的界面张力，但其加入量超过脂肪醇聚氧乙烯醚（S721）一定量后，并不利于 O/W 型乳状液的稳定。界面张力的高低主要表明了乳状液形成之难易，并非乳状液稳定性必然的衡量标志。

3.3.7.2 界面膜的强度

在 O/W 型体系中加入乳化剂，在降低界面张力的同时，乳化剂（表面活性剂）在界面发生吸附形成界面膜。决定乳状液稳定性的最主要因素是界面膜的强度和它的紧密程度，除了能影响膜的性质者外，其他一切因素都是次要的。

膜的强度与乳化剂分子的吸附能力有密切关系。一般来讲，吸附分子间相互作用越大，形成的界面膜的强度也越大；相互作用越小，其膜强度也越小。使用适当的混合乳化剂，有可能形成更致密的吸附膜。常常在乳状液配方设计过程中，选择高 HLB 值、低 HLB 值乳化剂复配形成的乳化剂对，乳化剂对受亲水亲油性的驱使，在油水界面错位吸附，有利于形成更致密的吸附膜。

3.3.7.3 界面电荷的影响

界面膜的稳定与界面电荷有关，大部分稳定的乳状液液滴都带有电荷，这些电荷是由于电离、吸附或液滴与介质间摩擦而产生的。当乳化剂为非表面活性物质界面时，电效应往往起到重要作用，特别是 O/W 型乳状液。离解、吸附或者液滴与分散介质间的接触摩擦都有可能导致液滴带电。带电的液滴靠近时产生排斥力，导致它难以聚结，因而也就提高了它的稳定性。

3.3.7.4 分散介质黏度

乳状液分散介质的黏度对乳状液稳定性有很大影响，分散介质黏度越大，则分散相液珠运动速度越慢，有利于乳状液的稳定。增大乳状液的外相黏度，可减小液滴的扩散系数，并导致碰撞频率与聚结速率降低，从而使乳状液更稳定。因此，许多能溶于分散介质中的高分子物质常用作增稠剂，以提高乳状液的稳定性。工业上，为提高乳状液的黏度，常加入某些特殊成分，如天然的增稠剂或合成的增稠剂。实际上高分子物质的作用并不限于此，它往往还有利于形成比较坚固的油/水界面膜（例如蛋白质即有此种作用），增加乳状液的稳定性。另外，当分散相的粒子数增加时，外相黏度亦增大，因而浓乳状液比稀乳状液更易稳定。

3.3.7.5 相体积比

相体积比即分散相体积与乳剂总体积的比率。分散相体积增大，界面膜面积会随之扩大，造成体系的稳定性降低。当分散相体积增大到一定程度时，乳化剂可以形成两种类型的乳状液，可能发生变型。

3.3.7.6 液滴大小及其分布

乳状液液滴大小及其分布对乳状液的稳定性有很大的影响，液滴尺寸范围越窄越稳定。当平均粒子直径相同时，单分散的乳状液比多分散的乳状液稳定。

3.3.7.7 温度

有些乳状液在温度变化时会变型。例如，当相当多的脂肪酸和脂肪酸钠的混合膜所稳定的 W/O 型乳状液升温后，会加速脂肪酸向油相中扩散，使界面膜中脂肪酸减少，因而易变成由钠皂稳定的 O/W 型乳状液。例如用皂作乳化剂的苯/水乳状液，在较高温度下是 O/W 型乳状液，降低温度可得 W/O 型乳状液。发生变型的温度与乳化剂浓度有关：浓度低时，变型温度随浓度增大变化很大，当浓度达到一定值后，变型温度就不再改变。这种现象实质上涉及了乳化剂分子的水化程度。

温度通过影响乳化剂的亲水亲油性也会引起乳状液类型的变化，如脂肪醇聚氧乙烯醚型的乳化剂会有 PIT 转相点。

3.3.8　乳状液的不稳定性及测试方法

3.3.8.1　乳状液的不稳定性理论

乳状液的稳定性与不稳定性理论是对立的两个方面，只有弄清楚了这两个方面，才能满足稳定性的条件，避免不稳定的因素，使乳状液更稳定。

乳状液的不稳定性有几种表现方式：絮凝、聚结、分层、破乳、变型和 Ostwald 熟化（图 3-21）。每个过程代表一种不同的情况。在某些情况下它们可能是相关联的，例如，乳液完全破乳之前可能先絮凝、聚结和分层，或分层与变型同时发生。各种不稳定形式的作用机制是不同的。

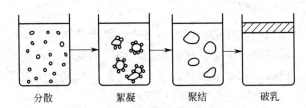

分散　　　絮凝　　　聚结　　　破乳

图 3-21　乳状液几种不稳定性的表现

（1）分层（或沉降）

由于油相和水相的密度不同，在外力（如重力、离心力）作用下液滴将上浮或下沉，在乳状液中建立起平衡的液滴浓度梯度，这一过程称为分层或沉降（creaming or sedimentation）。例如牛奶放置时间长时分为上层乳脂含量高、下层乳脂含量低的两层。

虽然分层使乳状液的均匀性遭到破坏，但乳状液并未真正被破坏，往往液滴密集地排列在体系的一端（上层或下层），分成两层，其界限可以是渐变或明显的；一般情况下，分层过程中液滴大小和分布没有明显的改变，只是在乳状液内建立起平衡的液滴浓度梯度。

在许多乳状液中分层现象或多或少总会发生，改变制备技术或配方，通过减少分散相的液滴半径、增大连续相的黏度等来增加乳状液的稳定性。

（2）絮凝

乳液中分散相的液滴聚集成团，形成三维的液滴簇，称为絮凝物（floc），这一过程称为絮凝（flocculation）。一般情况下，絮凝物中液滴的大小和分布没有明显的变化，不会发生液滴的聚结，液滴仍然保持其原有特性。

絮凝是由于液滴之间的吸引力引起的，这种作用力往往较弱，因而絮凝过程可能是可逆的（所谓弱絮凝作用），搅动可使絮凝物分开，可存在一种絮凝的平衡，并建立起絮凝物大小和分布。

（3）聚结

在乳液中，当两个液滴相遇接触时，液滴之间形成薄的液膜或滑动的夹层（lamella），由于膜的某些部位受外界条件变化影响，液膜厚度会发生波动，局部区域会变薄，液膜会被破坏，形成较大的液滴，这样的过程称为聚结（coalescence）。聚结是一个不可逆的过程，会导致液滴变大，数目减少，改变液滴大小分布，极限的情况则完全破乳，即油水分离。

（4）破乳

乳状液是热力学不稳定体系，最终平衡应是水油分离，破乳（demulsification）是必然的结果。在化妆品工业中希望获得稳定的乳状液。在某些工业中，反而要求破乳，例如使原油（W/O 型）破乳，达到油水分离，使羊毛洗涤废液（O/W 型）破乳，分离出羊毛脂。

（5）变型

乳液由于乳化条件改变可由 W/O 型转变为 O/W 型，或由 O/W 型转变为 W/O 型，这样的过程称为变型（phase inversion），也可称为相转变。实质上，变型过程是原来的乳状液的液滴聚结成连续相，而原来的分散介质分裂为不连续相的过程。变型是乳化过程的重要现象，相体积变化被认为是发生变型的主要原因，对乳状液的稳定性有很大的影响，也是工艺过程应注意的问题。

3.3.8.2　乳状液的稳定性测试

一种化妆品总要有一定的储存期，它包括生产、销售及消费者使用等环节。要精确测定产品的储存期，只有长期存放，即使这样，也由于储存的地区不同而产生不同的结果。对于研究或生产单位来说，依靠长期存放的方法是不可行的，那就无法工作，因此通常在实验室中使用强化自然条件的方法来测定乳状液的稳定性。

（1）加速老化法

一般将产品在 40～70℃ 条件下存放几天，再在 −30～20℃ 条件下存放几天，或者在这两个条件下轮流存放，以观察乳状液的稳定性。或与某一产品做对比试验。一般讲，产品总要经得起在 45℃ 条件下放置 4 个月左右仍然稳定。

（2）离心法

根据沉降理论，通过测定乳状液在离心机中转多少时间分层，就可计算其在通常情况下可放置的时间。当然这种计算也只是近似的方法，但作为估计乳状液的稳定性（即能存放时间）的方法还是可行的。计算公式为：

$$T_1 = T_2(2\pi n)2R/g$$

式中，T_1 和 T_2 分别代表液珠在重力场和离心场作用下的沉降时间，h；R 为离心机半径；n 为转速。

3.3.9　乳化技术

乳状液不同的液滴大小及其分布，使得乳状液存在多种制备技术，同时油相、水相混合过程中的加入顺序、温度变化以及其他添加剂的加入等因素，也影响着乳化技术的选择。乳状液的形成过程并非是一个自发过程，需要增加额外功来增加体系的能量，根据所需外界输入能量的大小不同，乳化技术可分为高能乳化法和低能乳化法。

高能乳化法一般是指通过高压均质法、超声乳化法和微射流法等需要提供大量能量的乳化方法，将普通乳液的大液滴进行拉伸破碎，使大液滴分散为数个小液滴，因此常用于粒径在纳米级别的纳米乳液制备。高能乳化法应用于乳状液的制备最大的缺点是需要消耗大量能量，巨大能量中只有少量被用于乳化，大部分能量都被浪费。其独特的优势是所需要表面活性剂浓度更低，特别适用于高碳数、黏度大的油相纳米乳液的制备。

区别于高能乳化法，低能乳化法的能量来源不是外界的机械装置，而是使用存储在体系组成内部的化学能，大多数是通过表面活性剂自发曲率的变化来制备乳状液。低能乳化法因其温和的制备过程和大规模生产节能工艺，越来越受人们的关注。低能乳化法包括自乳化法和转相法。转相法包括相转变温度法（PIT）、相转变组分法（PIC）、乳液转变点法（EIP）、D相乳化法和液晶乳化法。

3.3.9.1　自乳化法

自然乳化法就是指在乳状液制备过程中，在搅拌外相的过程中，将内相加入外相中，通过搅拌、均质等剪切形成分散相，从而形成乳状液的方法。虽然乳化法自发现以来对其机理和动力学还没有完全被认识，但此方法仍在乳状液的制备中广泛使用。

3.3.9.2　相转变温度法

相转变温度法是利用温度引起表面活性剂自发曲率的变化，诱导体系发生相转变，最终形成乳状液的方法。一般情况下，相转变温度法是适用于非离子表面活性剂体系的低能乳化法，如聚氧乙烯类非离子表面活性剂，对于含有大量离子型表面活性剂的体系，无法利用相转变温度法制备。这是由于非离子表面活性剂自发曲率与温度相关，温度升高，自发曲率降低；温度降低，自发曲率升高。这就使得非离子表面活性剂在低温下容易形成 O/W 型乳状液，升高温度体系转变为 W/O 型乳状液，发生相转变的温度即为体系的相转变温度。

3.3.9.3　相转变组分法

相转变组分法是通过逐渐增加体系分散相含量，使表面活性剂自发曲率转变，诱导体系发生相转变形成乳状液的方法。该方法是在恒定温度下将某一组分（水或油）添加到其他两种组分（油/表面活性剂或水/表面活性剂）的混合物中，加快体系内液滴聚结速率，破坏液滴聚结和各相间的平衡引起相转变而形成乳状液。相较于 PIT 法，PIC 法原理上可以使用所有类型的表面活性剂和热不稳定性原料。

3.3.9.4　乳液转变点法

EIP 法通过将水滴定到油和亲水性表面活性剂混合物中，发生突变相变过程制备 O/W 型乳液。刚加水时，由于较高的油相比例形成不稳定的 W/O 型纳米乳液。继续加入水相，体系发生突变相变，该过程经历不同的结构，如双连续相、层状相、多重结构乳状液等。EIP 乳化过程始于表面活性剂与分散相更有亲和力的乳液，这种乳液极不稳定，需要剧烈搅拌以保持其稳定性，且在加入水的过程中不稳定性增加，直到转相过程发生以后。液滴聚结速率的增加引发了突变相变，这种现象可以通过增加分散相体积（滴定过程中）或连续搅拌诱导。因此，EIP 过程中需要注意的重要参数包括水的滴加速度、表面活性剂类型及其浓度、搅拌类型及其速度，甘油等助溶剂的添加会改变亲水性表面活性剂从油相到水相的扩散速率。

3.3.9.5　D相乳化法

D相乳化法又称为表面活性剂（D）相乳化法，该方法是将油分散于含水和多元醇的表面活性剂中，制的 O/D（油包表面活性剂）乳状液。与传统的转相乳化法相比，D 相乳化法具有很多优点，不必选择表面活性剂，无需严格调整体系 HLB 值；表面活性剂用量少，不需要表面活性剂的复配，高温下制得的乳液也具有良好的稳定性等。

3.3.9.6　液晶乳化法

液晶乳化法首先将所选的表面活性剂与少量水混合加热搅拌至溶解，先形成表面活性剂的液晶相，也就是溶致液晶相。随后将油相加入表面活性剂液晶相中，使得油与表面活性剂形成油/层状液晶胶状乳液。此时的胶状乳液中，表面活性剂在油相分子介质中形成定向排列结构，因此再向此胶状乳液中加水时，随着油水比例的变化，会形成具有液晶的水包油型稳定乳状液。图 3-22 为液晶乳化法的示意图。

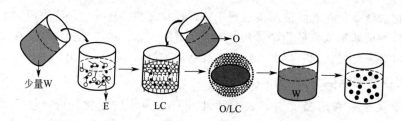

图 3-22　液晶乳化法

W—水；E—乳化剂；O—油；LC—液晶

理想的乳化体系应满足下列要求：①较好的稳定性，体系本身要稳定，要耐受 3 年的保质期，能经受不同地区、不同温度环境的影响，能经受使用过程中涂抹的影响等；②具有较高的安全性，对皮肤安全无刺激；③能提供良好的外观，作为化妆品来说，必须具有良好的外观，才能满足消费者的视觉需要；④能提供良好的肤感；⑤作为基质体系要具有一定的功效添加剂承载能力，具有一定的耐离子性。

3.4　化妆品流变学理论

3.4.1　流变学概述

流变学（rheology）来源于希腊文的 Rheos（流动），是为了表示液体的流动和固体的变形现象而提出来的概念。1929 年被化学家 E. C. Bingham 提出后，流变学作为研究物质的流动和变形的一门独立学科得到了快速的发展。流变学是介于物理、化学、力学、医学、生物和工程技术之间的一门研究方法的边缘交叉学科。

化妆品流变学则是化妆品学、化学、流体力学间的交叉学科，主要研究的是化妆品受外力和形变作用引起的结构变化对化妆品性质的影响。化妆品的流变特性是化妆品很重要的特性，化妆品物料的流变特性与产品的质地稳定性、加工工艺设计和肤感等有着重要关系，所以通过对化妆品流变特性的研究，可以了解化妆品的组成、内部结构和分子形态等，进而能够为产品配方开发、加工工艺、设备选型及质量检测等提供理论指导和依据。

3.4.2 流变学的基本概念

（1）流变学的研究内容

流动是液体和气体的主要性质，流动的难易程度与流体本身的黏性（viscosity）有关，因此流动也可视为一种非可逆变形过程。变形是固体的主要性质之一，对某一物体外加压力时，其内部各部分的现状和体积发生变化，即所谓的变形。对固体施加外力，固体内部存在一种与外力相抗衡的内力使固体保持原状。此时在单位面积上存在的内力称为内应力（stress）。对于外部应力而产生的固体的变形，当去除其应力时恢复原状的性质称为弹性（elasticity）。把这种可逆性变形称为弹性变形（elastic deformation），而非可逆变形称为塑性变形（plastic deformation）。

实际上，多数物质对外力表现为弹性和黏性双重特性，其称为黏弹性，具有这种特性的物质称为黏弹性物质。

（2）剪切应力和剪切速度

在研究流体性质时，黏度（η）被认为是最重要的性质。为了严格地定量黏度，需要对一些常用的术语进行介绍。

剪切应力和剪切速度是表征体系流变性质的两个基本参数。如同河流中流体具有不同的流速，如果把流体理想化为若干相互平行移动且没有物质交换的流动方式叫层流，层流速度不同，形成速度梯度 $\mathrm{d}v/\mathrm{d}h$（h 为液体厚度），或称剪切速率，以 γ 表示。流动慢的液层阻滞着流动较快液层的运动，使各液层间产生相对运动的外力叫剪切力，在单位液层面积（A）上所需施加的这种力（F）称为剪切应力（图 3-23），简称剪切力（shear stress），以 τ 表示。

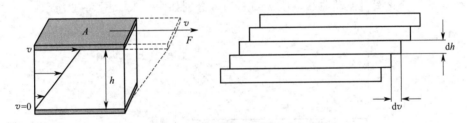

图 3-23　液体流动时形成的速度梯度

（3）牛顿公式

在观察纯液体和多数低浓度溶液在层流条件下，剪切应力 τ 与速度梯度（剪切速率 γ）成正比关系。即：

$$\tau = \eta\gamma$$

此即牛顿公式，比例系数 η 即被定义为液体的黏度。黏度是反映物质流动时内摩擦力大小的物理量，是流体的一个重要参数。

（4）流体的分类

按照流变学理论，可将流体分为牛顿流体和非牛顿流体。

① 牛顿流体

在流变学中，凡符合牛顿公式的流体都称为牛顿流体，其特点是黏度与温度有关，不受剪切速率的影响，如图 3-24。对于牛顿流体，η 有时也称黏度系数，统称黏度，单位是 Pa·s。

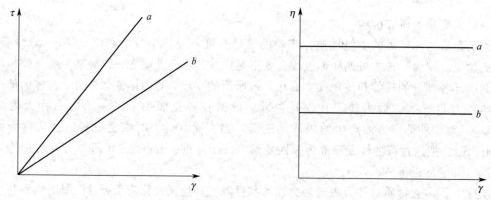

图 3-24　牛顿流体的流动曲线和黏度曲线

　　严格意义上讲牛顿流体没有弹性，不可压缩，各向同性，所以，完全的牛顿流体在自然界里不存在，因此，把一定范围内基本符合牛顿公式的流体认为是牛顿流体。属于牛顿流体的体系有纯液体（如水、甘油等）、小分子的稀溶液或分散相含量很少的分散体系等。溶液状态的化妆品（如发油、防晒油、化妆水、香水、花露水等）可以按牛顿流体来处理。

　　② 非牛顿流体

　　实际上大多数液体不符合牛顿公式，如高分子溶液、胶体乳液、乳液、混悬液、软膏以及固液不均匀体系的流动均不遵循牛顿公式，因此称之为非牛顿流体（non-Newtonian fluid），这种物质的流动现象称为非牛顿流动（non-Newtonian flow）。对于非牛顿流体可以用黏度计测定其表观黏度，与剪切速率 γ 做出黏度曲线（viscosity curve），也可根据其剪切应力与剪切速率的变化图得流动曲线（flow curve），分别如图 3-25、图 3-26 所示。

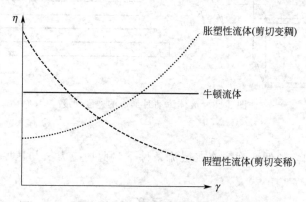

图 3-25　牛顿流体和非牛顿流体的黏度曲线图（η-γ）

　　根据非牛顿流体流动曲线的类型，非牛顿流体又可分为塑性流体、假塑性流体、胀塑性流体等几种流型。

　　Ⅰ. 塑性流体

　　塑性流体的流动曲线如图 3-26 所示，曲线不经过原点，在剪切应力 τ 轴的某处有交点，将曲线外延至 $\gamma=0$，在 τ 轴上某一点可以屈服值。当剪切应力达不到屈服值以上时，液体在剪切应力作用下不发生流动，而表现为弹性形变。当剪切应力增加至屈服值时，液体开始流动，剪切应力和剪切速率呈直线关系。剪切应力的极限值定义为屈服应力，也就是使物体发生流动的最小应力。在化妆品中，表现出塑性流动性质的产品包括牙膏、唇膏、棒状发蜡、无水油膏霜、湿粉、粉底霜、眉笔和胭脂等。

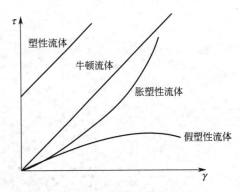

图 3-26　非牛顿流体的流动曲线图（τ-γ）

Ⅱ. 假塑性流体

假塑性流体的流动曲线如图 3-26 所示。随着剪切速率值的增大而黏度下降的流动称为假塑性流动，此种流型的特点是：曲线从原点开始，其黏度随剪切速率增加而下降，也即流动越快越是稀薄，最终达到恒定的最低值，称为"剪切稀化"非牛顿流体。

假塑性流体是一类常见的非牛顿流体，大多数大分子化合物溶液和乳状液均属于假塑性流动，大多数的乳状液化妆品都表现出假塑性的流变行为。

Ⅲ. 胀塑性流体

如图 3-26 所示，胀塑性流体的流动曲线经过原点，且随着剪切应力的增大其黏性也随之增大，故胀塑性流动也被称为剪切增稠流动。在化妆品中此种流型很少见。

3.4.3　流体的影响因素

（1）触变性

所谓触变性是指非牛顿流体在恒定的剪切速率下，如振动、搅拌、摇动时，体系黏度随时间延长而降低，流动性增加，但取消外力作用后，黏度逐渐恢复到原来大小，又变得不易流动的现象，如图 3-27 所示。非牛顿流体在较高浓度下表现出来的这种体系黏度和剪切力作用时间长短有关的现象称为触变性。触变性不是一种流体类型，而是某些假塑性流体表现出的一种性质。

触变性的产生与体系内部结构有关，触变结构可以理解为流体内部具有空间网状结构，随着剪切应力的增加，结构分子或粒子的取向会转动到流动方向，粒子间的结构受到破坏，黏性减少；当作用力停止时粒子间结合的构造逐渐恢复原样，但需要一段时间。因此，剪切速率减小时的曲线与增加时的曲线不重叠，形成了与流动时间有关的滞后曲线。触变性是化妆品的一项重要特性，对产品的流动性、延展性有影响。

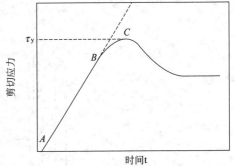

图 3-27　恒定剪切速率下
剪切应力随时间的变化

（2）黏弹性

黏弹性流体是指兼有黏性液体和弹性固体特征的流体体系，即在形变后呈现弹性回复，具有与时间无关或与时间有关的这两类非牛顿流体黏性效应，这种性质称为黏弹性。一些凝胶化妆品、膏状、乳液，特别是一些含有聚合物的体系都表现出黏弹性（图 3-28）。

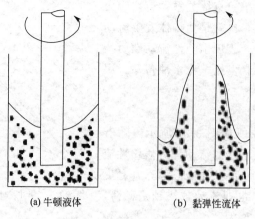

(a) 牛顿液体　　　　　　　　(b) 黏弹性流体

图 3-28　黏弹性流体性质

3.4.4　流变学测定方法

流变性质的测定原理，就是求出物体流动的速度和引起流动所需力之间的关系，最常测定的流变学性质是黏度。测量黏度最大的优点是较容易和快速，也是简单的质量控制中较理想的选择。单独测定黏度是不能揭示其流变学行为的，还应包括在给定剪切速率下测量体系的剪切应力。为了了解体系的流变性质，必须在不同剪切速率下，测定剪切应力的变化，绘制剪切应力-剪切速率关系曲线。

测量黏度的方法很多，各有其特点和适用范围。按照黏度计的工作原理，黏度计有三种基本类型：毛细管式、转动式和移动体式。

（1）毛细管黏度计

常用的毛细管黏度计是 Ostwald 玻璃毛细管黏度计 [图 3-29(a)] 和 Ubbelodhe（乌氏）黏度计 [图 3-29(b)]。如图 3-29 所示，液体自管 1 装入，在管 2 中将液体吸至刻度线 1 以

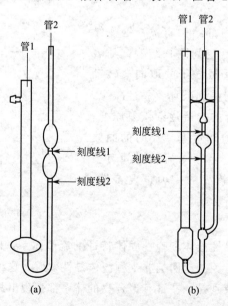

图 3-29　Ostwald（奥氏）黏度计（a）和 Ubbelodhe（乌氏）黏度计（b）

上后，在重力作用下任其自然流下，测量液体自刻度线 1 流至刻度线 2 所用的时间 t，用下式计算黏度：

$$\eta = \rho(At - B/t)$$

式中，η 为黏度；ρ 为液体密度；A 和 B 与黏度计的几何尺寸有关，是黏度计常数。通常，用两种黏度已知的液体进行校正而求得 A 和 B 后，自液体样品的密度和流出时间即可求得其黏度值。t 较大时，动能修正项 B/t 可忽略不计。该方法适用于测定低到中黏度的牛顿流体，如化妆水和液体石蜡等液状制品，其测定范围为 0.001～10Pa·s，也可用于检定其他黏度计所用的黏度校正液的黏度。

（2）Brookfield 黏度计

Brookfield 黏度计（图 3-30）主要用来测定非牛顿流动黏性液体的黏度。它也是化妆品和洗涤用品工业中使用最为广泛的一种黏度计。我国化妆品标准中使用的 NDJ-1 数据型旋转式黏度计即属这种类型。大多数情况下，只要使用得当，即可获得较准确的质量控制。Brookfield 黏度计的工作原理是测量在黏液中以一定角速度旋转的、有特定大小的转子所受液体黏性阻力的转矩大小，然后换算成黏度，由刻度板指针显示。改变转子和旋转速度，可在非常大的范围（0.001～2000Pa·s）内进行黏度测量。

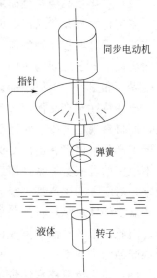

图 3-30　Brookfield 黏度计

测量黏度时应注意下列有关问题：①被测样品应是完全均匀的，且不含有夹带的空气和外来杂质；②黏度测量应在恒温条件下进行；③所加的剪切应力只能使体系形成层流，而不会形成湍流；④所有黏度读数应在到达稳定态时读取；⑤在试验条件下，样品不应表现出明显的弹性，如果观察到弹性，应在十分低的剪切速率下进行黏度测量或进行弹性的测定；⑥采用平板和圆盘转动测定剪切应力的黏度计，在液体和转动平板之间不应存在滑动，否则将引起剪切应力的下降，造成黏度测定较大的误差。

3.4.5　流变学在化妆品中的应用

化妆品流变学是流变学在化妆品产品体系中的应用，主要研究内容是关于化妆品的流变特性与配方、工艺、质量和使用性能之间的关系，可以为化妆品的生产和应用提供理论指导。

早期流变学的研究主要是一些经验性的测定，例如产品在自身质量下其流动性、铺展性和碎裂性的测定等。近年来随着流变数学模型的建立，并应用于化妆品的量化研究以及先进流变学测量仪器的引入和开发，化妆品流变学的研究已取得了较大的进展。

（1）在化妆品配方及工艺设计上

流变特性是非牛顿流体加工设备设计和选型的重要依据。黏弹性流体在设备中的流场与牛顿流体有显著区别，若搅拌器设计不当，可能导致流体爬竿现象而不利于混合均匀。在加工设备（如真空均质乳化机）中，油水两相体系会从牛顿流体转变为具有黏弹性的非牛顿流体（膏霜或乳液），选择设备时需要充分考虑该过程的流变动力学过程。有些聚合物在不同的加工过程中会表现出不同的流变行为，而且都是非理想行为，因此应充分考虑射流胀大现象，保证产品成型及质量。

在确定配方和生产化妆品时，化妆品多数是流体或生产过程经历流体状态，控制产品的流变特性是关键。这些流变特性常常和产品的质量、感官性质、工艺流程的选择、产品稳定性和功能、新产品研发有着密切的关系。

乳液型化妆品在灌装时，产品的塑变值不仅影响其外观，而且也会影响乳液在使用时从瓶中倒出或从软管挤出是否顺畅。因此，化妆品在整个生产以及储存过程中产品流变特性的优劣是上市产品成败的关键因素之一。

此外，还可以根据化妆品典型的剪切速率范围，从沉降性能（低剪切速率）到加工性能（中、高剪切速率）相应的黏度和剪切应力数据，模拟产品在生产至使用过程中经历的剪切状态，以预测其使用性能。

（2）在化妆品稳定性研究上

流变特性与化妆品产品的结构稳定性密切相关。目前，乳液配方中已广泛使用流变特性调节剂，通过增强体系的流变指标，延缓破乳的发生。对于表面活性剂体系，可以根据复配表面活性剂分子之间的协同增效作用，使表面活性剂形成的超分子结构体系更加致密，直接改变界面和整个胶束体系的黏弹性，从而促进整个体系结构稳定。

流变特性对产品使用过程中的稳定性影响也十分明显。由于非牛顿流体特殊的依时性质，即材料现在的受力状态与其过去所有的受力历史相关，这将直接影响产品的结构强度，故要求产品不仅仅在出厂时保持性能稳定，在使用过程中也需要保持稳定。因此，要使热力学不稳定的乳液类体系经历运输颠簸、货架保存、季节变化至消费者用完的过程中始终保持稳定，对配方和生产都是很大的挑战，需要用流变指标引导配方设计和生产。

流变特性对于化妆品的储存稳定性也至关重要。大多数化妆品要求至少 3 年的货架寿命，因此，了解产品的流变特性及其变化倾向有助于寻找适当的方法来测试产品的稳定性，确保产品的货架寿命。

（3）在化妆品感官评价上

感官评价是消费者判断化妆品品质好坏的重要手段，而流变特性可以用来客观地确定当产品被用到皮肤上时的感觉。借助流体的流变特性研究化妆品产品体系的肤感特性对化妆品产品的意义非常重大。

感官评价包括取样、涂抹和用后感觉评价几个阶段；流变学性质包括黏度、屈服值、流变曲线类型、弹性、触变性等。其方法是在与使用过程相近的剪切速率条件下，测定有关的流变学性质，与通过感官分析评价和测定得出的流变学参数的比较，确定感官判断鉴别阈值和分级，最后确立其相关性。

① 取样　即将产品从容器内取出，包括从瓶中倒出或挤出、用手指将产品从容器中挑出等。这一阶段需要评价的感官特性是稠度，它是产品感官的描述，产品抵抗永久形变的性质和产品从容器中取出难易程度的量化，分为低稠度、中等稠度和高稠度三级。稠度与产品的黏度、硬度、黏结性、黏弹性、黏着性和屈服值有关，例如，屈服值较高的膏霜，其表观稠度也较大，触变性适中，从软管和塑料瓶中挤出时，会产生剪切变稀、可挤压性较好。这对产品灌装有利，也较好处理。

② 涂抹　根据产品性质和功能，用手指尖把产品分散在皮肤上，以每秒 2 圈的速度轻轻地做圆周运动，再摩擦皮肤一段时间，然后评价其效果，主要包括分散性和吸收性。根据涂抹时感知的阻力来评估产品的可分散性：十分容易分散的为"滑润"；较易分散的为

"滑"；难于分散的为"摩擦"。可分散性与产品的流型、黏度、黏结性、黏弹性、胶黏性和黏着性等有关。剪切变稀程度较大的产品，可分散性较好。吸收性即产品被皮肤吸收的速度，可根据皮肤感觉变化、产品在皮肤上的残留量（触感到的和可见的）和皮肤表面的变化进行评价，分为快、中、慢三级。吸收性主要与油分的结构（分子量大小、支链等）和组分（油水相比例、渗透剂的存在等）有关。一般黏度较低的组分易于吸收。

③ 用后感觉评价　是指产品涂抹于皮肤上后，利用指尖评估皮肤表面的触感变化和皮肤外表观察，包括皮肤上产品残留物的类型和密集度、皮肤感觉的描述等。残留物的类型包括膜（油性或油腻）、覆盖层（蜡状或干的）、片状或粉末粒子等，残留物的量评估分为小、中等、多三级。皮肤感觉的描述包括干（绷紧）、润湿（柔软）、油性（油腻）。用后感觉主要与产品油分性质和组成、含粉末的颗粒度等有关。

流变特性可以准确地预测出化妆品产品在使用时的肤感，因为流变学可以从科学的角度解释人的主观感觉，相比于随机性大而又繁琐的肤感测试来说，流变特性对于化妆品感官评价有着巨大的研究价值。

3.5　化妆品防腐技术

3.5.1　化妆品中的微生物

化妆品富含大量水分和各类营养成分，为微生物提供了良好的生长环境，而且化妆品在生产和使用过程中难免会有微生物的侵入，这就使其极易腐败变质，导致产品质量下降，对使用者的健康构成威胁。防腐剂是指用于抑制或防止微生物在含水产品中生长，并以此防止该产品腐败的一种抑制微生物繁殖的化合物或复合成分。在化妆品中添加防腐剂是保护产品，使之免受微生物污染，延长产品货架寿命，确保产品安全性的重要手段。

3.5.1.1　微生物概述

引起化妆品质量问题的微生物主要是致病菌，其中又以病原细菌和致病真菌为主。

（1）病原细菌

容易使化妆品霉变的病原细菌主要包括：革兰氏阳性菌与革兰氏阴性菌。革兰氏阳性菌包括：葡萄球菌、链球菌、双球菌、芽孢杆菌、梭状芽孢杆菌、棒状杆菌。革兰氏阴性菌包括：奈瑟氏菌、假单胞菌、弧菌、嗜血杆菌、埃希氏杆菌、老贺氏杆菌、分枝杆菌。

（2）致病真菌

在化妆品中能引起致病的真菌微生物包括霉菌与酵母菌。真菌也可以引起过敏性反应，其作用与灰尘和花粉所引起的过敏反应相似。化妆品中较常有的霉菌是：青霉菌（绿色）、曲霉（有绿、黄、棕、黑等色）、根霉（常见的黑根霉）、毛霉（常见的狗粪毛霉为银灰色）、灰色葡萄霉（灰白色）等。互隔霉（绿黑色）曾在膏霜与化妆液中发现，主要由包装封盖引入。

3.5.1.2　影响微生物生长的因素

化妆品的主要成分是水和油，但随着人们对化妆品功能的诉求越来越多，化妆品除了基础成分外，还会添加如胶原蛋白、透明质酸、卵磷脂、维生素等营养成分，这些营养成分会为微生物的生长创造有利条件，使得化妆品在储存和使用过程中更易发生腐败变质。

除了上述所需营养物外，还需要有矿物质存在，如硫、磷、铁、钾、钙与氯以及微量的金属如铁、锰、铜、锌与钴，普通自来水中所含杂质几乎已能供给多数微生物所需要的微量元素，因此采用蒸馏水或去离子水有可能减少微生物的生长。

此外，化妆品中的水分、pH值、温度以及含氧量都是影响化妆品中微生物生长的重要因素。

3.5.1.3　微生物对化妆品的污染途径

微生物对化妆品的污染一般是通过下列几个途径发生的。

(1) 化妆品的原料

化妆品的许多原料（包括水）是微生物生长繁殖所需要的营养物质，受微生物污染的原料直接影响化妆品的卫生状况。

(2) 化妆品的生产设备

化妆品的生产设备如搅拌机、灌装机等设备的角落、接头处，极易隐藏微生物，使化妆品受到污染。

(3) 化妆品的生产过程

若在生产过程中，工艺要求的消毒温度和时间不够，未能将微生物全部灭除，另外，上岗操作工人卫生状况不良等，都可使化妆品产品被微生物污染。

(4) 化妆品的包装容器和环境

化妆品的包装物（如瓶、盖等）若清洗、消毒不彻底，很易藏有微生物；生产、包装场所不符合卫生净化空气要求，都会使微生物污染化妆品。

(5) 化妆品使用过程

需注意的是，微生物对化妆品在制备过程中的上述种种污染称为化妆品的微生物一次污染；而在化妆品使用过程中，由于使用不当等造成的微生物污染称为化妆品的微生物二次污染。消费者在使用产品过程中，用于使用不当、存储不准确或产品包装存在缺陷，也有可能导致微生物污染化妆品。

3.5.1.4　微生物对化妆品污染的表现

受到微生物作用的化妆品会发生变质、发霉和腐败，化妆品的变质很容易从其色泽、气味与组织的显著变化觉察出来。

(1) 色泽的变化

由于有色和无色的微生物生长，将其代谢产物中的色素分泌在化妆品中，使化妆品原有颜色发生了改变，如由于霉菌污染化妆品导致化妆品表面出现绿色、黄色、黑色等霉斑。

(2) 气味的变化

由于微生物发酵等作用产生的挥发物质，如胺、硫化物所挥发的臭气及微生物可使化妆品中的有机物分解产生酸和气体，这些使得经微生物污染的化妆品散发着一股酸臭味。

(3) 组织的变化

由于微生物的酶（如脱羧酶）的作用，化妆品中的酯类、蛋白质等水解，使乳状液乳化程度受到破坏，出现分层、变稀、渗水等现象，液状化妆品则出现浑浊等多种结构性的变化。

化妆品的变质不仅会导致色、香、味发生变化，质量下降，而且变质时分解的组织会对皮肤产生刺激作用，繁殖的病原菌还会引起人体疾病。

3.5.2 化妆品中的防腐

3.5.2.1 常用防腐剂类型与特征

根据美国化妆品和香料香精协会（CTFA）、美国食品和药物管理局（FDA）的相关报道，化妆品中允许使用的防腐剂种类有 110 多种。我国对化妆品防腐剂的种类、最大允许浓度、使用范围和限制条件等在《化妆品安全技术规范》中有具体规定。随着化妆品工业的发展变化，对防腐剂的要求越来越严苛，2015 年版《化妆品安全技术规范》中去除了氯乙酰胺、乌洛托品、甲基二溴戊二腈、盐酸聚氨丙基双胍、聚季铵盐-15，防腐剂种类从原来准用的 56 项减少至 51 项，并对防腐剂在化妆品中的使用含量和适用种类及条件进行了规定。

化妆品中的防腐剂有不同的分类方式，如按照防腐剂防腐原理来分，可分为破坏微生物细菌细胞壁或抑制其形成的防腐剂，如酚类防腐剂等；影响细胞膜功能的防腐剂，如苯甲醇、苯甲酸、水杨酸等；抑制蛋白质合成和致使蛋白质变性的防腐剂，如硼酸、苯甲酸、山梨酸、醇类、醛类等。如根据释放甲醛的情况来分，可分为甲醛释放体防腐剂和非甲醛释放体防腐剂，前者如甲醛供体和醛类衍生物，后者如苯氧乙醇、苯甲酸及其衍生物、有机酸及其盐类等。根据其化学结构的差异，可分为四大类：

① 苯甲酸及其衍生物　包括苯甲酸和尼泊金酯类（如对羟基苯甲酸甲酯、对羟基苯甲酸丙酯等）。由于每种尼泊金酯的防腐能力和抑菌范围具有差异性，其中对羟基苯甲酸酯类因其抗菌谱广、刺激性小的优点，成为目前世界上使用最多的化妆品防腐剂。而苯甲酸类又称安息香酸，pH 值在 2.5～4 时活性最佳，且对酵母菌和霉菌的抑菌效果最好。在实际应用中通常将几种复配，以达到最佳效果。

② 甲醛供体及醛类衍生物　典型的甲醛供体类防腐剂包括多聚甲醛、戊二醛、双(羟甲基)咪唑烷基脲、咪唑烷基脲（洁美-115）等。由于其具有价格低、杀菌效果好且易溶于水的优点，从而被广泛使用，但因为此类防腐剂处于极性和水溶性介质中时会快速释放出甲醛，甲醛对人体的伤害较大，所以一般用于淋洗型产品中。

③ 醇类　醇类防腐剂一般分为苯氧乙醇、苯甲醇及溴基丙二醇等。其中苯氧乙醇是一种较为高效的防腐剂，对绿脓杆菌的抑制效果最好，通常与其他防腐剂一起使用。苯甲醇也叫苄醇，对霉菌以及部分细菌的抑菌效果较好。溴基丙二醇又叫布罗波尔，因其具有广谱性以及对于革兰氏阴性菌的抑菌效果较好的优点，单一使用效果欠佳，通常和其他防腐剂复配使用。

④ 其他有机化合物　包括异噻唑啉酮类及其衍生物、聚氨丙基双胍、羟甲基甘氨酸钠、IPBC（3-碘-2-丙炔基丁基氨基甲酸酯）等。3-碘-2-丙炔基丁基氨基甲酸酯是一种较为新型的化妆品防腐剂，其对于霉菌和真菌的抑制效果最好，通常与其他的化妆品防腐剂一同使用。异噻唑啉酮以及其衍生物是一种应用较广的杀菌剂，也称凯松，因其具有广谱性、毒性低以及环保等优点，而被广泛使用，但因为其大量使用时，会对人体产生强烈的刺激性，因此我国规定将其用于淋洗型产品中。

由于人们对化妆品的需求日益增长，对防腐剂的要求也越来越多，化妆品防腐剂的发展也越来越快，其主要的发展趋势有复合型防腐剂、天然防腐剂以及功效性防腐剂等。

① 复合型防腐剂　由于每种防腐剂的抗菌谱以及适用范围都不一样，因此复合型防腐剂逐渐走入人们的视野中。复合型防腐剂主要分为相同抗菌谱的防腐剂复合以及不同抗菌谱的防腐剂复合，前者可以减少每种防腐剂的用量，后者可以拓宽其抗菌谱。与单一成分的防

腐剂相比，复合型防腐剂具有抗菌谱广、抑菌活性强以及能够延长产品的有效期等优点，但因复合型防腐剂不仅仅是简单的复配，还需要考虑每种防腐剂之间以及与表面活性剂的相互作用等因素，所以复合型防腐剂还有待于进一步的开发。

② 天然防腐剂　由于人们对天然提取物的推崇，以及对天然无刺激产品的追求日益增加，天然防腐剂也应势而生。目前中草药提取物以及各种植物精油因为抑菌性强、毒性低以及刺激性小的优点被人们大众所认可。

③ 功效性防腐剂　一些研究表明一些植物的提取物除了具有抗菌的功效外，还具有抗氧化、美白以及抗衰老等效果。比如研究发现活性成分丁香酚不仅有抗菌的作用，还有消炎和抗氧化的作用，甘草的提取物甘草酸除抑菌作用外，还具有美白、抗衰老以及祛痘的作用。在人们对化妆品功效性要求越来越多的现在，功效性化妆品防腐剂既能够满足人们的需求，也能够控制材料成本，发展趋势不可小觑。

3.5.2.2　防腐剂的作用机理

防腐剂是能抑制微生物生长、繁殖，防止化妆品腐败变质的保护剂。一般来说，它没有即时杀菌的功效，只能在一定浓度、与微生物直接接触的情况下，对酶活性或对细胞的遗传微粒结构产生影响，抑制微生物的细胞膜、细胞壁，抑制细胞中基础代谢的酶或重要生命物质核酸和蛋白质的合成，通过抑制微生物生长、繁殖达到防腐的目的。已有的研究表明，防腐剂的作用机理主要有三种方式：

① 通过作用于微生物的酶系统或功能蛋白，使其基因表达受阻，抑制蛋白质的合成或使蛋白质变性和凝固，从而影响微生物的新陈代谢，抑制其生长和繁殖。如过氧化氢、山梨酸、醇类和醛类物质，分别使蛋白质合成受阻、变性、凝固和沉淀，从而达到防腐作用。

② 通过作用于细胞膜和细胞壁系统，改变微生物的表面张力，影响其渗透性，使细胞破裂或溶解，其功能物质、代谢体和酶类等物质逸出进而导致微生物失去活性，从而达到防腐效应。如尼泊金酯类、水杨酸、苯甲酸、苯甲酸钠等。

③ 通过作用于微生物细胞原生质遗传微粒结构或遗传物质核酸，改变微生物的遗传机制，使其发生遗传变异，从而达到防腐作用。

3.5.2.3　化妆品防腐体系的构建原则

虽然防腐剂在化妆品中的用量很少，但它却起着重要的作用。因此在确定使用哪种防腐剂时，必须考虑到化妆品组成原料的物理、化学性质，考虑到微生物因素及其他多种因素。构建一个高效、安全的防腐体系，一般应遵循以下基本原则：

① 安全性　安全性是构建防腐体系首先要考虑的因素，防腐剂的选择既要考虑防腐剂本身的化学安全属性，还要考虑使用对象与产品类型，比如，使用于眼、唇部的化妆品安全性要求更高，驻留型产品比淋洗型产品要求更高，婴幼儿产品比成人产品更高。

② 广谱性　通过不同防腐剂的合理搭配，构建的防腐体系要有广谱的抑菌、抗菌活性，能对各种微生物均有较好的抑制作用，达到《化妆品安全技术规范》中对各类微生物的抑菌要求。

③ 稳定性　防腐剂的防腐能力在生产和使用过程中呈现好的稳定性，不会因不稳定而导致防腐失效。

④ 相容性与配伍性　化妆品的组成成分多元、复杂，通常由十几种甚至数十种原料复配而成，防腐剂与化妆品体系应有较好的相容性和配伍性。

⑤ 化学惰性　在构建防腐体系时，所选用的防腐剂不应与化妆品中其他原料以及包装材料发生化学反应，从而降低其抑菌性能。

⑥ 宽 pH 值　化妆品种类繁多，对 pH 值要求各异，因此要求防腐剂能在一个较宽的 pH 值范围内均有防腐功效。

⑦ 高性价比　在化妆品的开发与生产中，原料成本往往也是考虑的重要因素。

3.5.2.4　影响化妆品防腐剂活性的因素

化妆品中的防腐剂只是众多组成成分中的一类，其有效性的发挥受到多种因素的影响，同样的防腐体系在一个配方产品中防腐功效卓越，对于另一个配方产品也许功效一般，甚至无效。影响防腐体系防腐功效的因素主要包括以下几方面。

① 防腐剂的浓度　世界各国对化妆品中防腐剂的使用量都有明确规定，在允许使用的浓度范围内，一般而言，浓度越高，防腐功效越大。但由于化妆品成分复杂，组分之间相互影响，MIC 值较低的防腐剂在具体产品中表现不佳的情况也时有发生。

② 体系 pH 值　不同的化妆品体系往往有不同的 pH 值，而防腐剂种类繁多，每种防腐剂都有最适 pH 值，当其在最适 pH 环境下才能发挥最大效用。另外，pH 环境对某些防腐剂有一定的离解作用，也可能影响防腐剂的稳定性。

③ 防腐剂的油水分配系数　化妆品中通常含有油相和水相，以制备成乳化体系。维持微生物的生长必须含有水分，在这种油/水乳化体系中，微生物一般都附着在油/水界面处或直接在水相中活动。因此，要求防腐剂的油水分配系数要合适，即水溶性要好。

④ 吸附与凝胶作用　化妆品中的固体颗粒物，如高岭土、滑石粉等会对防腐剂产生吸附作用，从而降低其防腐性能；某些水溶性高分子（如增稠剂）和非离子表面活性剂，可以与防腐剂结合形成凝胶封闭体，将防腐剂束缚在凝胶内，降低其防腐性能。另外，防腐剂也可与某些成分形成氢键（如山梨酸）而降低其防腐能力。

⑤ 化妆品的原始污染程度　如果化妆品原料及成品本身微生物污染严重，加入体系的防腐剂要消耗一部分或全部用来抑制原始污染微生物的生长，由此会影响其后期防腐有效性。

⑥ 其他因素　存储条件（光照、温度等）、包装材料、与其他成分的化学相容性等均会对防腐剂存在或多或少的影响。

3.5.2.5　化妆品防腐体系的复配技术

(1) 防腐剂复配及方式

由于造成化妆品腐败的微生物种类繁多，化妆品的抑菌效能大小又与防腐剂种类和用量，化妆品的剂型、组成、pH 值等密切相关，而单一防腐剂的适宜 pH 值、最小抑制浓度、抑菌范围都有一定的限制，因此，单一防腐剂不可能达到万能的效果。为提高防腐剂的功效，一般几种防腐剂配合使用，这样在扩大防腐剂抗菌广谱性的同时，可以减小使用浓度。

防腐剂复合使用时，需考虑的首要因素是 pH 值，因为 pH 值的改变影响有机酸防腐剂的离解从而影响防腐剂的活性。除了 pH 值外，复合型防腐剂还受化妆品的种类、用途、组分等产品特点影响。

防腐剂的复配方式包括：不同作用机制的防腐剂复配，不同适用条件的防腐剂复配和针对不同微生物的特效防腐剂复配。不同作用机制的防腐剂复配，可大大提高防腐剂的防腐效能，其不是简单的功效加和，而是相乘的关系，其复配后可对产品提供更大范围内的防腐保护。适用于不同微生物的防腐剂复配，可拓宽防腐体系的抗菌谱，在化妆品的防腐体系设计中这种复配方式很常见，比如咪唑烷基脲中复配尼泊金甲酯，以增强对霉菌和酵母菌的抑制效果。

（2）防腐剂复配的意义

① 拓宽抗菌谱　某种防腐剂对一些微生物效果好而对另一些微生物效果差，而另一种防腐剂刚好相反，两者合用，能达到广谱抗菌的目的。

② 提高药效　两种杀菌作用机制不同的防腐剂共用，其效果往往不是简单的相加作用，而是相乘作用，通常在降低使用量的情况下，仍保持足够的杀菌效力。

③ 抗二次污染　有些防腐剂对霉腐微生物的杀灭效果较好，但有效期有限，而另一类防腐剂的杀灭效果不大，但抑制作用显著，两者混用，既能保证储存和货架质量，又可防止使用过程中的重复污染。

④ 提高安全性　单一使用防腐剂，有时要达到防腐效果，用量需要超过允许量，若多种防腐剂在允许量下复配，既能达到防治目的，又可保证产品安全性。

⑤ 预防抗药性的产生　如果某种微生物对一种防腐剂容易产生抗药性的话，它对两种以上的防腐剂同时产生抗药性的机会自然就会小得多。

⑥ 扩大使用范围　利用复配技术增加某些防腐剂的溶解度，改变其与各种表面活性剂和蛋白质的相容性。复配物能构成更有效、经济的防腐剂体系。

3.5.3　化妆品防腐剂体系的评价

3.5.3.1　化妆品防腐体系的安全性评价

配方中防腐剂原料仅仅符合国家法规规定已远远不够。为了达到在有效抑制微生物生长的情况下对人体皮肤造成的安全隐患降到最低的目的，通常对于启用的原料单个组分进行毒理风险性评估、终产品中防腐剂部分进行毒理风险性评估及终产品进行人体安全性评价。

（1）防腐剂单个组分的毒理风险性评估

防腐剂单个组分的使用应遵守从合规到安全的准则。各个国家是否允许作为化妆品原料，是否有限制条件或者浓度均有详细的规定。原料的合规性以当地国家所颁布的法律法规为准则，如我国 2015 年版《化妆品安全技术规范》表 4 中化妆品准用防腐剂共 51 项，详细限制了含量和使用生产化妆品的种类及条件。

防腐剂单个组分的毒理学数据可从供应商提供的 MSDS 中获取或者通过毒理动物或者细胞层面的试验获得，另外可以通过官方或者半官方提供的评估报告进行衡量。

常规毒理试验测试如下：急性经口和急性经皮毒性测试、皮肤和急性眼刺激性腐蚀性试验、累积毒性试验、致突变试验、致畸试验、亚慢性经口和经皮毒性试验、皮肤光毒性和光敏感试验、慢性毒性/致癌性结合试验等 12 个评价方向。

（2）防腐剂在配方中的毒理风险性评估

通过长期系统毒理并计算出相应的安全边际系数（MOS）可以衡量和判断该防腐剂在终产品中是否对人体健康造成潜在威胁。安全边际系数（MOS）可以根据以下四方面数据计算而得：①累积毒性试验数据获得防腐剂单个组分的最低安全剂量组浓度（NOAEL）；②在终产品配方中的浓度；③结合产品的每日暴露值；④经皮吸收率获得的暴露边际值（SED）。

(3) 防腐剂在配方中的人体安全性评价

最终产品都是用于人体的，经过系列的毒理风险性评估之后会将终产品的评估作用于人体上，直接、客观、科学地观察不同防腐剂体系对人体皮肤的急性刺激性、累积刺激性或者致敏性。对于应用到眼部周围的产品要评价防腐剂引起眼周刺激的情况，尤其是甲醛释放体系类防腐剂体系。常用的人体安全性测试方法有：24h 封闭性斑贴测试、开放性斑贴测试、脸部刺痛测试、人体试用测试等。

3.5.3.2　化妆品防腐剂的使用限量规定

① 尼泊金酯类　我国和欧盟规定，单一酯和混合酯的限量分别为 0.4% 和 0.8%。美国认为尼泊金酯类用于化妆品是安全的。

② 咪唑烷基脲　我国和欧盟规定的限用量为 0.6%，美国则认为在化妆品中使用安全。

③ 甲基异噻唑啉酮（MCI/MI）　我国、欧盟和美国都认为可以安全使用。

④ 甲醛　我国规定甲醛为限用物质，我国和欧盟都规定口腔卫生用品以外的化妆品中游离甲醛含量不可超过 0.2%，口腔卫生产品中最大浓度为 0.1%。

3.5.3.3　防腐试验测试

当防腐剂选择好加入配方以后，需进行一系列的测试以判断防腐剂的种类和使用是否适合，主要的试验有防腐挑战测试、防腐剂的安全性测试、防腐剂的稳定性测试。

(1) 防腐挑战测试

防腐挑战试验可以采用实验室的杀灭时间法、抑制圈法、部分抑制生长法以及生长防止法等初步反映防腐效果，也可以通过模拟化妆品在消费者重复使用过程中受到的高强度微生物污染的潜在可能性、微生物生长的最适条件，进一步评价防腐体系在以水或油为主要基质的产品中的防腐效能和时效性。由于防腐挑战试验可在较短时间周期内完成，仅需少量样品，可使用相当多种类的微生物进行测试，而且可同步评估多种样品。该方法的以上优点使得它在近年来被越来越多的中外化妆品企业所接受和推行。

由于防腐挑战试验是经验性的方法，目前世界各国以及相关组织对化妆品防腐挑战试验还没有统一的规定，但各种不同的防腐挑战试验基本原理都是相通的。化妆品防腐挑战试验较具代表性的方法来源是：欧洲药典（European Pharmacopeia，EP）、化妆品和香料香精协会（the Cosmetic Toiletry and Fragrance Association，CTFA）、美国材料与试验协会（American Society for Testing and Materials，ASTM）、美国药典（U.S. Pharmacopeia，USP）以及东南亚国家联盟（Association of Southeast Asian Nations，ASEAN）化妆品协会。

目前较为常用的是 CTFA 推荐的经典的为期 28 天的防腐单次挑战试验。该方法是将防腐剂混入配方基质中，然后一次性接入若干种类、一定数量的微生物进行挑战，将样品存放于适当的温度下，定期抽样检测其中残余的微生物，并根据微生物的数量变化情况评价样品的抗菌效果。该方法的要领在于：挑战用菌的选择、待测样品的准备、接种的方式和数量、分离检测的时间等。

(2) 防腐剂的安全性测试

因防腐剂是导致皮肤过敏的一个重要因素，因此防腐剂的安全性测试及有关安全性的报道需被关注。防腐剂的安全性测试包括：防腐剂本身的安全性以及防腐剂使用于不同配方中的安全性。对于一个具体的配方来说，添加预设的样品应按照相关的标准（斑贴试验、人体试验）进行安全性测试，以评价终产品的安全性符合要求。

（3）防腐剂的稳定性测试

防腐剂的稳定性测试既包括防腐剂添加后本身在配方中的稳定性，也包括防腐剂添加后与配方其他组分的相容性。对于前者来说，可以通过测试防腐剂含量来判断，一般是将产品进行老化试验或者测试经过稳定性观察的样品中防腐剂含量，与添加量及添加后的初始测定值进行对比，来判断防腐剂是否稳定；后者是通过配方的稳定性测试进行观察，确定配方中的防腐剂没有沉淀或者析出。

对于放大工艺的试生产来说，防腐剂在配方中分布的均匀性也是防腐剂稳定性的一部分，通过对不同部位料体的防腐剂含量进行测试来判断。

3.6　化妆品抗氧化技术

3.6.1　化妆品氧化概述

抗氧化剂的发展是从工业抗氧化剂开始。1898 年，S. L. Bigelow 发现少量的亚硫酸钠作还原剂可以保护对氧化敏感的材料，并最早提出了"抗氧化剂"的概念。随着科技和工业的发展，抗氧化剂已广泛应用于各个领域，如食品、人体健康和化妆品等。

抗氧化剂（antioxidants）是指能够清除氧自由基，抑制或清除以及减缓氧化反应的一类物质。化妆品中的不饱和化合物受到空气、水分、阳光等因素的影响，可能发生氧化反应，生成的过氧化物、酸、醛等使化妆品酸败、变质、变味；酸败的化妆品涂抹在皮肤上，会产生刺激，引起皮肤炎症。为了保证化妆品的储存稳定性和使用安全性，需要在化妆品中加入少量的抗氧化剂。

3.6.2　化妆品氧化机理、影响因素及抗氧化理论

3.6.2.1　氧化机理

多数化妆品都含有油脂成分，油脂中的不饱和键很容易氧化而引起变质，这种氧化变质现象叫作酸败。不饱和油脂的氧化是一种连锁（自由基）反应，只要其中有一小部分开始氧化，就会引起油脂的完全酸败。不饱和脂质的氧化主要是自由基链反应，包括链的引发、链的传递（增长）和链的终止三个过程，从而导致自由基浓度的增加。

（1）引发期（诱导期）

$$RH + M^{x+} \longrightarrow R \cdot + H^+ + M^{(x-1)+}$$

（2）传递期

$$R \cdot + O_2 \longrightarrow ROO \cdot$$

$$ROO \cdot + RH \longrightarrow ROOH + R \cdot$$

（3）终止期

$$ROO \cdot + ROO \cdot \longrightarrow ROOR + O_2$$

$$ROO \cdot + R \cdot \longrightarrow ROOR$$

$$R \cdot + R \cdot \longrightarrow R - R$$

其中，RH 为不饱和脂肪酸分子；ROOH 为脂质过氧化物；R· 为脂肪自由基；ROO· 为

脂质过氧化自由基；M^{z+} 为金属离子；ROOR 为过氧化物；R—R 为脂肪烷烃。

3.6.2.2 化妆品氧化的影响因素

影响化妆品中油脂酸败的因素很多，既有内因也有外因。

（1）内部因素

① 不饱和键愈多，愈容易被氧化。

② 原来存在于植物油脂中的部分天然抗氧化剂，如生育酚，在精炼过程中被去除。

③ 油脂中自然存在的促进氧化作用的氧化酶，在适宜的温度与水分、光和氧的情况下，会加速酸败的发生。

（2）外部因素

① 氧　氧是造成酸败的最主要因素，没有氧就不会发生因氧化而引起的酸败。因此在生产过程中要尽量避免混进氧，减少和氧的接触（如真空脱气、封闭式乳化等）。但要在化妆品中完全排除氧或与氧的接触是很难做到的。

② 热　热会加速脂肪酸成分的水解，提供微生物生长的条件，从而加剧酸败，因此低温储藏有利于延缓酸败。一般认为温度每升高 10℃，氧化速度提高 2～3 倍。

③ 光　可见光虽然并不直接引起氧化作用，但其某些波长的光对氧化作用有促进作用，用绿色或黄色玻璃纸或用琥珀色玻璃容器包装可以消除不利波长的光。

④ 水分　含水的脂肪中可能发育着霉和酵母，造成两种酵素，脂肪酶和脂肪氧化酶，脂肪酶水解脂肪，脂肪氧化酶氧化脂肪酸和甘油酯。所以由于酶的存在，若增高油脂中的水分一方面会引起油脂的水解；另一方面能加速自动氧化反应，提供了微生物的生活环境，降低某些抗氧剂如多元酚、胺等的活力。

⑤ 金属离子　某些金属离子能破坏原有或加入的天然抗氧剂的作用。有时成为自动氧化的催化剂而加速酸败，金属中最严重的是铜，其催化作用较铁强 20 倍，其他按由强到弱的顺序为铅、锌、锡、铝、不锈钢、铁、镍，所以在一般制造过程中，采用搪玻璃设备较好。

⑥ 微生物　微生物中的霉菌、酵母菌与细菌都能在脂肪介质中生长，并将其分解为脂肪酸和甘油，然后进一步分解，加速油脂酸败，因此在生产过程中要严格控制卫生条件。

⑦ 香料和精油的影响　一些芳香物质是助氧化剂，如胡椒油、莳萝油、小茴香油、小豆蔻油、枯茗油和芫荽油，它们有加速酸败的作用，成为助氧化剂。

3.6.2.3 抗氧化剂作用机理

抗氧化剂可以有效地延缓油脂氧化，减短油脂氧化的诱导期。根据各种抗氧化剂结构、性质和作用途径的差异，抗氧化机理主要有：

（1）清除脂类化合物自由基

此类抗氧化剂主要为一些酚类物质，可以与脂类化合物发生自由基反应，将自由基转变为更稳定的产物（醌类结构或未成对电子在苯环上的离域），从而可以延缓或干扰链反应中的链增长，阻断氧化反应的进行。

$$RO\cdot + AH \longrightarrow ROH + A\cdot$$
$$ROO\cdot + AH \longrightarrow ROOH + A\cdot$$

式中，RO· 为烷氧自由基；AH 为抗氧化剂；A· 为抗氧化剂供氢后自身形成的自由基。

（2）螯合金属离子使其不能形成活性物质或加速脂质过氧化

油脂本身或加工生产过程中都会有微量金属离子存在，其中具有二价或更高价态的重金属（如铁、铜、钴等），可以加速链反应的进行，加快脂类化合物的氧化。

一些可以与金属离子形成 σ-络合物的螯合剂（EDTA、柠檬酸、磷酸衍生物等），可降低氧化还原电势，稳定金属离子的氧化态，起到抗氧化的作用。

（3）猝灭单线态氧（$^1O_2$）

在光照的情况下，$^1O_2$ 可与不饱和脂肪酸直接发生氧化反应。常用的 $^1O_2$ 猝灭剂有维生素 E 和 β-胡萝卜素等。如 β-胡萝卜素可与 $^1O_2$ 发生如下反应：

$$^1O_2 + \beta\text{-胡萝卜素} \longrightarrow {}^3O_2 + \beta\text{-胡萝卜素}$$

（4）降低氧浓度

空气中的氧与油脂发生氧化反应，使得油脂酸败变坏。降低氧的浓度或是除去氧可以延缓氧化反应的发生。常用的氧清除剂有维生素 C 及其衍生物等。

（5）酶抗氧化剂抑制生物体中脂类化合物的氧化

生物体中的各种自由基对脂类的氧化起到促进作用。常用的脂氧合酶抑制剂有超氧化物歧化酶、过氧化氢酶和葡萄糖氧化酶等。

3.6.3 化妆品常用抗氧化剂

3.6.3.1 抗氧化剂及其结构特征

抗氧化剂应具有低浓度有效、与化妆品安全共存、对感官无影响、无毒无害等特性。抗氧化剂的功能主要是抑制引发氧化作用的游离基，如抗氧化剂可以迅速和脂肪游离基或过氧化物游离基反应，形成稳定、低能量的产物，使脂肪的氧化链式反应不再进行，因此配方中抗氧化剂的添加越早越好。

一般来说，有效的抗氧化剂应该具有以下结构特征：

① 分子内具有活泼氢原子，而且比被氧化分子的活泼氢原子更容易脱除，胺类、酚类、氢醌类分子都含有这样的氢原子；

② 在氨基、羟基所连的苯环上的邻、对位引进一个给电子基团，如烷基、烷氧基等，则可使胺类、酚类等抗氧化剂 N—H、O—H 键的极性减弱，容易释放出原子，从而提高链终止反应的能力；

③ 抗氧自由基的活性要低，以减少链引发的可能性，但又要有可能参与链终止反应；

④ 随着抗氧化剂分子中共轭体系的增大，抗氧化剂的效果提高，因为共轭体系越大，自由基的电子离域程度就越大，这种自由基就越稳定，而不致成为引发性自由基；

⑤ 抗氧化剂本身应难以被氧化，否则它自身受氧化作用而被破坏，起不到应有的抗氧化作用；

⑥ 抗氧化剂应无色、无味、无臭，不影响化妆品的质量，另外，无毒、无刺激、无过敏性很重要，同时与其他成分相容性好，从而使组分分散均匀而起到抗氧化作用。

3.6.3.2 常见抗氧化剂

化妆品中常用的抗氧化剂大体上可以分为五类：

① 酚类 2,6-二叔丁基对甲酚、没食子酸丙酯、去甲二氢愈创木酸、生育酚（维生素 E）、叔丁基羟基苯甲醚及其衍生物等。

② 酮类　叔丁基氢醌等。

③ 胺类　乙醇胺、异羟胺、谷氨酸、酪蛋白及麻仁蛋白、卵磷脂等。

④ 有机酸、醇及酯　草酸、柠檬酸、酒石酸、丙酸等。

⑤ 无机酸及其盐类　磷酸及其盐类，亚磷酸及其盐类。

上述五类化合物中，前三类氧化剂主要起主抗氧化剂作用，后两类则起到辅助抗氧化剂的作用，单独使用抗氧化效果不明显，但与前三类配合使用，可提高抗氧化效果。抗氧化剂按照溶解性可分为油溶性及水溶性抗氧化剂。

一些较常用的抗氧化剂如下所述。

① 生育酚，也叫维生素 E，大多数天然植物油脂中均含有生育酚，是天然的抗氧化剂，以 α、β、γ 和 δ 四种形式存在，生育酚广泛用作营养添加剂，δ-生育酚存在的浓度太低，无实际意义，α-和 β-生育酚具有较好的抗氧化性质，广泛用作天然的抗氧化剂。

② 叔丁基羟基苯甲醚，简称 BHA，是 3-叔丁基-4-羟基苯甲醚（3-BHA）与 2-叔丁基-4-羟基苯甲醚（2-BHA）两种异构体的混合物。

其中，3-BHA 的抗氧化效果比 2-BHA 强 1.5～2 倍，市售 BHA 中两者混合物的比例为 3-BHA：2-BHA＝（95～98）：（5～2），但抗氧化效率最高的配比为 3-BHA：2-BHA＝1.5～2.111，BHA 对热相当稳定，在弱碱条件下不容易被破坏，遇铁等离子会变色，光照也会引起变色。

BHA 是作为矿物油的抗氧化剂而被开发出来的，应用于动植物油中，在低浓度下（0.005％～0.05％）即能发挥极佳效果，并允许用于食品中。易溶于脂肪，基本上不溶于水，与没食子酸丙酯、柠檬酸、去甲二氢愈创木酸、硝酸等有很好的协同作用，限用量为 0.15％。

③ 2,6-二叔丁基对甲酚，简称 BHT，其结构式为：

$$\text{H}_3\text{C}-\underset{t\text{-Bu}}{\overset{t\text{-Bu}}{\bigcirc}}-\text{OH}$$

不溶于碱，且不具备很多酚类的反应。效果与 BHA 相当，但在高浓度或升温情况下，不像 BHA 那样带有不愉快的酚类臭味，也允许用于食品，和 BHA 一起使用能提高稳定性（协同作用）。加入柠檬酸、抗坏血酸等协同剂，可增加抗氧化作用，限用量 0.15％。

④ 去甲二氢愈创木酸，简称 NDGA，自多种植物的树脂分泌物中萃取而得。溶于甲醇、乙醇和乙醚，微溶于脂肪，溶于稀碱液呈深红色。对各种油脂均有效，但有一最适合量，超过这个适合量时，反而会促进氧化反应。与浓度低于 0.005％的柠檬酸和磷酸有协同作用。

⑤ 2,5-二叔丁基对苯二酚，在植物油脂中有较好的抗氧化作用。

⑥ 没食子酸丙酯，溶于乙醇和乙醚，在水中仅能溶解 0.1％左右，溶于温热油中，不论单独使用还是配合使用均为良好的抗氧化剂，较显著的缺点是遇金属易变色，尤其是遇铁离子更易变色，限用量 0.1％。

3.6.4　化妆品抗氧化活性评价

3.6.4.1　抗氧化体系要求

① 较宽广的 pH 值范围内有效，即使是微量或少量存在，也具有较强的抗氧化作用；

② 无毒或低毒性，在规定用量范围内可安全使用；

③ 稳定性好，在储存和加工过程中稳定，不分解，不挥发，能与产品的其他原料配伍，与包装容器不发生任何反应；

④ 在产品被氧化的相（油相和水相）中溶解，本身被氧化后的产品应无色、无味且不会产生沉淀；

⑤ 成本适宜。

3.6.4.2 抗氧化体系评价方法

化妆品所用抗氧化剂品种很多，究竟选用哪种抗氧化剂，用量多少必须通过试验确定。尽管目前对抗氧化活性的评价没有统一标准，但基本的评价方法有两类：脂质过氧化评价方法和清除自由基能力评价方法。

（1）脂质过氧化评价方法

脂质过氧化评价方法通常以油、脂肪、亚油酸、脂肪酸甲酯或低密度脂蛋白作为底物，测定底物和氧化剂的消耗、中间产物或终产物的形成。常用的评价方法有过氧化值法（POV）、共轭二烯氢过氧化物法、硫氰酸铁法（FTC）、硫代巴比妥酸法（TBARS）和羰基值法等。

（2）清除自由基能力评价方法

根据抗氧化剂所发生的化学反应，清除自由基能力评价方法可分为基于氢原子转移的方法和基于电子转移的方法。

① 基于氢原子转移的方法，即抗氧化剂（AH）提供氢原子猝灭自由基（X·）：

$$X\cdot + AH \longrightarrow XH + A\cdot$$

反应活性与抗氧化剂提供氢原子的能力有关，与 pH 值和溶剂无关。此类抗氧化剂反应迅速（通常在几秒内完成），键解离能和电离电位较小。具体评价方法有氧自由基清除能力法（ORAC）、抑制低密度脂蛋白氧化能力法和总自由基捕获抗氧化参数法（TRAP）等。

② 基于电子转移的方法，即抗氧化剂通过转移电子使某些化合物（金属、羰基、自由基）被还原：

$$X\cdot AH \longrightarrow X^- + AH^{\cdot +}$$

$$AH^{\cdot +} \underset{H_2O}{\rightleftharpoons} A\cdot + H_3O^+$$

$$X^- + H_3O^+ \longrightarrow XH + H_2O$$

$$M(Ⅲ) + AH \longrightarrow AH^+ + M(Ⅱ)$$

反应活性与去质子化和反应组分的电离电位有关。此类抗氧化剂通常反应较慢，电离电位较大。具体评价方法有 Folin-Ciocalteu 法测定总酚含量、Trolox 等效抗氧化能力法（TEAC）、总抗氧化能力测试法（FRAP）和 DPPH 自由基的清除能力法（DPPH）等。

从上述讨论可知，抗氧化剂抗氧化活性的评价方法多种多样，但每种方法都是从某个方面对抗氧化剂的活性进行评价的。由于目前对抗氧化活性的评价也没有统一的标准，因此也就没有所谓"最好"的抗氧化剂。因此，对于抗氧化剂活性的评价不能仅用一种方法，而要结合多种方法对抗氧化活性进行综合评价。

第4章

化妆品原料、配方及工艺

4.1 化妆品的原料

4.1.1 化妆品原料监管与法规

化妆品原料是指化妆品配方中使用的成分，化妆品原料的选择直接影响化妆品的安全与功效。目前已经使用的化妆品原料有很多，其分类方法没有统一的标准。为进一步加强化妆品原料管理，国家食品药品监督管理总局对我国上市化妆品已使用原料开展了收集和梳理，2014 年 6 月 30 日发布了《已使用化妆品原料名称目录》（以下简称《目录》），共包含 8783 种化妆品原料。《目录》不是我国允许使用化妆品原料的准用清单，是判断化妆品新原料的主要参考依据。国家食品药品监督管理总局将随着对化妆品原料安全性认识水平的提高和评价能力的进步，对《目录》实行动态管理。

2021 年 4 月 28 日，国家药品监督管理局发布了《已使用化妆品原料目录（2021 年版）》，新目录以 2015 年版为基础，共收录 8972 种原料，比以前的 8783 个品种多 189 个品种，不在此列的是新原料。值得注意的是，新目录对原料进行了淋洗型和驻留型的标注，且在目录中标注的最高使用量并不等于最高安全使用量。

我国的《化妆品监督管理条例》对化妆品原料按照目录实施分类管理，化妆品原料分为新原料和已使用的原料。在我国境内首次使用于化妆品的天然或者人工原料为化妆品新原料，将化妆品新原料分为具有较高风险的新原料和其他新原料，分别实行注册和备案管理。具有防腐、防晒、着色、染发、祛斑美白功能的化妆品新原料，经国务院药品监督管理部门注册后方可使用；其他化妆品新原料应当在使用前向国务院药品监督管理部门备案。

《化妆品安全技术规范》也分别列出化妆品禁用原料目录、限用原料目录和准用原料目录。

禁用组分指不得作为化妆品原料使用的物质。《化妆品安全技术规范》共列化妆品禁用组分 1388 种（类）。

限用组分指在限定条件下可作为化妆品原料使用的物质。《化妆品安全技术规范》共列限用组分 47 种（类）。

准用组分指允许作为化妆品原料使用的物质。《化妆品安全技术规范》共列准用防腐剂 51 种、准用防晒剂 27 种、准用着色剂 157 种和准用染发剂 74 种，还有其他允许用于染发产品的着色剂。

4.1.2　化妆品原料概述

化妆品是由不同功能的原料按一定的科学配方组合，通过一定的混合等加工技术制得的化工产品，其特性及质量除与配制技术及生产设备等有密切关系外，主要决定于构成它的原料。掌握化妆品原料的结构、性能和特点，才能正确、灵活运用各类原料，制造出各种新颖的产品。

化妆品的原料非常广泛，凡是对人体皮肤、毛发等有清洁、保护、滋养、疗效、美化作用，或为便于化妆品配制而添加的物料以及为提高产品品质而添加的物料，均称为化妆品的原料。

化妆品的特性和品质在一定程度上取决于原料，化妆品原料按性质和用途分为基质原料、辅助原料和功能性原料。

4.1.3　基质原料

基质原料是根据化妆品类别和形态要求，赋予产品剂型特征的组分，是化妆品配制必不可少的原料。基质原料主要有溶剂原料、油性原料、粉类原料、胶质类原料等。

4.1.3.1　溶剂原料

溶剂原料是化妆品中用途最为广泛的原料之一，在化妆品中除了利用溶剂的溶解性，与配方中其他成分配合，还利用其挥发、润湿、润滑、增塑、保香、防冻及收敛等性能。许多固体化妆品在生产过程中通常也需要溶剂配合，如粉饼成型时需要溶剂辅助胶黏；化妆品中香料和颜料的加入，通常也需要借助溶剂溶解以实现均匀分散。

最常用的溶剂是水，另外还有醇类、酮类、醚类、酯类及芳香族有机化合物。

（1）水

水是一种价格低廉且性能优良的溶剂。化妆品用水要求是去离子水，要求水质纯净、无色、无味，不含钙、镁等金属离子且不允许有微生物的存在，否则可能使化妆品产生变色、氧化，产品变稀甚至分层。

（2）醇类

醇类是香料、油脂类的溶剂，也是化妆品的主要原料，用于化妆品的醇有高碳醇、低碳醇和多元醇。

高碳醇除在化妆品中作为油性原料直接使用外，还可作为表面活性剂亲油基的原料。

低碳醇是香料、油脂的溶剂，能使化妆品具有清凉感，并且有杀菌作用。常用作溶剂的低碳醇有乙醇、异丙醇、正丁醇、戊醇等。乙醇主要应用在香水、花露水及洗发水等产品中，发挥其溶解、挥发、芳香、防冻、灭菌、收敛等特性；丁醇在化妆品中是制造指甲油的原料；戊醇在化妆品中用作指甲油的偶联剂；异丙醇稍有杀菌作用，可替代乙醇而应用于制品中，作为溶剂和指甲油中的偶联剂。

多元醇主要作为香料的溶剂、定香剂、黏度调节剂、凝固点降低剂、保湿剂等。常用的多元醇有乙二醇、聚乙二醇、丙二醇、甘油、山梨糖醇等。

(3) 酮类、醚类、酯类及芳香族有机化合物

小分子的酮类、醚类、酯类，如丙酮、丁酮、二乙二醇乙醚、乙酸乙酯、乙酸丁酯、乙酸戊酯等，以及甲苯、二甲苯等通常用作指甲油的溶剂组分，但一般存在毒性或刺激性，可能引起某些消费者过敏。

4.1.3.2　油性原料

油性原料是化妆品的主要基质原料，一般分为油脂、蜡类、高级脂肪酸、高级脂肪醇和酯类。油脂、蜡类通常以常温时原料的物理形态区别其称谓，常温下呈液态的油性物质称为油，呈半固态的脂肪称为脂，呈固态的软性油料称为蜡。在化妆品中常用的油性原料根据来源不同，可以分为天然油性原料、矿物油性原料、半合成油性原料以及合成油性原料，主要起护肤、柔滑、滋润、固化赋形以及特殊功能等作用。

(1) 天然油性原料

天然油性原料与皮肤相容性好，容易被皮肤吸收，对皮肤的滋润性好，但它也同时存在着一个缺点，就是容易被氧化，氧化后会促使化妆品变色，使其刺激性增大。根据来源，天然油性原料可以分为植物油性原料和动物油性原料。植物油性原料常用的有橄榄油、鳄梨油、花生油、蓖麻油、霍霍巴油、乳木果油、月见草油、澳洲胡桃油、巴西棕榈蜡等。动物油性原料有天然角鲨烯、羊毛脂、蜂蜡等。

(2) 矿物油性原料

矿物油性原料稳定性好、价格便宜，但是不能被皮肤吸收。常用的有矿油、矿脂（凡士林）、石蜡等。

(3) 半合成油性原料

半合成油性原料是天然油性原料的化学改性物。常见的有羊毛醇、乙酰化羊毛脂、鲸蜡醇等。

(4) 合成油性原料

合成油性原料用途很广泛。优质的合成油性原料也应该是无色的。根据结构可以分为酯类、硅油类和烃类等。常用的酯类有棕榈酸异丙酯、辛酸/癸酸甘油三酯；硅油类有聚二甲基硅氧烷、环聚二甲基硅氧烷；烃类有合成角鲨烷、异构二十烷等。

衡量油脂质量高低的参数主要有以下几个：酸价、过氧化值、游离脂肪酸、碘值、不饱和脂肪酸含量以及杂质含量等。

4.1.3.3　粉类原料

粉类原料是爽身粉、香粉、粉饼、胭脂、眼影等化妆品的基质原料，主要起遮盖、滑爽、附着、摩擦等作用。此外，它在芳香制品中也用作香料的载体，在防晒化妆品中用作紫外线屏蔽剂。

常见的粉类原料有滑石粉、高岭土、钛白粉、云母粉等。滑石粉的延展性为粉体类中最佳，但吸油性及吸附性稍差，多用在香粉、爽身粉等中；高岭土对皮肤黏附性好，具有抑制皮脂及吸收汗液的性能，在化妆品中与滑石粉配合使用，能起到缓和及消除滑石粉光泽的作用，是制造香粉、粉饼、水粉、胭脂、粉条及眼影等制品的常用原料；钛白粉的遮盖力是粉末中最强的，且着色力也是白色颜料中最好的，又因为对紫外线的透过率最小，常用于防晒化妆品，也可作香粉、粉饼、水粉饼、粉条、粉乳等产品中重要的遮盖剂。

4.1.3.4 胶质类原料

胶质类原料主要是水溶性高分子化合物，在水中能溶解或膨胀而成为溶液或凝胶状分散体系。水溶性高分子化合物的亲水性来自其结构中的亲水性官能团，如羧基、羟基、酰氨基、氨基、醚基等。这些基团不仅使大分子具有亲水性，还赋予其许多重要的特性和功能，如增稠、加溶、分散、润滑、缔合和絮凝等作用。胶质类原料在化妆品中主要使固体粉质原料黏合成型，具有增稠或凝胶化作用，可成膜、保湿和稳定泡沫等。

胶质类原料的溶液或分散液一般是黏性液体，具有不同程度的触变性，即受到外加剪切应力时会不同程度地使黏稠度下降，外加剪切应力去除后，又会恢复原来的黏稠度，有些胶质的水溶液在不同温度时也表现出不同的黏稠度。胶质类原料应用于化妆品中相应可以产生许多重要的功能，因而成为化妆品的重要原料。

有机胶质类原料主要包括天然（植物性、动物性）胶质、半合成胶质、合成胶质。

（1）天然胶质

天然胶质是植物或动物原料通过物理过程或物理化学方法提取而得的。常见的有胶原（蛋白）类和聚多糖类。胶原（蛋白）类是哺乳动物的皮制得的胶原或植物蛋白水解、分离纯化制得的。聚多糖类是植物渗出液、种子、海藻和树木精制提炼而得的。

（2）半合成胶质

半合成胶质是由天然物质经化学改性而得的，主要包括改性纤维素和改性淀粉。这类半合成胶质兼有天然化合物和合成化合物的优点，并以丰富的可再生农业原料为基础，进一步化学改性而制得。这类水溶性高分子化合物原料丰富、应用范围广。改性纤维素中的取代基一般为甲基、乙基、羟烷基、羧甲基等；而化妆品中使用的淀粉及其衍生物主要有玉米淀粉、辛基淀粉琥珀酸铝、磷酸淀粉钠和糊精等。

（3）合成胶质

合成水溶性高分子化合物是由单体聚合而制得的，一般来自石油工业的乙烯型烯烃及其含有羧基、羧酸酯基、酰胺基或氨基的衍生物。相较于天然和半合成胶质原料，合成胶质具有高效和多功能化的特点，亦有较低的生物化学耗氧量（BOD），在后续的污水处理中显示较大的优越性。其所用单体原料的组成较为规范，质量标准也容易控制，保证了产物的均匀性和稳定性。合成胶质主要品种有乙烯类、丙烯酸聚合物、聚环氧乙烷等

4.1.4 辅助原料

化妆品的辅助原料是指为化妆品提供某些特定性能而加入的除基质原料以外的所有原料，如香科、色素、防腐剂、抗氧化剂、表用活性剂、保湿剂等，也包括各种功能性添加剂。

4.1.4.1 表面活性剂

表面活性剂在化妆品中主要用作清洁剂、乳化剂和增溶剂等。

（1）清洁剂

清洁剂是通过润湿皮肤表面，乳化或溶解体表的油脂，使体表的污垢悬浮于其中以达到清洁作用的物质，常用于洗发液、沐浴液、洗面奶等洗涤类化妆品。理想的清洁剂要求泡沫丰富、脱脂力适中、刺激性低。

化妆品用清洁剂主要以阴离子表面活性剂为主，两性表面活性剂和非离子表面活性剂也可以作为清洁剂使用。常用的阴离子表面活性剂有月桂醇硫酸酯钠、月桂醇聚醚硫酸酯钠、月桂醇聚醚硫酸铵等。

（2）乳化剂

乳化剂是指能将互不相溶的液体之一均匀分散到另一液体当中形成分散体系的一类表面活性剂。它能降低液滴的表面张力，在已经乳化的微粒表面形成复杂的膜并在乳化的颗粒之间建立相互排斥的屏障，以阻止它们的合并或联合。在润肤膏霜或乳液中，同时存在不相容的油相和水相，乳化剂的存在能够使油相以微小的粒子存在于水相中形成水包油型（O/W）乳化体，也可以使水相以微小的粒子存在于油相中形成油包水型（W/O）乳化体。

乳化剂一般以非离子表面活性剂与阴离子表面活性剂为主，常用的有硬脂醇聚醚-6、硬脂醇聚醚-25、甘油硬脂酸酯、月桂醇硫酸酯钠等。

（3）增溶剂

增溶剂是促使原本不溶的物质溶解在某种溶剂中的表面活性剂。在水溶性透明啫喱中，一般需要加入少量不溶于水的润肤剂、香精等原料，为得到透明的啫喱产品，需要在配方中加入增溶剂。增溶剂一般是 HLB 值较大的非离子表面活性剂，如 PEC-40 氢化蓖麻油、PEG-60 氢化蓖麻油等。

4.1.4.2　香精和香料

一般来讲，凡能被嗅觉或味觉感觉出芳香气息或芳香味道的物质都属于香料。在香料工业中，香精由香料调配而成，香料通常特指用以配制香精的各种中间产品。

香料在化妆品中用量很少但作用极大，选配合理可以掩盖某些组分的不良气味，使化妆品增加神奇色彩。目前化妆品使用的香料包括天然香料和合成香料两类。由于天然香料价格昂贵且供不应求，合成香料在化妆品中使用较多。合成香料的品种很多，从化学结构来分主要是：醇、醛、酮、酯、酚及氮化物，在化妆品调香中使用最多的是乙酸酯类，用它所调配的香型范围广，品种多。化妆品的香型都是采用多种香料调和而成，如香皂的香气配合了10～30 种香料，一般香水则由上百种香料配制而成。

香精的选择不仅影响制品的气味，还可能会造成刺激性、致敏性等问题，并有可能影响产品的稳定性，因此在配制时需要考虑香精的物理、化学和毒理性质。理想的化妆品用香精要求无刺激，不致敏。

4.1.4.3　色素

颜料和色素在化妆品中属于着色剂，可赋予产品特定颜色和外观，也是美容化妆品等使用后显现皮肤自然而健康的颜色或者提供美化效果的成分。颜料和色素分为有机合成色素（包括染料、色淀、颜料）、颜料和天然色素。颜料和色素在制品中的用量较少，但其纯度、稳定性、安全性等因素均会明显影响化妆品的外观和质量。

（1）有机合成色素

有机合成色素主要是指染料。染料须对被染的基质有亲和力，能吸附或溶解于基质中，使被染物具有均匀的颜色。染料分为水溶性染料和油溶性染料两种。水溶性染料的分子中含有水溶性基团（碘酸基），而油溶性染料的分子中不含可溶于水的基团。

（2）颜料

颜料是不溶于水、油等溶剂并能使其他物质着色的粉末。颜料有较好的着色力、遮盖力、抗溶剂性和耐久性，广泛用于口红、眼影、胭脂等化妆品。常用的无机颜料称作矿物性颜料，对光稳定性好，不溶于有机溶剂，但其色泽的鲜艳程度和着色力不如有机颜料，主要用于演员化妆品中的底粉、香粉、眉黛等化妆品中，颜料中能产生珍珠光泽效果的基础物质叫作珍珠光泽颜料，常用于口红、指甲油、眼影、香粉等系列产品。

(3) 天然色素

天然色素取自动植物，其优点是安全性高、色调自然而不刺眼，一些天然色素还同时兼具营养和药物功效；但由于着色力、耐光、稳定性、色泽鲜艳度和供应等方面的问题，在化妆品中有实际应用价值的品种相对偏少。一些普遍稳定的用于化妆品中的天然色素有胭脂红、红花苷、胡萝卜素、姜黄和叶绿素。如胭脂红是从雌性胭脂虫烘干粉中提取出来的红色色素，是带光泽的红色碎片或深红色粉末，溶于碱溶液，微溶于热水，几乎不溶于冷水和稀酸，在大多数溶剂中的溶解度都很小，其主要成分是胭脂红酸，主要用作口红、眼影制品、乳液和化妆水的着色剂。

4.1.4.4 保湿剂

保湿剂是具有一定吸湿功能、可以增加皮肤角质层水分含量的原料。化妆品为保持状态和良好的触感，往往也需要添加保湿剂。保湿剂一般可以分为多元醇类保湿剂和天然保湿剂。多元醇类保湿剂具有多个醇羟基结构，挥发性低，吸湿性强。天然保湿剂是存在于生物体内可以起保湿作用的物质。常见的有透明质酸、乳酸钠、吡咯烷酮羧酸钠、胶原蛋白等。

目前，日化市场中，使用的比较传统的化妆品保湿剂主要有：甘油、山梨醇、聚乙二醇等。但是，由于甘油（丙三醇）分子本身具有十分良好的保湿效果，并且保湿效果既安全又高效，同时，甘油相对于山梨醇和聚乙二醇两类保湿剂来说，价格更加低廉，从而使得其使用起来成本更低，故丙三醇这种保湿剂使用最广泛。

4.1.4.5 防腐剂

防腐剂是指可以抑制产品中微生物生长的物质。在化妆品生产和使用的过程中，会不可避免地混入一些微生物。受微生物污染的产品可能会出现浑浊沉淀、变色及变味等现象。在化妆品中，防腐剂用来保护产品，使产品免受微生物污染，延长产品的货架寿命。一般防腐剂对人体有一定刺激性，易引起化妆品导致的过敏性皮炎，属于限用类化妆品原料。2015版《化妆品安全技术规范》规定我国获准使用的防腐剂有51种。每种获准使用的防腐剂都规定了最大允许使用浓度，有的防腐剂还规定了使用范围或限制条件。

理想的防腐剂要求无色、无臭，低浓度下起作用，具有广谱抗菌活性，与化妆品原料相容性好，在较大 pH 范围内均有活性，对人体和环境安全。

常用的防腐剂有对羟基苯甲酸及其酯类、甲基异噻唑啉酮、咪唑烷基脲、苯氧乙醇、水杨酸及其盐类、戊二醛等。

4.1.4.6 抗氧化剂

抗氧化剂是能够阻止或延缓产品氧化变质的物质。由于化妆品中的基质原料是油脂，其不饱和键很容易氧化而发生酸败，因此需要加入抗氧化剂。抗氧化剂有两种作用，一是阻止易酸败的物质吸收氧，二是自身被氧化而防止油脂氧化。

理想的抗氧化剂应该安全无毒，稳定性好，与其他原料配伍性好，低用量就具有较强的抗氧化作用。

化妆品中的抗氧化剂根据化学结构的不同大体上可以分为六类：酚类、胺类、有机酸、醇类、无机酸及其盐类。常用的抗氧化剂有生育酚（维生素 E）、丁基羟基茴香醚（BHA）及二丁基羟基甲苯（BHT）等。

4.1.5　功能性原料

近 20 年来，随着化妆品科学和工艺以及皮肤生理学的发展，人们对化妆品的认识有了较大的变化，化妆品已逐渐成为人们日常生活的必需品。多样化的化妆品，满足了顾客多样的需求，也为解决多样的皮肤问题提供了保障。化妆品的功效主要是依靠在基质中添加功能性原料实现的，以下就常见的功效化妆品介绍其中的功能性原料。

4.1.5.1　清洁功效化妆品原料

面部清洁是保证皮肤健康的关键步骤，也是护肤的首要步骤。清洁功效类化妆品主要包括洁面类化妆品和卸妆类化妆品两方面，起清洁作用的主要成分是表面活性剂。与传统的洗涤剂、清洗品不同，清洁功效化妆品的表面活性剂选择必须考虑人体皮肤的生理作用，需在保障皮肤正常生理作用的前提下有效地清除皮肤污物，实现温和、安全和效率并重。

4.1.5.2　保湿功效化妆品原料

所谓保湿化妆品，就是化妆品里面含有保湿成分，能保持皮肤角质层一定的含水量，能增加皮肤水分、湿度，以恢复皮肤的光泽和弹性。保湿功效化妆品主要通过添加保湿剂来保持皮肤水分的平衡，可以通过补充重要的油性成分、亲水性保湿成分和水分，并且作为活性成分和药剂的载体，使之易被皮肤所吸收，达到调理和营养皮肤的目的，使皮肤滋润、健康。保湿剂主要分水性保湿剂和油性保湿剂两类。

（1）水性保湿剂

水性保湿剂主要通过增强皮肤角质层的吸水性和结合水的能力实现保湿，以下按结构进行分类介绍。

① 多元醇类

多元醇类的保湿原理，是利用结构中的羟基（—OH）抓住水分，达到保湿的作用。这一类成分可以大量工业化制造，价格低廉，安全性很高。但其保湿效果较容易受环境的湿度影响，长时间的高效保湿效果不佳。常见的多元醇类有丙二醇、丙三醇、聚乙二醇、丁二醇、己二醇、木糖醇、聚丙二醇、山梨糖醇等，差别只在于黏度不同。

② 金属-有机盐类

皮肤角质层中具有水分吸附作用的天然保湿因子（NMF）中，有许多金属-有机盐类成分，吡咯烷酮羧酸钠和乳酸钠等是代表成分。

Ⅰ.吡咯烷酮羧酸钠（pyrrolidone carboxylic acid-Na，PCA-Na）　吡咯烷酮羧酸钠（PCA-Na）是表皮颗粒层丝质蛋白聚集体的分解产物，在皮肤的天然保湿因子中含量约为 12%，其生理作用是使皮肤的角质层柔润。角质层中吡咯烷酮羧酸钠的含量减少，会使皮肤粗糙、干燥。商品型吡咯烷酮羧酸钠是无色、无臭，略带碱味的透明水溶液，其吸湿性远较甘油、丙二醇、山梨醇等高。吡咯烷酮羧酸钠作为保湿剂和调理剂，安全性高，对皮肤及眼黏膜几乎没有刺激，与其他产品具有很好的协同效果，长期保湿性较强，是真正安全的角质层柔润剂，多用于高档化妆品中。

Ⅱ.乳酸和乳酸钠　乳酸也是人体表皮的天然保湿因子（NMF）中主要的水溶性酸类，在其中的含量约为 12%。乳酸和乳酸盐影响含蛋白质类物质的组织结构，对蛋白质的增塑和柔润作用明显，因此，乳酸和乳酸钠可使皮肤柔软、溶胀、弹性增加，是护肤类化妆品中很好的酸化剂。在化妆品中，乳酸和乳酸钠主要用作调理剂和皮肤或毛发的柔润剂、调节pH值的酸化剂，用于护肤的膏霜和乳液、护发的香波和护发素等护发制品中，也可用于剃须制品和洗涤剂中。

③ 酰胺类

神经酰胺又称酰基鞘胺醇，是皮肤保湿的关键组分，具有很强的缔合水分子的能力，它通过在角质层中形成的网状结构来维持皮肤的水分，具有防止皮肤水分丢失的作用（图4-1），是角质层脂质中的主要组分，约占表皮角质层脂质含量的50％。

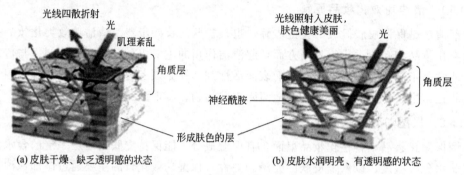

图4-1 神经酰胺对皮肤的作用

天然神经酰胺主要是由牛脑和牛脊髓提取的。合成神经酰胺是以高碳醇缩水甘油为原料合成的，已成功地实现了工业化。合成神经酰胺还可以组合到真皮的生理结构中去，并增强天然神经酰胺的功能，调节皮肤屏障作用，减少透过皮肤的水分损失，以及增进细胞黏合。与常用保湿剂甘油比较，酰胺类物质有更好地吸收和保持水分的能力，能够帮助皮肤更快速地建立自己的保湿屏障功能，常用于高功能的护肤品，还可应用于头发保护和调理。现在一些保湿产品中含有另外一种叫作N-棕榈酰羟基脯氨酸鲸蜡酯的成分，在身体内部可以转化成神经酰胺，起到保湿作用。

④ 高分子类

水溶性的动物及植物来源的天然高分子类化合物，也是一类重要的天然保湿剂。但由于其保湿功能是通过其亲水基和水作用形成氢键而显示，因此比多元醇的保湿作用小得多。常见的高分子类保湿剂包括蛋白质和多糖类化合物。蛋白质类高分子保湿剂有胶原蛋白、植物水解蛋白和丝蛋白，多糖类高分子保湿剂包括葡聚糖、海藻糖和透明质酸等。

Ⅰ．胶原蛋白（collagen） 胶原蛋白又称明胶，是以动物皮或动物骨骼为原料生产出来的高蛋白物质。分子量分布比较广，可吸收其自身质量5～10倍的水，虽具保湿功能，但因大分子的胶原蛋白不能渗入皮肤，常常以水解的方式处理成小分子量的蛋白质，因其具有与角蛋白相似的氨基酸结构，且结构中含有氨基、羧基和羟基等亲水基，故亲肤性佳，不刺激皮肤和眼睛，性质温和，对皮肤和头发有较大的亲和力并具有很好的保湿作用，如图4-2所示。

Ⅱ．植物水解蛋白 燕麦水解蛋白和玉米谷氨酸是常用的植物水解蛋白保湿剂。

燕麦含有12％的蛋白质以及大量的维生素A、B1、B2、PP和D，另外还含有珍贵的维生素F，能为皮肤提供所需的维生素营养成分，有助于保护皮肤表面的天然油脂层，防止水分流失。利用蛋白酶把燕麦麸皮中的蛋白水解为小分子肽，其具有较好的保湿效果，能使皮肤具有柔软的感觉。

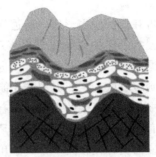

皮肤表面纹理细致整齐，表皮细胞健康。真皮层内的胶原蛋白及弹力蛋白亦充满弹性，没有半点松弛、皱纹等迹象。

(a)胶原蛋白充足的皮肤

表皮干燥，真皮失去弹性。脸上的表情纹、干纹演变成细纹，甚至深刻的皱纹。这在眼部、嘴角、眉头等处尤为明显。

(b)缺乏胶原蛋白的皮肤

图 4-2　胶原蛋白对皮肤的作用

　　玉米谷氨酸是由玉米蛋白控制水解制得的。它具有良好的吸湿性和对皮肤及头发的亲和作用。和其他具有黏滞性、弹性和胶黏性的蛋白质不同，它能使皮肤有丝一般柔软的感觉，对皮肤和眼睛不会引起刺激作用，可在各类化妆品中安全使用。

　　Ⅲ.丝蛋白　丝蛋白是天然蚕丝的水解产物，其基本结构单元是氨基酸，分子中含有大量的氨基、羧基、羟基等亲水性基团，能够像手一样抓住水分子，将水束缚住而具有优异的吸湿保湿作用，是一种性能独特的天然保湿剂。丝蛋白作为保湿剂的特点是它能提高皮肤自身的生理机能，使皮肤自有的保湿能力得到改善的同时，丝蛋白的氨基酸组成与人体皮肤中的弹性蛋白、胶原蛋白、天然保湿因子等的氨基酸组成极为相似，其渗透性能好，易被皮肤吸收，可以起到营养皮肤、延缓衰老、减少皱纹的作用。丝蛋白还能抑制酪氨酸酶的活性，减少黑色素的形成，使皮肤白嫩。

　　Ⅳ.燕麦 β-葡聚糖　燕麦 β-葡聚糖多糖是呈淡黄色、透明、无味的黏稠液体。燕麦中提取的 β-葡聚糖的活性比酵母发酵的 β-葡聚糖的活性高出近两倍。其与水有较强的亲和力，能进行高度水化作用，从而在基质间保持大量水分，其优良的保湿性能受到化妆品行业重视，广泛用于各种保湿霜（水）、防晒和晒后护理品、抗衰老及抗皱产品、眼霜等产品。可显著增加其对皮肤的保湿性，长期应用于皮肤无刺激性作用，也不阻碍皮肤的生理功能，能保护美化皮肤。

　　Ⅴ.海藻糖　海藻糖是一种稳定的非还原性双糖，与膜蛋白有亲和性，可增加细胞的水化功能，可用作皮肤渗透剂，增加皮肤对营养成分的吸收，对皮肤干燥引起的皮屑增多、燥热、角质硬化治疗有特效。海藻糖有较好的配伍性、相容性、稳定性，几乎可以添加到任何化妆品中，如膏霜、乳液、面膜、精华素、粉底霜、洗发水、护发素、摩丝、洗面奶等，还可作为唇膏、口腔清洁剂、口腔芳香剂等的甜味剂、呈味改良剂、品质改良剂。

　　Ⅵ.透明质酸　透明质酸又名玻尿酸，简称 HA，是由乙酰氨基葡萄糖醛的双糖重复单位所组成的一种聚合物。它是人体真皮层中的重要黏液质，具有特殊的保水作用，是皮肤水嫩的重要基础物质，是目前发现的自然界中保湿性最好的物质，被称为理想的天然保湿因子。

　　早期透明质酸只能从鸡冠中提取，价格昂贵。20 世纪 70 年代后期，人们开始利用微生物发酵的方法生产透明质酸，多种文献资料证明，无论是从鸡冠提取的、微生物发酵的还是皮肤中固有的 HA，其化学结构是完全一致的，无种属差异性。这些优势使 HA 得以在化妆品界广泛应用。

透明质酸可在皮肤表面形成一层透气的薄膜，使皮肤光滑湿润，并可阻隔外来细菌、灰尘、紫外线的侵入，保护皮肤免受侵害；小分子玻尿酸能渗入真皮，具有轻微扩张毛细血管、增加血液循环、改善中间代谢、促进皮肤营养吸收的作用，具有较强的消皱功能，可增加皮肤弹性，延缓皮肤衰老。玻尿酸还能促进表皮细胞的增殖和分化、清除氧自由基，可预防和修复皮肤损伤。玻尿酸的水溶液具有很高的黏度，可使水相增稠；与油相乳化后的膏体均匀细腻，具有稳定乳化作用。玻尿酸是高档化妆品最好的天然保湿成分，它相容性好，几乎可以添加到任何美容化妆品中，广泛用于膏霜、乳液、化妆水、精华素、洗面奶、浴液、洗发护发剂、摩丝、唇膏等化妆品中，一般添加量为 0.05～0.5%。

现在原料界又开发了乙酰基化透明质酸（简称 AcHA），是将原来透明质酸的结构以合成的方法接上乙酰基。乙酰基为亲油性的结构，可以进一步增强透明质酸的保水性能，使保湿效果更优越。

Ⅶ.葡萄糖酯（esters of glucose） 烷基糖苷（APG）是由可再生资源天然脂肪醇和葡萄糖合成的，是一种性能较全面的新型非离子表面活性剂。葡萄糖酯类保湿剂是温和性组分，基本无毒无刺激性。具有降低配方的刺激性、增加配方的保湿效果、提高功能性产品的效能等作用，广泛应用于各类化妆品中。

Ⅷ.甲壳质及其衍生物 甲壳质是一种聚氨基葡萄糖，广泛存在于菌藻类到低等动物中。其生物合成量大，是一种仅次于纤维素的最丰富的生物聚合物。甲壳质经化学改性后可得到各种性能不同的多糖衍生物，与皮肤有很好的亲和能力，不存在异源过敏，安全、无毒和无刺激，具有优良的生物相容性。同时，由于其结构与人体皮肤中存在的天然保湿成分透明质酸接近，因此对皮肤具有良好的保湿性、润湿性。用于香波和护发素，可作为透明质酸代用品。

⑤ 其他类

Ⅰ.尿素 能软化皮肤，其保湿效果与甘油相当，安全无刺激，除了极佳的亲肤性保湿外，也能够防止角质层阻塞毛细孔，藉此改善粉刺的问题。

Ⅱ.硫酸软骨素 是从动物组织中提取制备的酸性黏多糖类物质，为白色或类白色粉末，具有强吸湿性，广泛配伍性，用作化妆品营养助剂和保湿剂。

Ⅲ.泛醇（D-panthenol） 泛醇又称维生素原B5，主要用作保湿剂和皮肤调理剂，与维生素 B6 一起使用，经皮肤吸收后可增加皮肤中透明质酸的含量，可促进人体蛋白质、脂肪、糖类的代谢，保护皮肤和黏膜，防治小皱纹，炎症、晒伤，是不黏腻的保湿成分。因与皮肤皮脂膜成分相近，故易于吸收渗透及浸润肌肤表面的角质层，使肌肤柔软，达到肌肤保湿与组织修复的功效。

（2）油性保湿剂

在皮肤上涂上油脂形成保湿屏障而不让水分蒸发，称为封闭性保湿。这类保湿品效果最好的是矿脂，俗称凡士林。矿脂不会被皮肤吸收，会在皮肤上形成保湿屏障，使皮肤的水分不易蒸发散失，也保护皮肤不受外物侵入。除了矿脂之外，还有高黏度白蜡油、各种三酸甘油酯及各种酯类油脂如绵羊油、马油以及角鲨烷等。

植物油能在皮肤的表面形成水脂膜，不仅具有保湿作用，也使得皮肤具有防水性能，不饱和脂肪酸是植物油的主要成分，许多植物油不仅具有保湿作用，容易被皮肤吸收，有很好的涂抹性，而且也具有多种生物活性。小麦胚芽油除了不饱和脂肪酸，还富含维生素，将其添加到化妆品配方中，不但增加保湿效果，并且对干燥粗糙的皮肤也具有促进皮肤再生的作用。椰子油是一种温和的保湿剂，其能够增加水通道蛋白 AQP3、整合蛋白和丝聚蛋白的表达水平，在角质形成细胞分化和皮肤屏障中发挥作用，从而改变了皮肤屏障功能；椰子油和橄榄油复配，通过封闭减缓经表皮的水分丢失，具有更好地保护皮肤的作用。沙棘油在化妆品配方中不仅具有保湿作用，还具有皮肤修复和再生的功效，也能保护、再生和软化角质层，缓解炎症，确保皮肤细胞间的结构稳定；沙棘油适用于干燥、粗糙、剥落、瘙痒或刺激性的皮肤。另外，树莓油是一种很好的化妆品基础油，不仅促进皮肤的水合作用和保持水分，避免表皮水分蒸发，而且加强表皮的脂质屏障，改善皮脂腺，适合应用于一些皮肤病如银屑病和酒糟鼻。葡萄籽油含有大量的 ω-6 脂肪酸，对于干性皮肤能够再生表皮的脂质屏障，防止水分过度丢失；对油性和脂溢性皮肤可改善粉刺和皮脂腺正常化。

4.1.5.3 美白功效化妆品原料

皮肤内的黑色素是影响机体美白程度的重要原因，当皮肤细胞受到紫外线辐射，皮肤细胞就会产生黑色素，黑色素积累、聚集并在皮肤表层沉淀，从而影响皮肤色泽。在黑色素细胞中，酪氨酸经过多种酶的作用和氧化反应最终形成黑色素。美白成分就是通过抑制黑色素形成过程中酶的活性，或通过影响黑色素细胞活性、黑色素代谢等途径减少皮肤中的黑色素。

美白活性成分有不同的安全级别，安全的美白成分用"☆"表示，危险的用"◆"表示，促进皮肤新陈代谢、值得长期信赖的用"○"表示，安全但不宜经年累月使用者以"△"表示。下面介绍常见的一些美白活性成分。

(1) 对苯二酚 ◆

对苯二酚（hydroquinone），也称氢醌，通过抑制黑色素细胞代谢过程而产生可逆性的皮肤褪色，达到显著的皮肤美白效果。但如果大量使用含氢醌的美白化妆品则有可能引发"白斑"现象，并可导致过敏，抑制中枢神经系统或损害肝、皮肤功能。在我国，医药界会使用 2%～5% 的外用药膏来治疗皮肤表层色斑，如用于治疗黄褐斑、雀斑及炎症后色素沉着斑，此类氢醌制剂按处方药管理，必须在医生的指导下使用才能保证安全。但放在以安全护肤为宗旨的化妆品领域来说，化妆品中禁止添加氢醌。所以，对于明显的色斑，应求助皮肤科医师，否则整脸大面积地涂擦此类成分的化妆品，是非常不理智的行为。

(2) 熊果苷及其衍生物 △

熊果苷（arbutin），化学名称为对苯二酚葡萄糖苷，是一种可从沙梨树、虎耳草等植物中提取的化学物质，是一种能抑制酪氨酸酶活性的美白剂。由于熊果苷在不影响细胞增殖的情况下，可以有效减少黑色素的形成，是一种被认为副作用很低的美白剂，曾被称为 21 世纪最佳的美白剂。但熊果苷分两种，一种是 α-熊果苷，另一种 β-熊果苷，β-熊果苷是酪氨酸酶抑制剂，主要阻断多巴及多巴醌的合成，从而遏制黑色素的生长，因而具有皮肤增白作用。后来日本学者发现：作为 β-熊果苷差向异构体的 α-熊果苷抑制酪氨酸酶的强度和安全性大大优于目前正逐渐广泛使用的 β-熊果苷。一些植物萃取物比如熊果莓萃取物、桑白皮提取物、白桑葚提取物、谷桑提取物、小蓝莓叶提取物、蔓越莓叶提取物，还有各种"梨"的提取物都不同程度含有熊果苷，也具有一定的美白功效。熊果苷具有高度的光敏感性，因而产品中往往要添加大量防晒剂，容易对皮肤造成负担，加快皮肤老化。此外，医学研究显示，过高浓度的熊果苷反而会引起皮肤黑素细胞内的黑色素的增加，不适宜长期使用。

苯酚及苯二酚的美白功效及其皮肤刺激性，促使科学家们着手研究其系列衍生物以获得更好的美白效果并同时兼顾安全性。比较知名的成分 4-丁基间苯二酚、4-己基间苯二酚、Sym White 377（苯乙醇间苯二酚）、三菅兰提取物 CL302（二甲氧基甲苯基-4-丙基间苯二酚），都是安全的美白成分。

(3) 曲酸 ☆

曲酸（kojic acid）又叫曲菌酶，化学名为 2-羟甲基-6-羟基-1,4-吡喃酮，产生于曲霉属和青霉属等丝状菌发酵液中，是一种水溶性物质。曲酸对黑色素合成的抑制原理是，曲酸与 Cu^{2+} 结合，阻止了 Cu^{2+} 对酪氨酸酶的活化作用，或曲酸具有与酶争夺作用物质而产生的阻碍作用。曲酸易氧化，具有高度的光敏感性，需夜间使用，日间产品需添加防晒剂，容易对皮肤造成负担，加速皮肤老化。

近年来，含曲酸的美白祛斑化妆品的安全性越来越受到人们的关注。因为其可疑的安全性，日本在 2003 年就已宣布禁止进口和生产含有致癌曲酸的化妆品；在美国，曲酸的使用是属于药品管辖的范围；在中国台湾地区，核准的使用上限是 2%。

(4) 壬二酸 ☆

壬二酸（azelaic acid，AZA）又名杜鹃花酸，是一种天然的有 9 个碳原子的直链饱和二羧酸 [$COOH(CH_2)_7COOH$]，为无色到淡黄色晶体或结晶粉末，微溶于水，较易溶于热水和乙酸。壬二酸是酪氨酸酶的竞争性抑制剂，直接干扰黑色素的生物合成，对活性高的黑色素细胞有抑制作用，但不影响正常黑色素细胞，具有较强的美白效果，是高安全性的美白成分。由于其对乳化体系的不良影响和溶解性等问题，限制了在化妆品中的应用。

(5) 传明酸 △

传明酸（cyklokapron）是一种人工合成的氨基酸，又名氨甲环酸，是一种蛋白酶抑制剂，能深入肌肤底层抑制酪氨酸酶形成，有效抑制黑色素形成，击退麦拉宁色素，彻底瓦解黑色素和斑点，发挥强大的美白效用。传明酸美白因子稳定，不易受温度、环境破坏，具有舒缓肌肤的特性。特别针对晒后的肌肤来说，传明酸不仅可以发挥优质的嫩白效果，同时不刺激肌肤。对于顽固的斑点及黑色素沉淀问题可以全面改善，抑制黑色素形成，发挥净白效果。

(6) 阿魏酸 ○

阿魏酸广泛存在于自然界的植物之中，其化学名称为 4-羟基-甲氧基肉桂酸，是植物中普遍存在的一种酚酸。阿魏酸在植物中主要与低聚糖、多胺、脂类和多糖形成结合体而存在。即阿魏酸钠和阿魏酸酯，这两种衍生物，基本上体现和保持了阿魏酸的生物学特性。报道指出阿魏酸能够抑制或降低黑色素细胞的增殖活性，抑制酪氨酸酶的活性，还具有清除氧自由基和良好的抗氧化作用，具有良好的美白和抗氧化功效。

(7) 泛酸及其衍生物 ☆

泛酸是由泛醇在醇脱氢酶作用下转化而来的。泛酸及其衍生物（维生素 B 族）能抑制酪氨酸酶的活性，有很好的美白效果。这一族维生素和细胞的新陈代谢相关，包含硫胺、核黄素、烟酰胺等，其中烟酰胺，又名维生素 B_3，是维生素家族中的重要一员。烟酰胺可以抑制由黑色素细胞产生的黑色素向皮肤表层细胞的转移，从而达到美白的功效，但需要达到较高的浓度（2% 以上）才有此效果。烟酰胺还能加速细胞新陈代谢，以加快含有黑色素的角质细胞的脱落。由于烟酰胺具有很高的美白安全性同时兼具多种护肤功效，现在被广泛用于各大护肤品品牌。

(8) 甘草黄酮 ○

甘草黄酮（glycyrrhizic flavone）外观为棕黄色半透明液体，是从特定品种的甘草中提取的天然美白剂，它能抑制酪氨酸酶的活性，强于熊果苷、曲酸、维生素 C 和氢醌，还能抑制多巴色素互变酶和 DHICA 氧化酶的活性，具有与 SOD（过氧化物歧化酶）相似的清除氧自由基的能力，同时具有与维生素 E 相近的抗氧自由基能力，是一种快速、高效、绿色的美白祛斑化妆品添加剂，主要用于乳液和膏霜类。

(9) 维生素 C ☆

维生素 C（vitamin C）又名抗坏血酸（ascorbic acid），是一种强还原剂，其美白机理表现在两个方面，一是抑制酪氨酸酶的作用，二是使氧化性黑色素还原为无色的还原性黑色素。但由于维生素 C 在溶解状态下稳定性很低，在美白制剂的制备和存放过程中很容易发生氧化失效，因此近年来其衍生物应运而生，常用的有维生素 C 磷酸酯镁、维生素 C 棕榈酸酯等，主要应用于防皱、抗衰老和增白的护肤化妆品中。

(10) 鞣花酸 ☆

鞣花酸（ellagic acid）是一种天然的多酚二内酯，是没食子酸的二聚衍生物，可以从很多植物像草莓、石榴、天竺葵、尤加利树、绿茶中萃取出来。它的美白效果来自于它强大的抗氧化力，可以有效抑制黑色素生成过程中的氧化步骤；此外，与曲酸一样，鞣花酸也能螯合铜离子，降低、抑制酪氨酸酶的活性，阻断黑色素生成。

(11) 原花青素 ○

原花青素（OPC）具有极强的抗氧化性，但并不是最强的。如果用维生素 E 作为比较，番茄红素清除自由基的能力是维生素 E 的 100 倍，OPC 清除自由基的能力只有维生素 E 的 50 倍，已知最强的抗氧化剂是虾青素，其清除自由基的能力是维生素 E 的 1000 倍。原花青素的广泛使用是因为其较好的水溶性。

(12) 谷胱甘肽 ☆

谷胱甘肽（glutathione）取自植物酶，特别是啤酒酶，是含巯基的氨基酸。硫氢基对酪氨酸酶的活性具有制衡效果，可使黑色素的生成缓慢，达到美白的理想。值得推荐的是，谷胱甘肽本身也是极佳的抗氧化剂，可以捕捉自由基，达到抗老化的作用。

(13) 果酸 △

果酸（AHA，fruit acid）是几种从天然水果中找到的化学物质总称，如甘蔗中的甘醇酸（glycollic acid）、牛奶中的乳酸（lactic acid）、苹果中的苹果酸（malic acid）等均属于果酸，英文统一表示为 AHA。果酸通过去除过度角化的角质层从而刺激新细胞的生长，同时有助于去除脸部细纹，淡化表皮色素，使皮肤变得更柔软、白皙、光滑且富有弹性。

(14) 内皮素拮抗剂 ○

内皮素是角质形成细胞释放的一种细胞分裂素，它会使黑色素细胞增殖，加快黑色素的合成。内皮素拮抗剂（endothelin antagonist）是 20 世纪 90 年代发现的重要的皮肤美白剂。它可以从洋甘菊中提取，也可以用生物发酵法制成。使用内皮素拮抗剂作为美白剂，比其他美白剂在抑制酪氨酸酶及其他活性酶上更高效和快速。

(15) 胎盘素 ○

胎盘素（placenta）取自动物胎盘，含有氨基酸、酶、激素等可以复活细胞机能的珍贵成分，这些成分可以增加组织氧的吸附，加速细胞的有丝分裂，促进新陈代谢，并加强血液循环，改善粗糙老化的皮肤，还可淡化皮肤上的斑点。但是作为动物器官提取物，胎盘素的生物活性较大，也比较敏感，容易失活，需妥善防腐保存。

（16）超氧化物歧化酶（SOD） ○

根据衰老的自由基理论，超氧化物歧化酶能有效减少皮肤自由基的生成，对已生成的自由基进行有效的消除，并能保持皮肤的水分，从而有效减缓皮肤的衰老。SOD 属于金属酶，其性质不仅取决于蛋白质部分，而且取决于结合剂活性部位的金属离子。按照结合的金属离子种类不同，SOD 有 CuZn-SOD、Fe-SOD 和 Mn-SOD 3 种。由于 SOD 容易失活，使用 SOD 时应特别注意到介质的配伍性、pH 值和温度，也可制成脂质体或微胶囊增加其稳定性。

（17）生物制剂类

① 半乳糖酵母样菌发酵产物滤液

半乳糖酵母样菌发酵产物滤液是在一种叫作 saccharomycopsis 的特殊酵母在发酵过程中产生的液体中提取的，内含健康肤质不可或缺的游离氨基酸、矿物质、有机酸、无机酸等自然成分，具有优异的滋润及特殊保湿功能。有研究指出 Pitera 能抑制色素体细胞的增加，并且经由新陈代谢作用，帮助色素排泄，防止皮肤变黑，使日晒后产生黑斑、皱纹及敏感的红热现象迅速恢复，保持肌肤的细致柔嫩，具有美白功效。

② 二裂酵母发酵产物溶孢物

二裂酵母发酵产物溶孢物（bifida ferment lysate）是经双歧杆菌培养、灭活及分解得到的代谢产物、细胞质片段、细胞壁组分及多糖复合体，具有很强的抗免疫抑制活性并能促进 DNA 修复，可有效保护皮肤不受紫外线引起的损伤，用于乳化、水基及水醇体系的护肤、防晒及晒后护理产品，帮助预防表皮及真皮的光老化。二裂酵母发酵产物溶孢物会产生包括维生素 B 族、矿物质、氨基酸等有益护肤的小分子，是一种只用于护肤的优质酵母精华。其可以加强角质层的代谢，还能捕获自由基，抑制脂质的过氧化，具有美白、抗衰老的功能，其中富含的营养物质，有滋养皮肤的功能。

③ 人脂肪细胞培养液提取物

人体脂肪细胞培养液（HAS）提取物是由人体脂肪来源的干细胞的培养液所提出的成分，由 150 种的生长因子所构成，不论是哪种肤质的人都会特别容易吸收，具有美白功效，可以修复受损肌肤。

4.1.5.4 防晒功效化妆品原料

防晒剂即是一类通过反射或吸收作用以防止紫外线伤害皮肤的物质，迄今为止，国际上开发的防晒剂已有 60 余种，但由于在起到防护作用的同时也具有一定的副作用，全球范围内多个国家和国际组织都对防晒成分进行了一些限制。日本允许使用的防晒剂为 34 个，澳大利亚和新西兰为 31 个，欧盟为 39 个，中国 27 个，加拿大 22 个，韩国 21 个，而美国只允许 16 个。按防护作用机理，防晒剂可分为物理紫外线屏蔽剂、化学紫外线吸收剂，还有来源于天然植物的紫外线吸收剂。

（1）物理紫外线屏蔽剂

物理紫外线屏蔽剂通过反射、散射紫外线对皮肤起保护作用的，这类防晒剂主要包括二氧化钛、氧化锌、高岭土、滑石粉等。其中，二氧化钛是被美国 FDA 批准使用的第一类防晒剂，最高配方量可达 25%。物理防晒剂稳定性好，不易发生光毒和光变态反应，但它在皮肤表面形成的白色层影响皮脂腺和汗腺的分泌，同时还具有潜在的毒性，其使用的安全性一直是产品研制中格外需考虑的问题。

（2）化学紫外线吸收剂

化学紫外线吸收剂是一类对紫外线具有较好吸收作用的有机化合物。我国在2015年版《化妆品卫生规范》中列出了25项准许使用的有机防晒剂，并对其使用条件（主要是用量）做出了规定。按吸收紫外线辐射的波段不同，可分为UVA吸收剂（如二苯酮类、邻氨基苯甲酸酯类和二苯甲酰甲烷类等）和UVB吸收剂（如对氨基苯甲酸及其衍生物、水杨酸酯类及其衍生物、肉桂酸酯类和樟脑类衍生物等）。

① 对氨基苯甲酸及其衍生物

对氨基苯甲酸（PABA）及其衍生物能吸收280～300nm波段的紫外线，作为UVB吸收剂使用于防晒化妆品中，是使用最早的一类紫外线吸收剂，但它对皮肤有刺激性。经过改进后出现了它的同系物对二甲氨基苯甲酸类才使得防晒性能有所提高。目前，国内外该类产品主要有对氨基苯甲酸、对氨基苯甲酸甘油酯、对氨基苯甲酸乙氧基乙酯、对二甲氨基苯甲酸戊酯和对氨基苯甲酸丙三醇酯等。美国皮肤癌基金会对以这类防晒剂所制得的防晒产品进行分析发现其可能含有致癌物，这类物质可能是防晒剂吸收紫外线后所得的产物。因此，现已限量使用。

② 邻氨基苯甲酸酯衍生物

这类防晒剂能吸收290～380nm的紫外线，是UVB、UVA吸收剂。其价格低廉，对皮肤也有一定的刺激性。国内外使用较多的是邻氨基苯甲酸薄荷醇酯、邻氨基苯甲酸高薄荷醇酯。

③ 肉桂酸酯类

这类防晒剂能吸收280～310nm的紫外线，是一类UVB吸收剂。这类吸收剂具有极好的紫外线吸收曲线，安全性较高，对油性原料的溶解性很好，得到了较为广泛的应用。目前，化妆品行业中甲氧基肉桂酸辛酯（OMC）是使用最广泛、用量最大的吸收剂，但它的耐晒性和光稳定性不高，容易被光降解。

④ 二苯酮类

这类防晒剂是一类光谱型紫外线吸收剂，对整个紫外波长都有较强的吸收作用。具有很好的热和光稳定性，安全性也较高。是一类使用很广泛的紫外线吸收剂。主要有2-羟基-4-甲氧基苯酮、二甲氧基苯酮等。

⑤ 水杨酸酯类及其衍生物

水杨酸酯是第一个广泛应用于商业制剂的防晒剂，这些物质分子能形成内部氢键，主要吸收UVB（280～320nm紫外线），但效果不如其他防晒剂。由于价格极低，使用安全，对皮肤亲和性好，能很容易添加于化妆品配方中，产品外观好，具有稳定、润滑、水不溶性的特点。但作为防晒剂，其UVB吸收率太低，吸收带宽较窄，容易变色。

⑥ 樟脑类衍生物

樟脑类防晒剂具有储藏稳定、不刺激皮肤、无光致敏性的特点，皮肤对该物质的吸收能力弱，毒性小。代表性成分有4-甲基苄亚基樟脑（4-MBC）、对苯二亚甲基二樟脑磺酸、樟脑苯扎铵甲基硫酸盐和3-亚苄基樟脑（3-BC）等。

⑦ 奥克立林

英文名为octocrylene，系统命名法为2-氰基-3,3-二苯基丙烯酸异辛酯，是较为新型的防晒成分，属于油溶性化学防晒剂，可吸收紫外线中波段在250～360nm的UVA和UVB，通常和其他UV吸收剂联合使用，以达到较高的SPF值（防晒指数），不过奥克立林暴露在阳光下会释放出氧自由基。

⑧ 阿伏苯宗

英文名称 Avobenzone，化学名称为叔丁基甲氧基二苯甲酰甲烷，俗称 1789，是最有代表性的高效 UVA 吸收剂，其紫外吸收波长：320～400nm。添加量一般在 1%～3% 之间，常与 UVB 段紫外线吸收剂（如 OMC 或 MBC）配合使用来达到宽光谱或全效防晒效果。该 UVA 吸收剂是目前唯一被美国 FDA 批准使用的长波紫外线吸收剂，其在防晒化妆品中使用的安全性通过了美国 FDA 长期严格的评估和审查。在生产使用过程中应避免接触重金属和铁离子以及含可释放甲醛的防腐剂等物质。

(3) 天然防晒剂

天然防晒剂主要指从天然植物中提取得到的具有紫外线屏蔽或吸收作用的物质。许多天然动植物（成分）具有吸收紫外线的作用，目前，市面上的天然防晒剂主要包括黄酮类化合物、蒽醌类化合物及其衍生物、多酚类化合物、维生素和甾族化合物类、酶类成分等。

① 黄酮类化合物

黄酮类化合物的结构中具有共轭体系，有较强的紫外吸收能力。其紫外光谱中有两个吸收带，带 Ⅰ（220～280nm）来自黄酮母核苯甲酰基衍生物的电子跃迁，带 Ⅱ（300～400nm）来自桂皮酰基衍生物的电子跃迁。同时，黄酮类化合物具有的酚羟基能与氧自由基反应生成共振稳定的半醌式自由基，从而终止自由基链式反应，保护皮肤免受光损伤。

② 蒽醌类化合物及其衍生物

蒽醌类成分包括蒽醌衍生物及其不同程度的还原产物，如氧化蒽酚、蒽酚、蒽酮及蒽酮的二聚体等。

③ 多酚类化合物

植物多酚是一类广泛存在于植物体内的多元酚化合物，在紫外线光区有较强吸收能力。同时，植物多酚还能抑制酪氨酸酶和过氧化氢酶的活性，具有维护胶原的合成、抑制弹性蛋白酶、保护皮肤等功能。

④ 其他

天然植物中还有些植物成分能在皮肤表面形成膜的屏障，具有屏蔽紫外线的功能，这类物质主要有 γ-亚麻酸、芦荟凝胶等。

4.1.5.5 抗衰老功效化妆品成分原料

衰老是生命进程的自然现象，虽然不可阻挡，但人们可通过一些手段来减缓衰老的步伐，抗衰老化妆品就是这样一类以延缓皮肤衰老为目的的化妆品。此类化妆品可通过以下几类功能性原料达到延缓皮肤衰老的目的。

(1) 具有保湿和修复皮肤屏障功能的原料

皮肤外观健康与否取决于角质层的含水量，同时保湿、滋润与皮肤角化代谢过程相互影响，皮肤的干燥与老化和保湿因子 NMF 的保湿性下降有关，而皮肤干燥、老化反过来又使皮肤的代谢紊乱。大量研究证明，优质的保湿化妆品可以改善皮肤角化代谢过程，使残存于角质细胞中的细胞核消失，从而使角化过程恢复正常。具有保湿和修复皮肤屏障功能的原料主要有甘油、尿囊素、吡咯烷酮羧酸钠、乳酸和乳酸钠、神经酰胺以及透明质酸等。

(2) 促进细胞增殖和代谢能力的原料

这类原料能够促进细胞的分裂增殖，促进细胞新陈代谢，加速表皮细胞的更新速度，延缓皮肤衰老。如细胞生长因子（包括表皮生长因子、成纤维细胞生长因子、角质形成细胞生长因子等）、脱氧核糖核酸（DNA）、维甲酸酯、果酸、海洋肽、羊胚胎素、β-葡聚糖、尿苷及卡巴弹性蛋白、多肽等。

① 细胞生长因子

细胞生长因子是生物活性多肽，包括表皮生长因子（EGF）、成纤维细胞生长因子（FGF）、上皮细胞修复因子（ERF）等，它们都是与存在于靶细胞上的特异受体相结合而发挥作用的。其主要生物学效应有趋化诱导炎症细胞、刺激靶细胞增殖和分化、促使靶细胞合成分泌细胞外基质如胶原等。可见，各种细胞生长因子对皮肤的各种生理表现具有非常重要的作用。

② 果酸

果酸是一类小分子物质，可迅速被吸收，具有较强的保湿作用；同时，作为剥离剂通过渗透至皮肤角质层，使皮肤老化角质层中细胞间的键合力减弱，加速老化细胞剥落。果酸还可促进细胞分化、增殖，通过加速细胞更新速度和促进死亡细胞脱离等方式来达到改善皮肤状态的目的，从而使皮肤光滑、柔软、富有弹性，对皮肤具有除皱、抗衰老的作用。常见果酸类物质的类型有 α-羟基酸（AHAs）和 β-羟基酸（BHA）等。

③ 胎盘素

胎盘素抽取自动物胎盘，含有丰富的维生素、核酸、蛋白质、酶与矿物质等活性物质，能渗透皮肤深层组织，刺激人体组织细胞的分裂和活化，促进老化细胞的分解排出，从而延缓皮肤老化。

④ 胶原蛋白（collagen）及弹性蛋白（elastin）

胶原蛋白及弹性蛋白均是小纤维状蛋白质，由成纤维细胞合成，是构成动物和肌肉的基本蛋白质。可溶性胶原蛋白中含有丰富的脯氨酸、甘氨酸、谷氨酸、丙氨酸、苏氨酸、蛋氨酸等 15 种氨基酸营养物，将其应用于化妆品中易被皮肤吸收，能促进表皮细胞的活力，增加营养，有效消除皮肤细小皱纹。

在抗衰老化妆品中加入弹性蛋白，可补充老化皮肤中的弹性蛋白含量，增加皮肤的柔弹性，润滑角质层，减少皱纹。

⑤ β-葡聚糖（β-1,3-glucan）

β-葡聚糖是葡萄糖组成的多糖体，由酵母细胞壁中取得，具有激活免疫和生物调节器作用。它通过活化巨噬细胞，可产生细胞分裂素以及表皮生长因子，有效增进皮肤免疫系统的防御能力，并提升表皮伤口的修复功能；活化朗格汉斯细胞，可帮助皮肤建构自体防御功能，促进表皮细胞生长因子的产生，加速胶原蛋白及弹力蛋白的再造，高效修护皮肤，减少皮肤皱纹产生，延缓皮肤衰老。

⑥ 维生素 A（retinol）

维生素 A，又名视黄醇。与其结构、功能相似的成分，还有维生素 A 醛。由于在体内能转化为维生素 A 酸，维生素 A 酸可以抑制金属蛋白酶诱导，防止胶原变形，从而预防光老化。外用的 0.05% 全反式维生素 A 酸润肤霜是目前唯一被美国食品和药品管理局批准的可用于光老化治疗的产品。

⑦ 多肽

多肽是 α-氨基酸以肽键连接在一起而形成的化合物，通常由三个或三个以上氨基酸分子脱水缩合而成的化合物都可以叫多肽。多肽能激活成纤维母细胞活性，促进其分泌基质蛋白，补充皮肤流失的胶原蛋白、弹性蛋白和黏多糖。此外也有小分子肽能从不同的靶点作用于乙酰胆碱，影响神经信号传导，从而抑制表情肌收缩，淡化皱纹。

Ⅰ.信号肽　在人皮肤成纤维细胞生长刺激的伤口愈合研究中首次介绍了增加成纤维细胞产生胶原和降低胶原酶活性的信号肽。这些肽外用可改善皱纹、线条老化和光老化。信号肽包括：酪氨酸-酪氨酸-精氨酸-丙氨酸-阿斯巴甜-阿斯巴甜-丙氨酸（TTAAAAA）七肽，缬氨酸-赖氨酸-缬氨酸-丙氨酸-脯氨酸-甘氨酸（VLVAPG）六肽。

Ⅱ.载体肽　载体肽对伤口愈合很有用。铜作为最重要的与载体肽有关的金属，是胶原刺激的重要辅助因子。此外，载体肽增加 MMP-2 和 MMP-2 的 RNA 以及组织抑制剂金属蛋白酶（TIMP）1 和 2 的水平，并且由于这些原因，它们允许真皮组织重塑。三肽甘氨酰-L-组氨酸-L-赖氨酸（glycyl-histidyl-lysine，GHL）用作铜载体的铜肽，作为一种功能化妆品的化学成分，可改善皮肤质地和纹理，并减少细小皱纹和改善色素沉着。

Ⅲ.神经递质调节肽　目前用于功能化妆品的神经递质调节肽的代表物有：乙酰基六肽-3、五胜肽（pentapeptide-3）。它可以抑制神经肌肉接头处的乙酰胆碱释放。在功能化妆品配方中，可以改善皮肤纤维化，促进胶原蛋白、弹性纤维和透明质酸产生，提高肌肤的含水量，增加皮肤厚度以及减少细纹。

（3）抗氧化类原料

衰老与诸多氧化反应密切相关，抗氧化就能抗衰老，所以此类原料在抗衰老化妆品中具有无可取代的作用。常用的抗氧化原料主要有：

① 维生素类

维生素应用于保养品已颇为普遍，主要作为营养理疗成分及抗氧化剂，其中又以脂溶性维生素 A、维生素 D、维生素 E 用的最多。此外辅酶 Q10 又称泛醌（ubiquinone），是一种类维生素物质，作为人体内唯一天然存在的、可再生的脂溶性抗氧化剂，可以直接清除自由基，从而发挥抗衰老作用。

② 抗氧化酶类

抗氧化酶系是细胞膜和细胞器膜上存在的多种特异性的消除自由基的酶系，这些酶能够清除自由基，从而抑制了自由基的脂质过氧化，有效延缓衰老。由于酶的高度专一性，安全性高，其在化妆品上的应用非常广泛。常用于化妆品的抗氧化酶包括超氧化物歧化酶（SOD）、高海藻歧化酶（SPD）、谷胱甘肽过氧化酶（GTP）、木瓜硫基酶等。

③ 黄酮类化合物

如原花青素、茶多酚、黄芩苷等。

④ 蛋白类

如金属硫蛋白（MT）、木瓜硫蛋白及丝胶蛋白等。

（4）防晒原料

日光中的紫外线 UVB（280～320nm）和 UVA（320～400nm）可把皮肤晒出红斑、黑斑及产生过氧化脂质，促进皮肤老化，降低自身免疫力，严重者可引发皮肤癌。减少紫外线的暴露和采用紫外线散射剂或紫外线吸收剂，可减轻因日晒引起的皮肤老化和损伤，所以防晒原料是抗皮肤衰老产品中必不可少的一类（参见防晒功效化妆品原料）。

（5）具有复合作用的天然提取物

许多天然动植物提取物均有很好的抗衰老作用，而且通常是多角度的复合性作用，具有作用温和且持久稳定、适用范围广、安全性高等优势，越来越受到消费者的青睐和认可。尤其是一些中药提取物已经被广泛地用于抗衰老产品中,如人参、黄芪、绞股蓝、鹿茸、灵芝、沙棘、茯苓、当归、珍珠、银杏及月见草等。

(6)抗衰老生物制剂

① 干细胞培养液

干细胞分泌的一些细胞因子如干细胞生长因子等,可促进细胞的增殖和分化,诱导细胞发挥功能。干细胞美容原理是通过输注特定的多种细胞(包括各种干细胞和免疫细胞),激活人体的"自愈功能",对病变的细胞进行补充与调控,激活细胞功能,增加正常细胞的数量,提高细胞的活性,改善细胞的质量,减少和延缓细胞的病变,恢复细胞的正常生理功能,从而达到疾病康复、对抗衰老的目的。

② 细胞溶胞产物提取物或细胞代谢产物

细胞溶胞产物提取物指的是细胞壁被破坏,发生质壁分离,从而将活细胞中的各类营养成分分离出后经过过滤得到的细胞溶胞物;细胞的代谢产物指的是通过选择不同的细胞种类及不同的营养、应激条件,得到不同的细胞滤液提取物,譬如半乳糖酵母样菌发酵产物滤液和二裂酵母细胞溶液提取物等。生物活性代谢物或者其提取产物都并非只是单一的成分,组成元素包括氨基酸、维生素、矿物元素及糖类黏液质,有滋润营养肌肤、调理皮肤新陈代谢等功能。细胞液等细胞提取物在多种活细胞中能增强氧的吸收,例如纤维原细胞和角化细胞,这种能力能帮助皮肤新生并抵抗衰老。此外还可淡化皱纹和修复皮肤。

(7)抗炎症成分

衰老是应激、损伤、感染、免疫反应衰退以及代谢障碍等综合作用积累的结果,人体内炎症因子不断增多,会加速皮肤细胞衰老。

(8)抗糖化成分

糖化指的是体内多余的葡萄糖分子和蛋白质相互作用而产生糖化终产物,这一过程可能会导致皮肤暗黄以及其他多种问题。随着科技的发展,植物黄酮(葛根、银杏等)、水飞蓟素、茶多酚、葡萄籽提取物、阿魏酸等抗糖化成分也越来越多地被使用到化妆品中。

4.1.5.6 祛痘功效化妆品原料

痘痘,又名痤疮,是一种毛囊皮脂腺引起的皮肤病,包含粉刺、丘疹、脓疱、结节、囊肿和瘢痕等不同类型。由于化妆品不是药品,不具有治疗皮肤疾病的作用,只能从控油、收敛、预防炎症性痤疮生成等方面改善皮肤状态,常见的具有上述功效的祛痘类化妆品原料成分如下。

(1)控油化妆品

皮肤出油的最主要原因是皮脂腺,皮脂腺的主要功能就是分泌皮脂,皮脂是一种半流动状态的油性物质,具有润滑皮肤、柔软头发、抵抗细菌的功效。由于皮脂腺分泌与雄性激素、外界环境温度有密切的关系,此外,心理因素、油腻的食物、药物等也都会刺激诱发皮脂的分泌。在护肤品中,具有控油收缩毛孔的常见主要成分有:

① 收缩毛孔成分 酒精、异丙醇、AHA 及衍生物、铝盐、植物萃取物(金盏菊、金缕梅、茶树、白桦树、薰衣草等)。

② 吸油成分 滑石粉、高岭土、皂土、淀粉、高分子聚合物等。

③ 调理油脂分泌成分 酵母萃取物(Asebiol)、维生素 B3、维生素 B6、乙基亚麻油酸、锌盐、铜盐、植物萃取物(南瓜、酪梨、藻类萃取物等)。

④ 消炎成分　甘草萃取物、柳兰萃取物、水杨酸衍生物、甜没药醇等。

⑤ 辅助剂　薄荷、樟脑、桉树油等。

（2）收缩毛孔化妆品

毛孔即毛囊口，是毛囊和皮脂腺的开口，可以进行毛发生长，排泄皮脂腺的分泌物等。一般来说，T字部位（额头、鼻子及鼻翼两侧）是毛孔粗大的重灾区，因为通常在这些区域中的皮脂腺多且分泌旺盛，呈现毛孔粗大的表现。化妆品中具有收缩毛孔功效的成分如下：

① 水杨酸（salicylic acid）

水杨酸可以渗入细胞壁，湿润毛孔壁，松动最表面角质层里角化细胞之间连接的细胞桥粒，水杨酸最大的功能就是调节皮肤表面的 pH 值，让皮肤表面呈现弱酸性，而这种弱酸性可以刺激加速细胞桥粒断裂。它也是一个具有表面活性的分子，能够撬动堵在毛孔里的硬化的皮脂及污垢，使其对毛孔壁的附着力大为降低，从而使代谢较为顺畅。

② 酶（enzyme）

酶的作用具有专一性，有脂质分解酶、角质分解酶及蛋白分解酶等。用在洗脸制品中的酶，主要为角质分解酶，具有辅助皮肤进行角质脱落的清洁功效。

③ 化学性收敛剂（astringent）

作为化学性收敛剂的成分有氯化铝（aluminium chloride）、氯化氢氧化铝、苯酚磺酸锌（zinc phenolsulfonate）及明矾等。这些成分的作用是能暂时凝固皮肤上的角蛋白，使皮脂的分泌受到抑制，是一种暂时性的收敛，长期使用会增加皮肤代谢负担，让肤质恶化。

④ 植物性收敛剂

植物萃取液中，有些具收敛效果的成分也经常被利用。例如金缕梅（witchhazel）、荨麻（nettle）、麝香草（thyme）、马栗树（horsechestnut）、鼠尾草（sage）、绣线菊（meadow-sweet）等。植物萃取成分效果虽慢，但是安全，如果把成分添加入洗面乳配方中，效果不易彰显。

（3）抑制粉刺化妆品

粉刺分为开口粉刺和闭口粉刺两种，即我们常说的"白头"粉刺及"黑头"粉刺，都属于痤疮的早期。一般来说，粉刺不痛不痒不红肿，但不加处理会形成炎性痘痘。

对于白头粉刺，建议采用精简护肤，即停止目前正在使用的护肤品，检查自身是否清洁过度，而后适度保湿。比较顽固的白头粉刺可以使用 4% 烟酰胺辅助。

对于黑头粉刺，由于油脂有敞口，利用油脂软化毛囊，把油脂溶解出来是比较温和的处理方法。霍霍巴油是一个亲肤性和亲水性较好的油脂，这种油脂与表皮的油脂接近但又不会在皮肤表面成膜而封闭。短时间的按摩，能够渗透到毛孔里"松动"被固定住和堵塞住的角栓。但是这种方法见效较慢，需要坚持。

（4）预防炎症型痤疮的成分

炎症型痤疮是痤疮丙酸杆菌（propionibacterium acnes）与表皮葡萄球菌（staphylococcus epidermidis）的大量繁殖导致毛囊受到感染、皮损症状加剧的痤疮表现。在允许使用的化妆品成分中，具有抗炎作用的活性成分有：

① 烟酰胺（维生素 B_3）

烟酰胺是有效改善炎症型痤疮的明星成分，通过支持皮肤水油平衡，提高皮肤免疫力，抵御细菌，与一种活性成分结合能像抗生素一样有效治疗顽固粉刺；在囊性痤疮疤痕中，减轻肿胀和吸收皮脂分泌物；能在不过度干燥的地方消除现有痤疮，并在痤疮愈合过程中降低细菌感染的风险并能淡化疤痕和减少康复期间的刺激程度。

② 芦荟

芦荟具有良好的抗菌及消炎作用，其中的芦荟酊（aloetin）成分能杀灭真菌、霉菌、细菌、病毒等病菌，抑制和消灭病原体的发育繁殖。芦荟的缓激肽酶与血管紧张来联合可抵抗炎症。尤其是芦荟的多糖类可增强人体对疾病的抵抗力。

③ 过氧化苯甲酰（BPO）

BPO 是过氧化物，而造成痘痘的痤疮丙酸杆菌是厌氧菌，BPO 可通过氧化作用杀菌。用过氧化苯甲酰治疗的患者表现出脂质和游离脂肪酸降低和轻度脱屑（干燥和脱皮）作用，同时粉刺和痤疮皮损减少。

④ 杜鹃花酸（azelaic acid）

杜鹃花酸又名壬二酸，在水里面溶解性较差，对于油的亲和性较好，壬二酸对于皮肤表面导致感染的两种常见细菌，痤疮丙酸杆菌与表皮葡萄球菌，都能产生抗菌效果。主要是通过抑制细菌合成蛋白质的机制来达到目的。除了能够杀菌之外，杜鹃花酸和水杨酸一样，能够减少角质细胞角化异常——不让毛孔附近的皮肤表层细胞脱落，即控制毛囊的过度角化，也能部分溶解粉刺，降低粉刺的生成。还可以抑制细胞氧化代谢并清除自由基，达到抗炎效果和抑制黑色素的生成，减少痘印出现的可能。

⑤ 维生素 C（ascorbic acid）

维生素 C 又名抗坏血酸，是一种强还原剂，通过抑制络氨酸的氧化，减少黑色素生成，起到美白淡痕的效果。

⑥ 果酸

痤疮的形成原因之一是毛囊漏斗部角质形成细胞粘连性增加，角化物堆积造成毛囊口堵塞，致使皮脂腺不能通畅地排泄皮脂，外用果酸制剂不仅可使角质层粘连性减弱，使毛囊漏斗部引流通畅，加速痤疮炎性病灶的缓解，还可以淡化痘疤，有较好的祛除痘痕的效果。

4.1.5.7 抗过敏功效化妆品成分

化妆品用的镇定安抚成分主要分两部分：一是针对受伤发炎的皮肤，进行消炎镇痛，成分有甘菊蓝（azulene）、甜没药（bisabolol）、尿囊素（allantoin）、甘草萃取液（licorice extract）、甘草酸（glycyrrhizic acid）等；另一部分则是以植物萃取液为主，具辅助护理的效果，选择从植物中提取的天然成分，降低可能引发的刺激性，例如芦荟、甘菊、金缕梅等。化妆品中常用的镇定安抚成分，

(1) 甘菊蓝

甘菊蓝的别名为蓝香油烃，是从母菊及欧蓍草香精油中提炼而得的，为蓝色的油溶性液体，为抗敏化妆品中常用的天然抗炎成分，对伤口具有消炎作用。但作用慢，若皮肤处于受损状态，效果无法即时发挥出来，也具有缓和的效用，对于敏感或起红疹的皮肤可给予舒缓的功效。从安全性角度，甘菊蓝作为低敏性保养成分，是极为安全的。

(2) 甜没药

甜没药萃取自洋甘菊，又名没药醇，为油溶性成分。具有抗菌性，与甘菊蓝同样具有抗过敏、抗炎的功效，也常搭配使用在保养品中。

(3) 尿囊素

尿囊素为微溶于水的白色粉体，经常搭配在化妆水中，作为抗敏成分。现今多以合成配

方制得。具有激发细胞健康生长的功能，对于起红斑现象等皮肤伤害，具有促进伤口愈合的功效。

一般的保养品中也常加入尿囊素，以供皮肤受损时的不时之需。特别是一些具有刺激性的制品，像是含有果酸、维生素 A 酸的制品，或一些消炎镇静的晒后舒缓制品，都会加入尿囊素。尿囊素的添加量限制在 0.1%~0.2%，加多了对皮肤会有收敛作用，反而产生刺激反应。

（4）洋甘菊（chamomile）

洋甘菊中含有甘菊蓝及甜没药，具有优良的抗刺激效果，为目前低敏性制品及婴儿用保养品最常选择添加的成分。

（5）甘草萃取液、甘草酸

目前应用于化妆品中的甘草萃取有两类，一种为直接以蒸汽蒸馏的方式萃取得的甘草萃取液；另一种则为提取甘草成分中具抗炎疗效的甘草酸。当然后者的效用会比萃取液更为明确，价格上也昂贵许多。

应用上，甘草萃取液添加在清洁类制品中，而甘草酸则加在保养品中。甘草酸除了有很强的抗炎作用之外，在临床上还发现其具有美白功效。在安全性上，自然优于其他化学成分的美白剂。

（6）β-葡聚糖（β-1,3-glucan，CM-glucan）

β-葡聚糖是强化免疫能力的抗敏成分。因为皮肤的过敏反应，有部分因素是由于皮肤自身的防卫系统产生了漏洞。扮演皮肤防卫工作的主要是朗格汉斯细胞（Langerhans cell），存在于皮肤的表皮层。平时执行驱动免疫反应的工作，以抵御外来的刺激。朗格汉斯细胞会随着年龄的增加逐渐减少并失去活力，皮肤就开始容易受到外界环境的侵害。因此，新的抗敏理念是活化朗格汉斯细胞，继而强化皮肤免疫系统、健全防御功能，使皮肤恢复健康，脱离过敏窠臼。

glucan 是由酵母细胞壁中纯化而得的水溶性成分，glucan 具有保护并活化朗格汉斯细胞的功效，可活化皮肤自身的免疫系统，保护皮肤免于感染，并有帮助受损皮肤复原的作用。是目前极被看好的高级护肤成分。

此外，glucan 可增加胶原蛋白的合成，激发弹性纤维增生，刺激细胞自身产生保护作用。

（7）神经酰胺（ceramide）

神经酰胺是角质细胞彼此维系的重要成分。属于脂溶性物质，占表皮脂质的 40%~65%，一般通称为细胞间脂质。细胞间脂质是皮肤抵御外界环境重要的屏障。若含量不足或过度流失，皮肤就很容易遭受外来环境侵害，造成过敏现象。随着年龄增长，皮肤自然老化，皮肤制造细胞间脂质的功能衰退，使皮肤无法建构健全的防御系统。此外，使用过强去脂力的清洁剂、碱性清洁剂、强效卸妆水等清洁产品，也会造成细胞间脂质的流失。将神经酰胺调制成乳剂，直接涂敷于皮肤表面，可以补充表皮流失的脂质，从而可以强化皮肤抗过敏、抗刺激的能力。

（8）棕榈酰基胶原蛋白酸（palmitoyl collagen amino acid）

棕榈酰基胶原蛋白酸的商品名为 Lipacide PCO，为油溶性氨基酸的衍生物，构造则与皮肤角质层的脂蛋白类似。可维持表皮稳定的酸碱值，保持皮肤水分，保护过敏皮肤。Lipacide PCO 具有抗发炎的功效，以 10% 的乳霜作抗发炎测试，其效果相当于纯质的消炎痛（indomethacin）。因为具有抗发炎的功效，所以可以缓和发炎及化脓性面疱的症状。

4.1.5.8　去屑功效化妆品成分

去头屑剂是指具有抑菌功能，从而减少或去除头屑的化妆品原料。头皮屑的产生是由于微生物大量繁殖引起头皮瘙痒，加速表皮细胞的异常增殖引起的。抑制细胞角化速度可降低表皮新陈代谢的速度，因此抑制细胞角化速度和杀菌是防治头屑的主要途径。去屑剂对皮肤有一定的刺激性，属于限用物质。理想的去屑剂要求安全、无刺激，与其他化妆品原料的配伍性好。

以前常用的去屑剂有硫黄精粉、水杨酸、十一烯酸锌、煤焦油、硫黄、吡啶硫酮锌（ZPT）、吡啶酮乙醇胺盐（OCT）和甘宝素等。

近些年又相继开发出多种新型去头屑药物制剂原料，如三氯生、α-羟酸、β-羟酸和酮康唑等，然而多数生产厂商使用的去屑剂仍是甘宝素和 ZPT。酮康唑有强大的抑制头皮真菌的效果，但其抗生素的本质决定了其只能用于特殊产品中，不适用于普通洗发水。

天然植物去屑成分的原料是从黄芩、黄连、蛇床子、白藓皮、百部、蒲公英、仙鹤草和苦参等天然植物经萃取、提纯和复配而成的。这些植物提取物的主要功效是抑制和杀灭马拉色菌，因为这是引起头屑的主要原因，它们具有很强的杀菌能力，实验证实效果明显，无刺激性、无过敏性和无毒性，在去屑产品应用中越来越广泛。

4.2　化妆品配方及工艺

化妆品配方科学与工艺技术是研究如何将化妆品原料混合在一起，通过基质原料发挥产品的主要功效，通过辅助原料使化妆品成型、稳定、赋色和赋香，形成有机整体的科学技术。根据生产工艺和形态的不同，化妆品可分为液态类、半固态类、固态类、膏霜乳液类、气雾剂类、有机溶剂类、蜡基类、其他类八大类。而根据产品的作用目的，产品又可以分为护肤类、发用类、彩妆类和芳香类产品。以下我们将以护肤液态类、护肤乳霜类、彩妆类和面膜类化妆品为例，从产品性能特点、分类、配方结构及工艺设计原则等方面系统介绍。

4.2.1　护肤液态类化妆品

液态化妆品主要是指非乳化液态产品，包括护肤水剂和油剂。

4.2.1.1　护肤水剂产品

（1）概述及分类

化妆水是一种黏度低、流动性好的液体化妆品，大部分有透明的外观，具有保湿、滋润、柔软、清洁、调整面部水分和油分、平衡皮肤 pH 值等作用。使用时一般是清洗干净面部皮肤后涂在面部，给皮肤补充水分，调节皮肤油水平衡等。与膏霜相比，化妆水更清爽，不会在皮肤上形成油性薄膜。

化妆水种类繁多，其使用目的和功能各不相同。根据不同的分类方法，有不同类型的化妆水。

① 根据产品功效的不同，化妆水一般分为清洁化妆水、柔软化妆水和收敛化妆水等。

清洁化妆水又称洁肤水，是用于清洁皮肤和卸除淡妆的化妆水。清洁化妆水的清洁能力比洗面奶和卸妆油弱，其主要原料有溶剂、保湿剂及表面活性剂等，能补充肌肤的水分。

柔软化妆水又称柔肤水，是能给皮肤角质层适度补充水分，软化角质层，使皮肤保持柔软、光滑、润湿的化妆品，还能增加肌肤吸收护肤品的能力。柔软化妆水适合大部分中性及干性皮肤使用，一般偏向弱碱性。

收敛化妆水又称收敛水、收缩水。其主要作用是使皮肤上的毛孔和汗孔做暂时的收缩，还可以有效平衡油脂分泌，适合于油性皮肤使用。收敛化妆水的主要原料是溶剂、收敛剂及保湿剂等，一般含有酒精成分。

② 按其外观形态，可分为透明型、乳化型和多层型三种。透明型体系中，香料和油溶性成分呈胶束溶解，是最普遍的化妆水形式。乳化型含<150nm 的粒子颗粒，含油量多润肤效果好，又称为乳白润肤水。多层型化妆水中，油分、保湿剂、水等分层，使用时摇匀，其性质处于化妆水和乳液之间。

(2) 配方结构

化妆水在配方设计时应注意保湿效果好，成分安全，无刺激。化妆水的基本功能是保湿，因此其最基本的原料是水、醇类和保湿剂；但为了赋予产品良好的性能及合格的产品体系，其成分还包括润肤剂、加增剂、流变调节剂、香精和香料、防腐剂和其他活性成分。化妆水的主要配方组成见表 4-1。

表 4-1 化妆水的主要配方组成

成分	主要功能	代表性原料	添加量/%
精制水	补充角质层的水分、溶解成分	去离子水	30～70
醇类	清凉感、杀菌、溶解其他成分、加溶	乙醇、异丙醇	0～30
保湿剂	角质层的保湿、改善使用感、溶解某些成分	甘油、丙二醇、二聚丙二醇、1,3-丁二醇聚乙二醇、多元醇、吡咯烷酮羧酸钠、多糖、低分子量水解胶原蛋白和氨基酸、脱乙酰壳多糖、乳酸及其复配物	0～15
润肤剂（柔软剂）	滋润皮肤、保湿软化皮肤、改善使用感	低碳(C_4以下)脂肪酸、支链酯类、支链脂肪醇低碳(C_8以下)甘油三酸酯、精炼 PEG-天然油、二甲基硅氧烷	适量
加增剂	油溶性原料加溶	HLB 值高的表面活性剂，如油醇醚-20、$C_{16\sim18}$醇醚-25、PEG-40 蓖麻油、壬基酚醚-10	0～2.5
流变性和黏度调节剂	提高稳定性、改善使用感、保湿性	各种水溶性聚合物，如汉生胶、榅桲籽胶、果胶/黄蓍胶、海藻酸盐、羟乙基纤维素、羟丙基纤维素、丙烯酸系聚合物(如 Carbopol 941)、硅酸铝镁(Veegum)、硅酸镁钠(Laponite)	0～2
香料和香精	加香	香叶醇、芳樟醇、合成香精	适量
防腐剂	提高微生物稳定性	对羟基苯甲酸甲酯和对羟基苯甲酸丙酯、咪唑烷基脲、顺式氯烯金刚烷、二甲氧基二甲基乙内酰脲	适量

(3) 生产工艺

化妆水的制法较简单，一般采用间歇制备法。具体是：将水溶性的物质（如保湿剂、缓冲剂等）溶于水中，将营养剂（油、脂等）以及防腐剂、香精等油溶性成分和增溶剂等溶于乙醇中（若配方中无乙醇，则可将非水相成分适当加热熔化，加水混合增溶），在不断搅拌下，将醇溶成分加入水相混合体系中，在室温下混合、增溶，使其完全溶解，然后加入色素调色，缓冲剂调节体系 pH 值，为了防止温度变化引起溶解度较低的组分沉淀析出，过滤前尽量经−5～10℃冷冻，平衡一段时间后（若组分溶解度较大，则不必冷却操作），过滤后即可得到清澈透明、耐温度变化的化妆水，如图 4-3 所示。

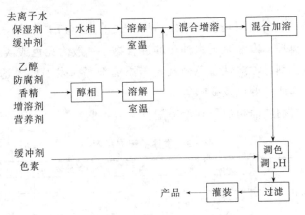

图 4-3　化妆水生产流程图

化妆水配方中，水的含量很高，需避免微生物的污染并要选用适宜的防腐剂，对水质的要求也相对较高。由于化妆水的制备一般使用离子交换水，离子交换水已除去活性氯，较易被细菌污染，为此，制备化妆水时水的灭菌工序必不可少。灭菌的有效方法有：加热法、超精密过滤法、紫外线照射法。对化妆水，多数不采用加热工序，通常合用后两种方法。在化妆水生产过程中，搅拌混合环节很重要，须控制好混合速度，否则产品易出现沉淀。

4.2.1.2　护肤油类产品

(1) 概述及分类

护肤油类化妆品是一种纯油基体系，按照产品的使用目的和功能，可以分为护肤油、发油、指甲油和卸妆油等类型。

(2) 护肤油

护肤油的配方主要由基础油脂体系、功效体系和抗氧化体系三部分组成。基础油脂体系赋予产品的使用感，主要原料为合成油脂、植物油及矿物油，往往用两种或更多种的油脂复合使用，以增加产品的润滑性和黏附性。植物油能被头发吸收，但润滑性不如矿物油，且易酸败。常用的植物油有蓖麻油、橄榄油、花生油、杏仁油等。矿物油有良好的润滑性，不易酸败和变味，但不能被头发吸收。常用的矿物油有白油、凡士林等。还可加入羊毛脂衍生物以及一些脂肪酸酯类等与植物油和矿物油完全相溶的原料，以改善油品性质、抗酸败和增加吸收性。此外，加入抗氧化剂，如维生素 E、BHT 等以防止酸败，以及少量的油溶性香精和色素。

护肤油的基本功能是补充油脂，由纯油性原料混合而成，配方结构比较简单，护肤油的主要配方组成见表 4-2。

表 4-2　护肤油的主要配方组成

成分	主要功能	代表性原料
基础油	作为精油的基质原料,辅助赋脂作用	辛酸/癸酸三甘油酯
植物油脂	补充油脂、延缓衰老	甜杏仁油、小麦胚芽油、
天然精油	舒缓、助睡眠、祛痘	薰衣草精油、茶树油
抗氧化剂	避免油脂氧化变质	维生素 E 醋酸酯、2,6-二叔丁基-4-甲基苯酚(BHT)

护肤油配方在开发过程中，应遵循无人工香精、不含化学色素、不含酒精、不含化学性防晒剂及羊毛脂等引起过敏的化学成分等原则。配制过程通常在常温下，令全部油脂原料混合溶解，加入辅助成分，待全部原料溶解后，静置储存，经过滤即得。

（3）发油

发油又称为头油，主要作用是恢复洗发后所失去的光泽和柔软性，并防止头发和头皮过分干燥，使发丝易于梳理。发油是无水油类的混合物，一般为无色或淡黄色透明液体。其主要原料有油脂、抗氧化剂、油溶性着色剂及营养添加剂等。发油要求透明、清晰、无异味。常见质量问题是出现浑浊、变色及变味等。

发油的生产工艺与护肤油相似，其参考配方见表 4-3。

表 4-3　发油的配方举例

发油配方	质量分数/%				
	1	2	3	4	5
白油	80.0	20.0		38.5	80.0
蓖麻油		60.0	70.0	38.5	10.0
花生油			20.0		
杏仁油		20.0	10.0	10.0	10.0
乙酰化羊毛脂	20.0			10.0	
肉豆蔻酸异丙酯				7.0	
香精、抗氧剂、色素	适量	适量	适量	适量	适量

（4）卸妆油

卸妆油是一类全油性组分混合而制成的产品，它是用来去除皮肤上油溶性彩妆化妆品的，其作用原理主要是"以油溶油"。卸妆油主要原料有矿油、棕榈酸异丙酯等轻油，以及非离子表面活性剂、抗氧化剂等。常见质量问题是出现浑浊、沉淀、变色及变味等。其参考配方见表 4-4。

表 4-4　卸妆油的参考配方

组相	原料名称	质量分数/%
A 相	甘油	10
	水	30
	氯化钠	10
	防腐剂	适量
	色素	适量
B 相	PEG-7 椰油酸甘油酯	5
	矿物油	45
	防腐剂	适量

卸妆油的生产工艺比较简单，主要是将 A 相的香料色素等与 B 相的油性原料加热混合即可，其生产工艺流程如图 4-4 所示，最重要的步骤在于过滤，使产品保持透明。

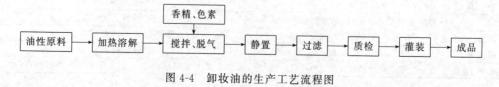

图 4-4　卸妆油的生产工艺流程图

4.2.2 护肤乳霜类化妆品

4.2.2.1 凝胶

(1) 产品性能特点与分类

凝胶，又称冻胶，其内部结构可以看作是胶体质点或高聚物分子相互连接，搭构起类似骨架的空间网状结构。当外界温度改变（或加入非溶剂）时，溶胶或高分子溶液中的大分子溶解度减小，分子彼此靠近，而大分子链很长，在彼此接近时，一个大分子与另一个大分子间同时在多处结合，形成空间网络结构。在这个网状结构的孔隙中填满了分散介质（水、油等液体或气体），且介质在体系内不能自由移动，形成凝胶体系。

从透明度上分，凝胶可分为透明型及半透明型；从外观上分，可分为胶冻状、稠厚可倾倒的凝胶状和软固态棒状。根据使用目的和功能，可以分为护肤凝胶、定型凝胶、啫喱面膜等。

(2) 护肤凝胶

护肤凝胶，也称护肤啫喱，呈透明凝胶状，是介于化妆水与乳霜之间的一类产品，其配方结构类似于化妆水，但使用性能上又类似于乳霜，比乳霜肤感清爽。

护肤凝胶的基本功能是保湿，一般含有较多的水分，可以补充并保持皮肤水分。此外，通过添加活性原料可以赋予产品润肤、营养、祛斑、延缓衰老等作用。各种护肤凝胶的目的和功能不同，所用的成分及其用量的平衡也有差异。它的主要成分是保湿剂、增溶剂、防腐剂、香精和水，增溶剂可以是短碳链醇类或者表面活性剂。制备时一般不需经过乳化，其配方组成见表4-5。

表 4-5 水或水-醇型护肤凝胶的主要配方组成

组成	主要功能	代表性原料	添加量/%
去离子水	溶解作用,提供角质层水分	去离子水	60～90
醇类	消凉、杀菌,溶解其他成分	乙醇、异丙醇	0～30
保湿剂	皮肤角质层的保湿,改善使用感,溶解作用	甘油、丙二醇、1,3-丁二醇、聚乙二醇、山梨醇、糖类、氨基酸、吡咯烷酮羧酸钠	3～10
润肤剂	润湿、保湿,改善使用感	乙氧基化酯类和精制天然油类	适量
加溶剂	使香精和酯类加溶	HLB 值高的表面活性剂,如 PEC40 蓖麻油、壬基酚醚(10)、油醇醚(20)	0.5～2.5
胶凝剂	形成凝胶保湿,使产品稳定	水溶性聚合物,如聚丙烯酸树脂(Car-bopol 系列)、羟乙基纤维素	0.3～2
防腐剂	抑制微生物生长	对羟基苯甲酸甲酯和对羟基苯甲酸丙酯、咪唑烷基脲、苯氧基乙醇	适量
香精	赋香	各种香精	适量
其他活性成分	紧缩、杀菌、营养	收敛剂、杀菌剂、营养剂	适量

护肤凝胶的生产工艺流程如图 4-5 所示。

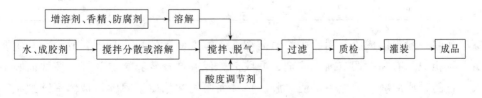

图 4-5 护肤凝胶的生产工艺流程

其中，成胶剂一般为卡波姆树脂，须分散均匀，否则达不到预期的黏度。香精等水不溶物与增溶剂要事先溶解好，再加入水中，否则透明度降低。

(3) 定型凝胶

定型凝胶也称啫喱膏、发用啫喱，外观为透明的非流动性或半流动性凝胶体。使用时，直接涂抹在湿发或干发上，可在头发上形成一层透明胶膜，使用后直接梳理成型或用电吹风辅助梳理成型，具有一定的定型固发作用，还可使头发湿润、有光泽。

定型凝胶的主要原料有水、成胶剂、定型剂、中和剂、调理剂等。理想的定型凝胶外观透明，黏度稳定，易于均匀涂抹在湿发或干发表面，形成的薄膜不黏，使头发易于梳理，并保持自然清爽的定型效果。定型凝胶的常见质量问题是透明度变差或出现白色沉淀、变色变味等。

定型凝胶的生产工艺与护肤凝胶相似。

(4) 啫喱面膜

啫喱面膜是一种含有营养剂，涂敷于面部皮肤，可形成薄膜物质的化妆品。啫喱面膜可起到清洁皮肤、保养皮肤以及美容作用。根据使用后能否成膜，啫喱面膜一般分为剥离面膜和擦洗面膜等。

剥离面膜一般为膏状或透明凝胶状，使用时涂抹在面部，10～20min水分蒸发后，逐渐形成一层薄膜，揭下整个面膜时，皮肤上的污垢、皮屑黏附在薄膜上而被清除。剥离面膜使用简便，是面膜中重要的一种。剥离面膜的主要原料有溶剂、成膜剂、粉类原料、保湿剂及营养添加剂等，见表4-6。剥离面膜的常见质量问题是成膜时间过快或过慢，膏体变粗变硬、变色变味等。在剥离面膜的生产过程中，搅拌环节很重要，控制不当会造成粉质原料结块，膏体不细腻。

表 4-6　剥离面膜参考配方

剥离面膜配方	质量分数/%	
	凝胶状	膏状
聚乙烯醇	10.0	15.0
聚乙烯吡咯烷酮		5.0
Carbopol 941	0.5	
Sepigel 305		1.0
钛白粉		2.0
氧化锌		2.0
丙二醇	5.0	
乙醇	20.0	
三异丙醇胺	0.6	
1,3-丁二醇		5.0
水解蛋白	5.0	
防腐剂	适量	适量
香精	适量	适量
去离子水	58.9	70.0

擦洗面膜一般不能成膜，用后去除时需擦洗。擦洗面膜的特点是不含成膜剂，主要原料与透明凝胶相似，有黏度调节剂、溶剂、润肤剂、保湿剂及营养添加剂等。擦洗面膜中也可以加入大量的粉质原料，做成不透明凝胶。擦洗面膜的常见质量问题是膏体不够细腻、有杂质、变味等。擦洗面膜的生产工艺与剥离面膜相似。

（5）凝胶配方工艺关键技术

① 胶凝剂的选择

高分子物质的分子形状的不对称是产生凝胶的内在原因，胶凝剂的实质主要为水溶性高分子化合物，胶凝剂的选择及其与配方中其他成分的配伍是配方设计成功的关键，胶凝剂的离子特性不同，有阴离子型、阳离子型和两性型，如果与其他原料配伍不当，会使产品慢慢出现浑浊，或立即沉淀和凝聚等。

② 透明度的实现

大多数凝胶类化妆品是以水溶性聚合物为基质的体系，有时为了增加透明度可含乙醇，也可以通过增溶原理，使体系增稠，或采用增稠理论，增加体系的黏度，选择透明型的胶凝剂等，才可达到透明。

③ 油脂的添加

护肤凝胶配方结构类似于化妆水，但其应用性能需要添加油脂赋予产品滋润性，为适应这种没有流动性的剂型，可以选择添加水溶性油脂，也可以借助表面活性剂的增溶作用，添加油溶性油脂，形成微乳凝胶（microemulsion gel），在这类凝胶中，表面活性剂浓度很高，具有表面活性剂缔合结构，或黏液晶结构。表面活性剂缔合结构存在高黏度，这种表面活性剂缔合结构可使油类在水相中稳定地分散，并使其成为透明或半透明溶液，油的含量可高达约 30%。

4.2.2.2 护肤乳霜

（1）产品性能结构特点和分类

皮肤的护理既需要保湿也需要赋脂，将油脂与水混合形成一个产品体系，通过乳化形成了乳霜。乳霜是护理类化妆品的主要单品体系，是大多数功效性化妆品的基质，其基本的护理作用是赋脂、保湿，在添加特殊功效性原料后，具备了相应的功效性。因此，乳霜是非常重要的化妆品护理产品，也是最重要的基础体系。

乳霜类产品的使用性能包括：给皮肤补充适当的油脂；有较好的保湿性能，防止皮肤开裂；对皮肤无刺激性，可安全使用；有较好的铺展性及渗透性；各种营养添加剂能有效地渗透入角质层，长期重复使用不过敏；产品在使用中和使用后具有悦人的肤感及香气。

乳霜类产品按照产品的流动性，分为露、乳、霜；按使用部位可以分为面乳/霜、手乳/霜、体乳/霜、眼乳/霜等；按照产品的功效性可以分为保湿霜、滋润霜、祛斑霜、抗皱霜、防晒霜等；按乳化体系的类型可以分为 O/W 型或 W/O 型。

（2）产品配方与工艺

护肤膏霜、乳液属乳化体系，主要包括去离子水、油脂、乳化剂、增稠悬浮稳定剂、肤感调节剂、防腐剂、香精、抗氧化剂、螯合剂、缓冲剂及其他功能性组分，各组分的主要功能及代表性原料见表 4-7。

表 4-7 护肤膏霜/乳液的主要配方组成

成分		主要功能	代表性原料
去离子水＋水性原料			水，甘油，丙二醇，透明质酸
油脂	动植物油脂	赋予皮肤柔软性、滋润性、光滑性	乳木果油，白矿油
	合成油脂		合成角鲨烷
乳化剂	W/O 型乳化剂（HLB 值 3～6）	乳化	司盘系列
	O/W 型乳化剂（HLB 值 8～18）	乳化	吐温系列

成分	主要功能	代表性原料
增稠悬浮稳定剂	稳定配方,提供黏度	硅酸镁铝/鲸蜡醇/纤维素
功能性成分	保湿,抗皱,美白等	甜菜碱,肽,胶原蛋白,中药提取物
肤感调节剂	改善肤感,柔焦感,控油	微球体
防腐剂,香精	抑菌,抵抗微生物,赋香剂	苯氧乙醇,双咪唑烷基脲
抗氧化剂	防止产品氧化引起的酸败、变色问题	丁化羟基甲苯;维生素 E
螯合剂	使金属离子螯合,防止产品变色、褪色,帮助稳定配方	EDTA-2Na
缓冲剂	调节产品 pH 值(平衡皮肤的 pH 值)	乳酸-乳酸钠

护肤乳霜按照膏体的流动性可以分为乳液、膏霜。乳液一般具有良好的流动性,而膏霜不具备流动性。在配方设计过程中需要通过乳化剂类型的选择、油脂的类型及加入量、流变调节剂的类型,分别形成乳、霜体系。

① 护肤乳液

护肤乳液一般选择以液态油脂为主,复配少量的固态油脂,油脂的加入量一般在 10%~20%,流变调节剂一般选择增稠性能不强的型号,滋润乳液配方见表 4-8。

表 4-8　乳液的主要配方组成

组相	原料名称	质量分数/%
A 相	氢化聚癸烯	3.00
	辛酸癸酸三甘油酯	4.00
	二甲基硅油	3.00
	鲸蜡醇	1.20
	山嵛醇	0.50
	异十三醇异壬酸酯	4.00
B 相	水	加至 100
	卡波姆	0.12
	黄原胶	0.05
	甘油	3.00
	丁二醇	3.00
	甘油硬脂酸(SE)	1.00
	山嵛醇聚醚-20	1.50
	乙二胺四乙酸二钠	0.03
C 相	1% NaOH 水溶液	6.00
D 相	防腐剂	适量
	香精	适量

制备工艺:A 相各组分混合均匀并加热至 80 ℃;将 B 相中卡波姆与黄原胶分散在水中,充分搅拌分散均匀,加热至 80 ℃;依次加入 B 相剩余组分,搅拌分散至体系均一;均质 B 相,缓慢加入 A 相,均质 5 min,至体系均一;在搅拌的同时,降温至 40 ℃,加入 C 相及 D 相,搅拌均匀。

② 护肤膏霜

护肤膏霜总油脂量一般高于乳液,在油脂的复配过程中更宽泛,相比较乳液体系,会适当增加体系的固态油脂含量,以更容易提升体系的黏度,以及在使用过程中的成膜性,护肤膏霜配方见表 4-9。

表 4-9 护肤膏霜配方

组相	原料名称	质量分数/%
A 相	辛酸癸酸三甘油酯	5.00
	合成角鲨烷	4.00
	甘油硬脂酸酯和 PEG-100 硬脂酸酯	2.50
	单甘酯	0.50
	棕榈酸异丙酯	5.00
	二甲基硅油(100cs)	3.00
	鲸蜡硬脂醇	1.50
	乳木果油	1.00
B 相	丙二醇	4.00
	甘油	3.00
	卡波 940	0.30
	透明质酸钠	0.03
	聚丙烯酰胺和 $C_{13\sim14}$ 异链烷烃月桂醇聚醚-7	0.50
	水	至 100
C 相	氨甲基丙醇	0.15
D 相	香精	适量
	防腐剂	适量

制备工艺：分别将 A 相中各组分加入容器 A 中，加热到 80℃；同时将 B 相中各组分加入容器 B 中，加热到 90℃（透明质酸钠和卡波 940 用甘油和丙二醇预分散）；在搅拌 B 相的同时，将 A 相加入，预乳化 5min，然后均质 3min；在搅拌的同时，将 C 相组分加入；搅拌降温冷却，待产品冷却到 45℃后，加入 D 相各组分，均质 2min；继续搅拌冷却，降到室温即可。

（3）设计原则

一般来说，所设计的护肤膏霜和乳液产品的膏体有如下特性：

① 外观洁白美观，或带浅的天然色调，富有光泽，质地油腻；

② 手感良好，体质均匀，黏度合适，膏霜易于倒出，乳液易于倾出或挤出；

③ 易于在皮肤上铺展和分散，肤感润滑；

④ 涂抹在皮肤上具有亲和性，易于均匀分散；

⑤ 使用后能保持一段时间持续湿润，而无黏腻感。

乳状液类化妆品的特性与所选用的原料和配方结构有关，其中最重要的是乳状液的类型、两相的比例、油相的组分、水相的组分和乳化剂的选择。

（4）乳状液类型

各种润肤物质为油性脂质成分，在乳状液中既可作为分散相，也可作为连续相。润肤的效果很大程度上取决于乳状液的类型和载体的性质。将 O/W 型乳状液涂敷于皮肤上则连续的水相快速蒸发，水分的减少会不同程度产生冷的感觉。分散的油相开始并不封闭，对皮肤的水分挥发并无阻碍，随着水分的挥发，分散的油相开始形成连续的薄膜，乳状液中油相的性质直接影响着封闭的性能。O/W 型乳状液的主要优点在于皮肤上有比较清爽的感觉，少油腻。

在皮肤上敷上 W/O 型乳状液，油相能和皮肤直接接触，且乳状液内的水分挥发较慢，所以对皮肤不会产生冷的感觉。W/O 型乳状液具备一定的防水性能，适合制备婴儿护臀膏、粉底液、BB 霜、防晒霜等剂型。W/O 型乳状液也适合北方寒冷地带的润肤膏霜，具有较好的封闭性。

从两种乳状液的类型来说，由于油在 O/W 型乳状液中是分散相，水是连续相，因此在使用过程中呈现水的肤感，比较清爽；而 W/O 型乳状液中水是分散相，油是连续相，因此在使用过程中呈现油的肤感，滋润性比较好，也可能有油腻性。但两种类型的乳状液，对于促进油性成分在皮肤上的渗透作用相差甚微。

(5) 两相的比例

W/O 型乳状液的最大不足是膏体不如 O/W 型乳状液柔软、油腻性强。根据相体积理论，乳状液中分散相的最大体积可占总体积的 74.02%，即 O/W 型乳状液中水相的体积必须大于 25.98%；而 W/O 型乳状液中油相的体积必须大于 25.98%。虽然许多新型乳化剂的乳化性能优良，可以制得内相体积大于 95% 的产品，但从乳状液的稳定性考虑，外相体积还是大于 25.98% 为好。总之，内相体积最好小于 74.02%，而外相体积最好大于 25.98%。

在同类产品中，O/W 型乳状液油相的比例较 W/O 型低；两相的比例是完全根据各类产品的特性要求而决定的，各类产品也有一定限度的变动范围，必须按照每一产品的使用性能和有关因素来确定。一般护手霜油相的比例较高，尤其是供严重开裂用的高效护手霜，油相的比例往往高达 25%～30%。O/W 型乳状液由于水是外相，因此包装容器要严格密封，以防止挥发干燥。

(6) 油相组分

油相组分由各种不同熔点的油、脂、蜡等原料混合而成，其熔点、来源、极性与用于皮肤时的各种性能直接有关。产品用于皮肤后的肤感及存在状态是由不挥发组分所决定的，主要是油相。封闭性油性物质在皮肤上形成一层连续密合的薄膜，非封闭性油性物质有部分会被皮肤所吸收。

一般认为，对皮肤的渗透来说，动物油脂较植物油脂为佳，而植物油脂又较矿物油为好，矿物油对皮肤不显示渗透作用，胆甾醇和卵磷脂能增加油脂对表皮的渗透和黏附。当基质中存在表面活性剂时，油脂的渗透性增强，吸收量也将增加。

油相组分的比例与其中油脂的类型都会影响到最终乳状液的黏度，无论是 O/W 型还是 W/O 型乳状液，影响都比较大。

油相也是香料、某些防腐剂和色素以及某些活性物质如防晒剂、维生素 A、维生素 E 等的溶剂。颜料也可分散在油相中，相对而言油相中的配伍禁忌要较水相少得多。

(7) 水相组分

在乳状液体系的化妆品中，水相是许多有效成分的载体。水相组分主要包括保湿剂、流变调节剂、电解质、水溶性防腐剂及杀菌剂等。此外还有一些活性成分，如植物提取水溶液、发酵水溶液及各种酶制剂等。当组合水相中这些成分时，要十分注意各种物质在水相中的化学相容性，因为许多物质很容易在水溶液中相互反应，甚至失去效果。有些物质在水相中，由于光和空气的影响，也容易逐渐变质。

(8) 乳化剂的选择

当乳状液的类型、两相的大致比例和组分确定之后，最重要的是乳化剂的选择。首先应结合乳化剂的 HLB 值及临界堆积参数，选择适合于目标乳状液类型的乳化剂类型；然后结合其乳化性能，确定乳化剂组合体系；再根据所形成乳状液的稳定性，逐步优化配方体系。

关于乳化剂的用量，应根据油相的用量、膏体的性能和是否添加高分子化合物等而定。

通常添加高分子化合物改善流变性的配方，乳化剂的用量可适当减少；为减少涂敷出现白条的现象，除减少固态油脂的用量外，应适当减少乳化剂的用量，并配以适量高分子化合物增稠，以提升膏体的稳定。

4.2.3 彩妆类化妆品

4.2.3.1 粉类化妆品

粉类产品是一类从古代就开始使用的美容化妆品，其作用在于使用极细的颗粒粉质敷于面部，可以调整面部颜色，使皮肤显出健康均匀的肤色，同时能遮盖黄褐斑或瑕疵。

(1) 粉类化妆品的分类与特点

① 粉饼

外观颜色基本上近似皮肤色，具有遮盖、赋色、修饰、吸脂、防晒的功能，视使用方式的不同分为干用、湿用及干湿两用三种类型。干湿两用粉饼具有粉底和蜜粉的双重功效，湿用可以起到粉底的效果，而且可以遮瑕；干用也有一定的遮瑕力，可以补妆或补防晒，也可以起到定妆的作用。粉饼是块状外形，粉质轻盈、细腻、滑爽，一般附有海绵蘸取使用，粉体吸附在脸部，能免受 UVA、UVB 的侵害。

粉饼产品是由多种粉体原料（包括填充剂、肤感调节剂、着色剂）、黏合剂（粉体和油脂成分）及其他添加剂经混合、压制而成的饼状固体。现根据需求衍生出修容饼、高光粉饼、古铜粉饼。修容饼外观颜色相对粉饼深一些，具有修容效果；高光粉饼是在粉饼基础上添加珠光，提升脸部亮点效果；古铜粉饼在颜色深一些的基础上再添加珠光粉，用于涂抹身体部位，达到古铜健康肤色效果。

② 蜜粉

又名散粉、定妆粉，有定妆、吸油、修饰和遮盖脸上瑕疵的功效。粉质细腻柔和的矿物质微粒，一般配有粉扑或蜜粉刷。蜜粉是最后的修饰产品，可使妆容更自然、透明和柔和，是透明彩妆的大功臣。在涂抹腮红后，也可在整个面部扑上薄薄一层的蜜粉，蜜粉是定妆的最好帮手。

蜜粉主要由多种粉体原料（包括填充剂、肤感调节剂、少许着色剂）、少许黏合剂（粉体和油脂）及其他添加剂，经混合而成。颜色包括白色、粉红色、紫色、黄色、蓝色、绿色等。

③ 腮红

又叫胭脂，是涂在面庞上使肤色红润的化妆品，可修饰脸型并且创造好气色，还可以适度地掩饰两颊上的瑕疵，具有适度的覆盖力，略带光泽，有黏附性，卸妆较容易，不会使皮肤染色。质地轻薄柔滑，色彩多样丰富，一般配有腮红刷。要使双颊亮丽起来，最好的方法就是涂上腮红。腮红不但能给你的脸上增加健美的色彩，而且能够强调面部的骨骼美。传统的粉状腮红使用起来十分顺手，更可带来细腻的肌肤质感和真实的红润效果。

腮红产品是由多种粉体原料（包括填充剂、肤感调节剂、着色剂）、黏合剂（粉体和油脂）及其他添加剂经混合、压制而成的饼状固体，着色剂多数为红色有机色淀，故腮红外观颜色以红色为主。现今最流行的是渐变腮红。

④ 眼影

眼影是涂敷于上眼睑（眼皮）及外眼角，通过产生阴影和色调反差而美化眼睛的化妆品。利用眼影可重新塑造眼部，眼影可扩大眼睛轮廓，使眼眶下凹，产生立体美感，能强化眼神，使眼睛显得更美丽动人。眼影一般可以分为粉质眼影、眼影膏和眼影液。粉质眼影目前最为流行。粉质眼影粉末细腻，柔滑易涂抹，色彩丰富，品种多样，分珠光眼影和哑光眼影，含珠光的浅色眼影粉也可作为面部提亮。一般配有眼影刷。

眼影是由多种粉体原料（包括填充剂、肤感调节剂、着色剂）、黏合剂（粉体和油脂）及其他添加剂经混合、压制而成的饼状固体。珠光眼影的着色剂多数是珠光粉，哑光眼影的着色剂主要是无机和有机色粉（符合眼部）。眼影粉饼的配方组成与基础美容粉饼和饼状胭脂近似，但着色颜料含量较高。

⑤ 眉粉

眉粉是用眉粉刷蘸点眉粉均匀地涂在眉毛上，由眉毛头轻轻向眉尾方向涂，力要均匀，比用眉笔画出来的眉要自然些。眉粉有非常自然的效果，上色持久而且用途多样。一般配有眼眉粉刷。

眉粉产品是由多种粉体原料（包括填充剂、肤感调节剂、着色剂）、黏附剂（粉体和油脂）及其他添加剂经混合、压制而成的饼状固体。着色剂多数为黑色、棕色无机颜料，故眉粉以黑色及棕色为主。

（2）粉类化妆品的性能特点

粉类化妆品应具有良好的滑爽性、黏附性、吸收性和遮盖力，它的香气应该芳馥、醇和而不浓郁，以免掩盖香水的香味。根据使用上的要求，粉类制品应具有以下特性。

① 滑爽性

粉类原料常有结团、结块的倾向，因此粉体应具有滑爽、易流动的性能，才能均匀涂敷。粉类制品的滑爽性是依靠滑石粉的作用实现的。滑石粉的种类很多，有的色泽柔软而滑爽，有的粗糙而较硬。对滑石粉等主要原料的品质做谨慎的选择是制造粉类制品成功的要诀。适用于粉类制品的滑石粉必须很白、无臭，对手指的感觉柔软光滑，因为滑石粉的颗粒有平滑的表面，颗粒之间的摩擦力很小。优质滑石粉能赋予香粉一种特殊的半透明性，能均匀地黏附在皮肤上。

② 黏附性

粉类制品最忌在涂敷后脱落，因此要求能黏附在皮肤上，硬脂酸镁、锌和铝盐在皮肤上有很好的黏附性，能增加香粉在皮肤上的附着力。此种硬脂酸金属盐或棕榈酸金属盐常作为香粉的黏附剂，这种金属盐的相对密度小、色白、无臭，粉类制品中常采用硬脂酸镁或锌盐，硬脂酸铝盐比较粗糙，硬脂酸钙盐则缺少滑爽性。十一烯酸锌也有很好的黏附性，但成本较高。硬脂酸的金属盐类是质轻的白色细粉，加入粉类制品就包裹在其他粉粒外面，使香粉不易透水，黏附剂的用量随配方的需要而定，一般在 5％～15％。

③ 吸收性

吸收性是指对香料的吸收，也指对油脂和水分的吸收。粉类制品一般以沉淀碳酸钙、碳酸镁、胶性陶土、淀粉或硅藻土等作为香精的吸收剂。碳酸钙的吸收性是因为其颗粒有许多气孔，它是一种白色无光泽的细粉，它和胶性陶土一样有消除滑石粉闪光的功效。碳酸钙的缺点是其呈碱性，如果在粉类制品中用量过多，热天敷用，吸汗后会在皮肤上形成条纹，因此，粉类产品中碳酸钙的用量不宜过多，用量一般不超过 15％。

④ 遮盖力

粉类制品一般带有色泽，接近皮肤的颜色，能遮盖黄褐斑或瑕疵。常用的白色颜料有氧化锌、二氧化钛，这些原料称为"遮盖剂"，遮盖力以单位质量的遮盖剂所能遮盖的黑色表面来表示，例如 1kg 二氧化钛约可遮盖黑色表面 $12m^2$。配方中采用 $15\%\sim25\%$ 的氧化锌，可使粉类制品具有足够的遮盖力而使皮肤不致太干燥，如果要求更好的遮盖力，可以采用氧化锌和二氧化钛配合使用。

（3）产品配方与生产工艺

不同的粉类化妆品主要成分为基质粉体、着色颜料、白色颜料，油性黏合剂、防腐剂和香精，以下选择几类粉体产品为例，描述产品配方及生产工艺。

① 蜜粉

蜜粉的主要原料由粉料、着色剂、香精等组成。其中粉料有滑爽作用的滑石粉、高岭土，吸附作用的碳酸镁，遮盖作用的二氧化钛、氧化锌等。理想的蜜粉要求细腻，涂敷容易，遮盖力好，安全无刺激，色泽接近自然肤色，香气适宜。常见质量问题有黏附性差，吸收性差，不够贴肤，结块成团，色泽不均匀，微生物超标，色素褪色等。其参考配方见表 4-10。

表 4-10 蜜粉的参考配方

蜜粉配方	质量分数/%				
	1	2	3	4	5
滑石粉	42.0	50.0	45.0	65.0	40.0
高岭土	13.0	16.0	10.0	10.0	15.0
碳酸钙	15.0	5.0	5.0		15.0
碳酸镁	5.0	10.0	10.0	5.0	5.0
钛白粉		5.0	10.0		
氧化锌	15.0	10.0	15.0	15.0	15.0
硬脂酸锌	10.0		3.0	5.0	6.0
硬脂酸镁		4.0	2.0		4.0
香精、色素	适量	适量	适量	适量	适量

蜜粉生产工艺流程如图 4-6 所示。

加热、溶解 → 香精、防腐剂、增溶剂 → 混合 → 磨细 → 过筛 → 干燥 → 包装

图 4-6 蜜粉生产工艺流程图

其中，磨细与过筛环节很重要，它决定着产品是否细腻。

② 胭脂

粉质胭脂主要原料与粉饼相似，但胭脂颜色鲜艳、香味淡。理想的胭脂要求质地柔软细腻，不易碎裂，色泽鲜明，颜色均一，涂敷性好，遮盖力强，易于黏附皮肤，对皮肤无刺激，香味纯正、清淡，易卸妆。粉质胭脂的常见质量问题是压制过于结实涂抹不开，疏松易碎，表面起油块，展色不够均匀。

粉质胭脂一般可以分为亚光胭脂和珠光胭脂，亚光胭脂比较通透、自然肤感比较好，珠光胭脂一般比较闪亮、清透、有光泽感。胭脂的生产工艺与粉饼相似，参考配方见表 4-11。

表 4-11 胭脂参考配方

胭脂配方	质量分数/%				
	1	2	3	4	5
滑石粉	42.0	50.0	45.0	65.0	40.0
高岭土	13.0	16.0	10.0	10.0	15.0
碳酸钙	15.0	5.0	5.0		15.0

胭脂配方	质量分数/%				
	1	2	3	4	5
碳酸镁	5.0	10.0	10.0	5.0	5.0
钛白粉		5.0	10.0		
氧化锌	15.0	10.0	15.0	15.0	15.0
硬脂酸锌	10.0		3.0	5.0	6.0
硬脂酸镁		4.0	2.0		4.0
香精、色素	适量	适量	适量	适量	适量

③ 眼影

粉质眼影一般用马口铁或铝质金属制成底盘，将眼影粉压制成各种颜色与形状，配套包装于同一盒中，配方与粉质胭脂相似，不同的是眼影颜色鲜艳，着色剂含量高。常见质量问题有压制过于结实涂抹不开，上色不够均匀，疏松易碎，表面起油块等。粉质眼影的生产工艺与粉饼相似，其参考配方见表 4-12。

表 4-12　粉质眼影的参考配方

粉质眼影块配方	质量分数/%	
	1	2
滑石粉	39.5	61.5
硬脂酸锌	7.0	
高岭土	6.0	
碳酸钙		10.0
无机颜料	1.0	20.0
二氧化钛-云母	40.0	
棕榈酸异丙酯	6.0	8.0
防腐剂	0.5	0.5

4.2.3.2　唇膏类

（1）产品性能结构特点和分类

唇膏，又称为"口红"，其作用是点敷于嘴唇使之具有红润健康的色彩，并对嘴唇起滋润保护作用，防止嘴唇干裂。唇膏是将色素溶解或分散悬浮在蜡状基质内制成的，根据其形态可分为棒状唇膏、液态唇膏等。其中应用最为普遍的是棒状唇膏（通常称之为"唇膏"）。嘴唇是人体敏感部位，唇膏要直接与嘴唇接触，并且有可能进入口腔内部，因而对唇膏的品质要求非常高。优质唇膏应该达到下面的标准：膏体质地细腻，表面光亮，柔软适中，涂敷方便，无油腻感，涂敷于嘴唇边不会向外化开。有令人舒适愉快的香气，但气味不过分浓郁；色泽均匀一致，附着性好，不容易褪色；涂布在嘴唇上无色条出现；对唇部皮肤有滋润、柔软和保护作用；所使用的原材料对人体无毒无害，对嘴唇及周围皮肤没有任何刺激性；不受气候条件变化的影响，夏天不熔不软，冬天不干不硬，不易渗油，不易断裂；品质稳定，保质期内不出现变形、变质、酸败、发霉以及发汗、出粉、断裂等现象。

（2）产品配方结构

唇膏的主要成分是色素、表面活性剂、基质原料（油、脂、蜡类等）以及香精等辅助材料。一般唇膏的组成是蜡类占 20%～25%，油及油脂占 65%～70%，色素及颜料占 10%，表面活性剂只占 5% 以下。油、脂、蜡类等基质原料占了唇膏成分的绝大部分，它既是唇膏的载体，赋予唇膏圆柱形的外观，同时又是润唇材料，对嘴唇起滋润保护作用，防止嘴唇干燥开裂，作用无法替代。理想的基质材料首先要对颜料有一定的溶解性，能够将色素均匀地分散开来，避免色泽深浅不匀的现象发生。其次还必须具有一定的柔软性，能轻易地涂于唇部并形成均匀的薄膜。基质材料涂在嘴唇上要润滑而有光泽，无过分油腻的观感，亦无干燥不适的感觉，不会向外化开。还有，基质材料一定要有非常好的稳定性，涂在嘴唇上形成的膜应经得起温度的变化，即夏天不软不熔、不出油，冬天不干不硬、不脱裂。要达到这样高的要求，用一种油蜡原料是不能做到的，需要将多种油、脂、蜡类原料巧妙搭配使用。配方设计者要熟悉各种油、脂、蜡类原料的性能，以适当的液态油脂和固态蜡的配比来改善唇膏的光亮度和柔软度。代表性原料见表 4-13。

表 4-13 唇膏的主要配方成分

结构组成	代表性原料	含量/%	
		光亮型	哑光型
润滑剂	煎麻油、酯类、羊毛脂/羊毛油、油醇(辛基十二醇)、苯基聚三甲基硅氧烷、烷基聚二甲基硅氧烷、霍霍巴油、三甘油酯类	50～70	40～55
蜡类	小烛树蜡、巴西棕榈树蜡、蜂蜡及其衍生物、微晶蜡、地蜡、石蜡、合成蜡、聚乙烯	10～15	8～13
增塑剂	鲸蜡醇乙酸酯、乙酰化羊毛脂、油醇、乙酰化羊毛脂醇、矿脂	2～5	2～4
着色剂	CI15850：1 和 Ca 色淀、氧化铁、二氧化钛、氧化锌等	0.5～3.0	3.0～8.0
珠光剂	二氧化钛/云母	1～4	3～6
活性物	生育酚乙酸酯、透明质酸钠、芦荟提取物等	0～2	0～2
填充剂	云母、硅石、PMMA、聚四氟乙烯、组合粉体、丙烯酸酯聚合物	1～3	4～15
香精	按市场和消费群体需要确定	0.05～0.1	0.05～0.1
防腐剂/抗氧化剂	羟苯甲酯、羟苯丙酯、BHT、生育酚等	0.5	0.5

(3) 配方设计

唇膏的配方设计首先考虑的应是其安全性与稳定性，其次要注意产品色泽、化妆效果及使用感觉。

① 安全性

前面已经提到，唇膏与其他化妆品不同，产品有可能进入口中，进入体内，因此安全性变得十分重要。无毒、无刺激是先决条件，这也要求配方师从选择原料开始就注意这一问题。有些原料在筛选时应进行经口急性毒性（LD50）和皮肤刺激性试验。

② 稳定性

唇膏大多为油脂与着色剂复配的混合物，在工艺上还要进行热熔与强制冷却成型，因此，在设计配方时应考虑因此可能产生的不稳定因素。这包括油脂的氧化酸败问题以及膏体的物料分离现象，在配方确定以前，必须进行稳定性评价。

油脂的氧化、变质会导致膏体发生恶臭、褪色、外观形态改变等；而如果试验中发现以下情况则说明膏体自身稳定性不好。Ⅰ．膏体出现"汗滴"，有油分析出；Ⅱ．膏体变软；Ⅲ．膏体熔化；Ⅳ．失去光泽。

③ 油脂原料的选择

由于唇膏是高油脂含量的产品，因此，油脂原料的选择非常重要，因为它直接对产品的外观、色泽、软硬度、稳定性、使用效果产生影响。

一般可以通过调整配方中固体蜡的用量来调整产品的硬度，通过添加羊毛脂及其衍生物来改善产品的润护效果及附着性。通过对配方中各种油脂的复配与调整我们就可以改变唇膏的熔点、折损强度、附着性、涂展性、抗水性等多方面性能，以最终达到产品的设计要求。

④ 膏体的色泽

唇膏的颜色一般在 7.5RP～2.5YR 的范围，分为粉红、红、玫瑰红、紫红、橙黄、棕褐、米黄 7 种色系，而色调则可分为浅淡、光亮、柔和、鲜艳、强烈、暗淡等不同范围，当然这要依据产品要求来选择不同的着色剂，通过反复调配才能达到。膏体的配色对配方师的要求较高，一般是由熟练程度较好的研发人员以目测方式进行，要求操作者具有丰富的工作经验。

⑤ 香精的选择

唇膏中使用的香精一般为食品级，用量约为 2%～4%。加香的主要目的是掩盖油脂的不良气味，一般多选用花香和流行的混合香型。所选香精自身的稳定性要高，口感也要好。

（4）唇膏的制备工艺

唇膏的制备工艺可按以下步骤：

① 颜料研磨

由于颜料多为粉状，虽然颗粒较细，但由于经常会聚集成块，直接将其加入油脂基质中很难分散均匀，因此，所用颜料要事先研磨。为使研磨顺利，常常要在颜料中加入少量的液体油混合，然后使用机械研磨。常用的研磨设备有三辊机、球磨机、胶体磨等。

② 着色剂与油脂基质混合

在本步骤，一般先将染料（溴酸红）加入溶剂（如硬脂酸丁酯等）内加热熔化，然后加入研磨好的颜料及蜡类原料，熔化后再加入半固体油料，搅拌均匀 并趁热进行研磨，脱气后加入香料等辅料。

③ 浇铸成型

制备唇膏的模具多用铜或铝制成。浆料经脱气、混匀后浇入模具中（操作中避免空气混入）均匀冷却后，打开模具，取出膏体，插入包装底座，准备上光。

④ 火烤上光

由于脱模后的膏体，其表面欠平整，光亮度不够，在生产上多采用火焰烧烤，使膏体表面熔化，以形成平滑、光亮的外观。

随着科技的发展，今天一些规模较大的化妆品企业已经实现唇膏生产自动化，较少人工操作，产品品质得到了稳定的提高。

4.2.3.3 笔类

（1）笔类化妆品概述及分类

笔类化妆品（眉笔、眼线笔、唇线笔、指甲笔）用于勾画和强调眉毛、眼部或唇等的轮廓，例如眼线笔可用于眼部修饰，起到加强眼部轮廓以及衬托睫毛和眼影的效果；白色指甲笔含有白色颜料，如二氧化钛、氧化锌和高岭土，可增强指甲边缘表面天白颜色；眉笔是用来描画眉毛，使眉毛显得深而亮，增加魅力的眼部化妆品；唇线笔是使唇形轮廓更清晰饱满的唇部美容化妆品。

笔类化妆品于 20 世纪 30 年代在德国兴起。在第二次世界大战时中断，直至 20 世纪 60 年代后期重新兴起。其销售量稳步增长，但它在化妆品市场的份额仍然较小。

（2）产品配方结构及生产工艺

笔类化妆品组成与其他彩妆类化妆品（例如眼影或唇膏）相似，是将粉末分散在各种各样的基础料体中，基础料体由油脂和蜡类复配。一般笔类化妆品颜料含量比眼影或唇膏高，笔类化妆品的蜡含量为 15%～30%，油脂含量为 50%～80%，粉末含量为 5%～30%。蜡类可作为液体油的固化剂、光泽剂、触变剂，以改善笔类产品的使用感。

① 眉笔

眉笔的颜色以黑、棕、灰三色为主。有铅笔式眉笔和推管式眉笔两种形式。铅笔式眉笔和铅笔类似，是将圆条笔芯黏合在木杆中，可用刀片把笔尖削尖使用。推管式眉笔是将笔芯装在细长的金属或塑料管内，使用时将笔尖推出即可。眉笔应软硬适度，描画容易，色泽自然、均匀，稳定性好，不出汗、干裂，柔软，对皮肤无刺激性，安全性好，色彩自然。

眉笔常见问题有笔芯太软，不易涂抹，上色度不够，笔芯起白霜。其参考配方见表 4-14。

表 4-14　铅笔式眉笔笔芯参考配方

眉笔配方	质量分数/%	
	1	2
石蜡	30.0	33.0
矿脂	20.0	10.0
巴西棕榈蜡	5.0	
蜂蜡	20.0	16.0
虫蜡		12.0
鲸蜡醇	6.0	
羊毛脂	9.0	10.0
液体石蜡		7.0
炭黑	10.0	12.0

铅笔式眉笔的生产工艺流程如图 4-7 所示，其中，颜料磨细环节很重要，决定着产品的颜色，要求把颜料研磨均匀。

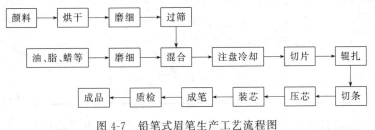

图 4-7　铅笔式眉笔生产工艺流程图

② 唇线笔

唇线笔要求笔芯要软硬适度，不易断裂，色彩自然，描画容易。唇线笔芯配方与唇膏相似，但硬度比唇膏高，颜色没有唇膏颜色鲜艳。唇线笔生产工艺与眼线笔相似，其参考配方见表 4-15。

表 4-15　唇线笔的参考配方

唇线笔配方	质量分数/%	唇线笔配方	质量分数/%
蓖麻油	56.0	蜂蜡	10.0
巴西棕榈蜡	4.0	氢化羊毛脂	6.0
小烛树蜡	7.0	颜料	10.0
微晶蜡	4.0	香精(果味)	适量
纯地蜡	3.0	防腐剂、抗氧剂	适量

4.2.3.4　睫毛护理类

（1）产品性能结构特点和分类

睫毛护理产品主要的作用是使睫毛着色，使之具有变长和变粗的感觉，以增强眼睛的魅力。目前市面上睫毛护理产品主要包括睫毛膏和睫毛液等，是带小毛刷和小细棒的内藏式自动容器，内部装有膏状或液状的制品。

睫毛膏也称为眼毛膏，是用于眼睫毛白的美容化妆品。使用后可使睫毛变黑、变粗、变长，增加眼部魅力。根据配方的不同，睫毛膏可以分为固体块状睫毛膏和乳化体（膏霜状）睫毛膏。固体块状睫毛膏配方与唇膏相似，其主要是将颜料和肥皂及其他油、脂、蜡混合而成。乳化体睫毛膏的主要原料由润肤剂、乳化剂、成膜剂、着色剂等组成。理想的睫毛膏要求无毒、无刺激性，有适当干燥速度、挺硬度，易卸妆等。乳化体睫毛膏常见问题是乳化不好，分层出水，稠度大，结团，有斑点，成膜效果不好等。

（2）产品配方结构

睫毛膏是通过将具有黏性的睫毛膏液体用刷子涂抹于睫毛上，使睫毛看上去浓密、纤长、卷曲等，同时使睫毛的形状看起来整齐漂亮。其参考配方见表 4-16。

表 4-16　睫毛膏参考配方

睫毛膏配方	质量分数/%	
	块状	膏霜状
硬脂酸三乙醇胺	54.0	
硬脂酸蜂蜡		9.0
蜂蜡	3.0	
巴西棕榈蜡	21.0	
石蜡	6.0	
液体石蜡	2.9	9.0
矿脂		6.0
单硬脂酸甘油酯	3.0	
羊毛脂	6.0	
三乙醇胺		3.0
甘油		10.0
色素	4.0	9.0
防腐剂	0.1	0.15
去离子水		53.85

固体块状睫毛膏的制法是将蜡熔化后，加入颜料混合，保温研磨均匀，然后将研匀的混合物重熔后浇模。膏霜状睫毛膏的制法是将油相加热至 60℃ 熔化，再将水相加热至 62℃，然后将水相倒入油相，并不断搅拌，最后加入颜料搅拌均匀，再经胶体磨研磨，冷却至室温灌装。

（3）设计原则

各人的睫毛长短、粗细、疏密程度、向上生长或向下生长等条件各有不同。欧美人多数为细长的睫毛，紧密向上生长，油性类型睫毛制品很畅销。东方人的睫毛短粗、稀少，向下生长，不很整齐，比较喜欢薄膜型和含有成膜剂类型的睫毛制品。有时，为了使睫毛看上去很长，配方中添加质量分数为 3%～4% 的天然或合成纤维的制品。然而，作为睫毛制品必须具备如下性质：

① 由于睫毛护理产品是在眼睛的边缘上使用，所以要无刺激性和无微生物污染；

② 刷染时附着均匀，不会引起睫毛粘连和结块，也不会渗开、流失和沾污，干燥后不会被汗液、泪水和雨水等冲散；

③ 适当的干燥速度，使用时不会干得太快，但应有时效性；

④ 有适度的光泽和挺硬度，用后又不感到脆硬且使睫毛显得变浓变长和有卷曲的效果，

有一定持久性；

⑤ 使用方便，卸妆不麻烦；

⑥ 稳定性好，有较长的货架寿命，不会沉淀分离和酸败。

4.2.3.5 指甲油

(1) 产品性能结构特点和分类

指甲油是用来修饰和增加指甲美观的化妆品，它能在指甲表面形成一层耐摩擦的薄膜，起到保护、美化指甲的作用。指甲油有以下几种：

① 亮光指甲油 即一般指甲油。

② 透明指甲油 会随着光线反射出光泽，如果冻般有透明感。

③ 珠光指甲油 在特定光线下，呈现出轻盈的珠光效果。

④ 炫光指甲油 不同的光线下会产生不同的颜色，有霓虹七彩的感觉。

⑤ 雾光指甲油 像磨砂玻璃般的雾面质感。

⑥ 亮片指甲油 指甲油中加入亮片或亮粉。

(2) 产品配方与生产工艺

普通指甲油的成分一般由 2 类组成，一类是固态成分，主要是色素、闪光物质等；另一类是液体的溶剂成分，包括成膜剂、树脂、增塑剂等。其中成膜剂是能够在指甲上形成一层薄膜的物质，如硝化纤维素。树脂起着增加成膜剂附着力的作用，如醇酸树脂；增塑剂可增加涂膜的柔韧性和可塑性，减少收缩、开裂。其参考配方见表 4-17。

水性指甲油，是以水和丙烯酸乳液为基础原料的指甲油，质地比较稀，流动性大，但是好涂匀。水性指甲油在涂上未干前，用水一冲就可以冲掉，干后成膜状即黏附于指甲表面。水性指甲油相比普通油性指甲油持久性比较弱。

表 4-17 指甲油的参考配方

结构成分	主要功能	代表性原料
成膜成分	主要成膜剂	硝化纤维素
	辅助成膜树脂	甲苯磺酰胺树脂、醇酸树脂、丙烯酸树脂等
	增塑剂	樟脑、柠檬酸酯、邻苯二甲酸丁酯等
溶剂成分	真溶剂	乙酸乙酯、乙酸丁酯等
	助溶剂	异丙醇、丁醇等
	稀释剂	甲苯等
着色剂	色料	有机颜料、无机颜料、染料等
悬浮剂	凝胶化剂	季铵化膨润土和水辉石等
活性添加剂	营养成分	明胶、蛋白质、维生素等

指甲油的生产工艺流程如图 4-8 所示，其中，研磨环节很重要，它决定着指甲油颜料是否细腻，要求使着色剂完全磨细腻，否则会有沉淀析出。

图 4-8 指甲油的生产工艺流程图

(3) 设计原则

指甲油的质量好坏，要看是否具备以下性质：

① 具有适当的干燥速度，并能硬化；② 具有容易涂于指甲的黏度；③ 能形成均匀的涂膜；④ 颜色均匀一致；⑤ 涂膜的光泽和色调能保持长久；⑥ 涂膜的黏着性良好；⑦ 涂膜具有一定的弹性；⑧ 用指甲油去除剂洗擦时容易除去；⑨ 指甲油的颜色十分丰富。

在选用指甲油时，除了看质量优劣外，颜色的选用一般应与服装或化妆统一和谐。

4.2.4 面膜类化妆品

4.2.4.1 面膜产品概述

面膜是一种集清洁、护肤和美容为一体的多用途化妆品。它的作用是涂敷在面部皮肤上，经过一定时间干燥后，在皮肤上形成一层膜状物，将该膜揭掉或洗掉后，可达到洁肤、护肤和美容的目的。

面膜的吸附作用使皮肤的分泌活动旺盛，在剥离或洗去面膜时，可将皮肤的分泌物、皮屑、污垢等随着面膜一起被除去，皮肤就显得异常干净，达到满意的洁肤效果；面膜覆盖在皮肤表面，抑制水分的蒸发，从而软化表皮角质层，扩张毛孔和汗腺口，使皮肤表面温度上升，促进血液循环，使皮肤有效地吸收面膜中的活性营养成分，起到良好的护肤作用；随着面膜的形成与干燥，所产生的张力使皮肤的紧张度增加，致使松弛的皮肤绷紧，这有利于消除和减少面部的皱纹，从而产生美容效果。

4.2.4.2 面膜产品分类

按照面膜功效可将其分为保湿面膜、美白面膜、控油面膜、抗敏感面膜、抗衰老面膜。面膜的功效与所添加的活性成分及面膜的种类有很大关系，同一种功效的面膜也可能有多种品类，而不同剂型的面膜代表着不同时期的流行趋势，也象征了面膜的发展历程。

根据产品形态可分为泥膏型面膜、啫喱面膜、贴式面膜、粉状面膜、撕拉型面膜。面膜的配方组成见表 4-18。

表 4-18　面膜的配方组成

结构成分	主要功能	代表性原料
成膜剂	成膜，黏结	聚乙烯醇、聚醋酸乙烯酯、聚丙烯酸树脂、羧甲基纤维素、羟乙基或羟丙基纤维素、聚乙烯吡咯烷酮(PVP)、聚乙烯吡咯烷酮/聚醋酸乙烯酯共聚物、瓜尔豆胶、果胶、海藻酸钠、明胶、环糊精、黄原胶、可拉胶、硅酸铝镁、胶乳
粉剂	粉体，吸收作用	高岭土、膨润土、有机膨润土、二氧化钛、氧化锌、碳酸镁、胶体状黏土、二氧化硅胶体、水辉石粉、胶体氧化铝、漂(白)土(fuller's earth)、活性白土、温泉土、火山灰、某些湖泊、河流或海域淤泥
保湿剂	保湿	甘油、丙二醇、山梨(糖)醇、吡咯烷酮羧酸钠、聚乙二醇
油性成分	补充油分	橄榄油、蓖麻油、其他天然油分
醇类	调节蒸发速度，凉快感	乙醇、异丙醇
增塑剂	增加膜的塑性	聚乙二醇(分子量小于 1500)、山梨醇糖浆、甘油、丙二醇、水溶性羊毛脂、乙氧基化甘油酯
防腐剂	抑制微生物生长	1-(3-氯代烯丙基)-3,5,7-三氮-1,1-金刚烷季铵氯化物、咪唑烷基脲、对羟基苯甲酸酯类、山梨酸及酯、苯甲酸、苯甲酸钠、丙酸盐
皮肤滋养和治疗剂	抑菌	二氯苯氧氯酚(Irgasan DP300)、十一烯酸及其衍生物、季铵化合物
	愈合作用	尿囊素
	抗炎作用	甘草次酸、硫黄、鱼石脂
	收敛作用	炉甘石、氯化羟铝
	营养，调理	氨基酸、叶绿素、奶粉、奶油、蛋白酶、动植物提取物、透明质酸钠
	促进皮肤代谢	维生素 A、α-羟基酸、水果汁、糜蛋白酶

4.2.4.3 面膜产品的配方与工艺

(1) 撕拉型面膜

撕拉型面膜敷到脸上变干后结成一层膜。它能使脸部皮肤温度升高，从而促进血液循环和新陈代谢。面膜干燥后，通过撕拉的方式将毛孔中的污物带出来达到去死皮的功效。

最早的撕拉型面膜为粉末状，配方主要成分见表4-19。使用时将干粉与水以10∶24的质量比混合均匀后使用。天然高分子增稠剂汉生胶和多孔吸附硅藻土在配方中起到协同增效作用，氧化镁和硫酸钙干燥后形成一层致密的封闭膜。

表 4-19　撕拉型面膜主要配方成分

成分	质量分数/%	成分	质量分数/%
海藻酸钠	10.00	氧化镁	4.50
汉生胶	2.00	瓜尔胶	2.00
二水硫酸钙	12.00	硅藻土	50.00
山梨醇	18.00	焦磷酸四钠	1.50

(2) 泥膏型面膜

泥膏型面膜中含有丰富的矿物质，有消炎、杀菌、清除油脂、抑制粉刺和收缩毛孔的作用。这些矿物质和微量元素还能为肌肤补充营养，达到养护肌肤的目的。使用时其在皮肤上形成封闭的泥膜，具有快速深层保湿、修护肌肤、恢复细胞活力、去除角质的功效。

泥膏型面膜的主要成分为固体粉末、表面活性剂和高分子聚合物，见表4-20。固体粉末有云母、高岭土、硅胶和黏土，表面活性剂在配方中具有分散固体粉末的作用，高分子聚合物如纤维素和汉生胶起悬浮稳定作用，二者形成的胶束对泥面膜的黏度和稳定性起到协同增效的作用。在配方工艺上，分散固体粉末时应尽量避免混入大量空气，空气的混入会降低膏体的稳定性，这种平衡关系在牙膏的生产过程中也经常遇到。亲水性聚合物可以减缓泥面膜中固体粉末的水合过程，避免泥面膜经过水合作用而变硬。

表 4-20　泥膏型面膜主要配方成分

成分	质量分数/%	成分	质量分数/%
水	至100	维生素E	0.10
防腐剂	适量	红没药醇	0.05
尿囊素	0.10	维生素	0.50
EDTA-2Na	0.10	植物提取物	0.50
泛醇	0.50	香精	0.50
丙二醇	2.00	丝蛋白	0.50
山梨醇	2.00	绿黏土	5.00
甘油	7.00	轻质高岭土	12.00
汉生胶	1.00	膨润土	6.00
硅酸铝镁	2.00	椰油两性甘氨酸盐	4.00
卵磷脂	2.00	乳酸(90%)	调节至pH=7

(3) 贴式面膜

贴式面膜包含面膜布和精华液，面膜布作为介质，吸附精华液，可以固定在脸部特定位置，形成封闭层，促进精华液的吸收。贴式面膜拥有即刻保湿、提亮肤色和改善皮肤纹理的效果，是面膜类产品中销量最大、增长速度最快的一个品类。

贴式面膜精华液的主要成分为增稠剂、保湿剂和肤感调理剂。增稠剂如汉生胶、纤维素和卡波姆等可提高贴式面膜精华液的黏度，黏度太低容易出现滴液现象；保湿剂为甘油、1,3-丙二醇、1,3-丁二醇、甜菜碱、海藻糖和聚乙二醇-32 等；肤感调理剂为 β-葡聚糖、生物糖胶-1、皱波角叉菜和小核菌胶等。常见的贴式面膜配方成分如表 4-21 所示。

表 4-21　贴式面膜主要配方成分

成分	质量分数/%	成分	质量分数/%
水	至 100	聚乙二醇-32	1.00
卡波姆	0.10	β-葡聚糖	1.00
汉生胶	0.03	皱波角叉菜	1.00
EDTA-2Na	0.02	三乙醇胺	0.10
甘油	6.00	PEG-40 氢化蓖麻油	0.30
1,3-丁二醇	4.00	香精	0.10
甜菜碱	1.00	防腐剂	适量

第 5 章
化妆品评价方法

5.1 化妆品安全性评价

5.1.1 化妆品安全性评价概述

化妆品应以"在正常、可预见的使用条件下，不得对人体健康产生任何危害"为首要原则，化妆品的安全性评价作为保障化妆品质量安全的重要环节，要求化妆品在上市前，必须经过十分严谨的安全性评价程序，确认产品的安全性后方可投放市场。

5.1.1.1 化妆品历史安全问题与事件

早期由于科学认识水平和安全评价能力的不足，化妆品的安全性并未得到应有的重视，而是在经历了一系列较为严重的安全事件后方才逐步被世界各国普遍关注。

(1) 历史上的化妆品安全问题

尽管古代不如现代物质丰富，古今中外的美人还是为了更好地展现自己的容姿，使用现在看来相当骇人的方法来美化自己。铅无论在中国古代还是欧洲中世纪，一直和美白紧密相连。在中国唐朝及欧洲 16 世纪分别都有使用铅粉化妆的记录。铅粉虽然有美白的作用，但长期用在脸部皮肤上容易引起病变，肤色灰暗、脱发、烂脸，甚至死亡，这使铅早早地被列入禁止添加成分名单里。铅被列入禁止添加成分，但它并没有完全销声匿迹。无良生产商利用消费者想要急速美白的心理，炮制了大量三无化妆品，即使是现代女性也避免不了由于一时不慎招致铅的伤害。在商周时期，为了让脸上红润有血色，舞姬和宫女将朱砂涂抹在面部作腮红；到了汉代，更是将动物油脂和朱砂调和，制成口脂，涂抹在唇上。而朱砂这种鲜红的矿物，含汞 86.2%，是炼汞最主要的原料，古代的女子为了一时的好气色，担负了重金属中毒的风险。现代的口红已经不再需要朱砂调色，但化妆品的汞含量为什么还会超标呢？其实，汞和铅一样也有快速美白的效果，同时它还具有良好的抑菌作用，添加在口红和胭脂里能使颜色鲜艳持久，这些都是汞被违法添加在化妆品里的原因。砷在化妆品中的主要作用和铅、汞类似，能快速影响黑色素，达到美白淡斑的功效。但砷及其化合物被认为是致癌物质，长期使用含砷高的化妆品可引起皮炎、色素沉积等皮肤病，最终导致皮肤癌。

古代的化妆品由于制作工艺复杂，原料来源珍贵，一直被视为奢侈品，只有在宫廷或上流社会的富贵人群才可以使用。然而，由于那时的人们缺乏对化妆品安全性的认识，其原料带入的安全性风险物质产生的危害也是如影随形，一定程度上对使用者造成了较大的伤害。随着近代工业化革命的兴起，化妆品逐渐实现了工业化生产，化妆品不再被视为奢侈品的代名词，逐渐走入寻常百姓的日常生活中。然而，化妆品使用的普及也带来了一系列的安全性问题，化妆品的安全性得到了越来越多的重视。

（2）近代化妆品安全事件

从世界范围看，在过去的一个多世纪中，伴随着化妆品行业的快速发展，许多国家和地区都发生了多起消费者使用化妆品导致的较为严重的安全性问题，有的甚至引发了群体性人身伤亡事件。这些安全事件给人们带来了惨痛的教训，也推动了世界各国化妆品安全监管的加强和相关法规的颁布实施。

20世纪30年代在美国发生了多起市售化妆品引发的安全事件，直接推动1938年美国《食品、药品和化妆品法案》（FD&C Act）的颁布，法案第一次将化妆品纳入美国食品药品管理局（FDA）的监管范围之内，并规定化妆品不得掺假伪劣，不得错误标注，产品按照预期用途使用必须是安全的。法案加强了对色素添加剂的管理，建立了色素清单，对每种色素的化妆品成分规格做出了规定。

1972年，法国有32名婴儿因为使用了含有高浓度六氯双酚的爽身粉后死亡。这起严重的伤亡事件推动了欧盟《化妆品指令》于1976年的颁布实施。该指令于2009年被修订为《化妆品法规》在所有欧盟成员国实施。

日本明治20年（1887年）使用化妆品导致铅中毒成为社会问题，用于化妆粉的铅白在明治34年（1901年）被禁止使用，明治33年（1900年）日本对着色剂进行了规定。化妆品在法律上的明确化，是从制定了《准医药品管理法》的昭和22年（1947年）开始的。

近年来我国发生的化妆品安全（新闻）事件：

2009年，卫浴产品中的二噁烷事件；

2009年，爽身粉中的石棉事件；

2010年，洗发香波中的二噁烷事件；

2010年，育发产品中的米诺地尔事件；

2010年，化妆品中检出邻苯二甲酸酯事件；

2011年，卫浴产品中防腐剂季铵盐-15事件；

2012年，美白祛斑产品汞超标事件；

2014年，总局监督抽验结果发现非法添加化学成分事件；

2015年，丰胸产品添加违禁品"一喷大"事件；

2016年，"鸦片面膜"事件；

2019年，美容院美白产品汞超标事件；

2020年，防晒化妆品不达标事件；

2021年，儿童化妆品违法添加激素、抗感染类药物、违法宣传等。

这些不良事件的发生，直接引起了各国政府对化妆品监管的重视，并在世界范围内逐步建立了化妆品监管体制和基本安全管理要求。这些规定成为现代化妆品法规管理的基石。

5.1.1.2 化妆品安全性评价的发展与完善

化妆品安全性评价的目标是确保消费者的使用安全。传统的化妆品安全性评价方式主要基于终产品的毒理学试验，即通过对终产品的相关毒理学试验项目的测试结果来判断产品的安全性，大多基于整体动物模型的试验。

随着科学技术的发展，作为化妆品安全性评价的传统毒理学试验正面临着众多的质疑和挑战。首先，完成一种化学物质的全部试验不仅需要大量的实验动物、较长的试验周期，而且动物饲养所需的环境设施、营养供给、动物福利等，耗资巨大；其次，通常测定单一化学物质，与实际接触多为复合性物质的情形相比，预测准确性时常受到科学界的质疑。由此逐渐暴露出来的传统毒理学试验的缺点和局限性，促使人们不断从科学角度、伦理角度、经济角度考虑，用更多的研究来改进毒理学各个方面的试验设计和效果。

近几十年来，基于安全风险评估的安全性评价技术不断发展，各国相关技术法规和指南也在不断更新和完善。1954年，美国食品药品管理局（FDA）的两名毒理学家，Lehman和Fitzhugh公开发表了一篇关于定量风险评估（QRA）的文章，该文章不仅描述了定义每日允许摄入量（ADI）的方法，而且也描述了安全边界值的使用和应用情况，以及动物数据如何应用。1983年美国国家研究委员会（National Research Council，NRC）的一项重要报告中提出了风险评估过程的四个关键要素分别为危害识别、剂量-反应关系、暴露评估和风险特征描述。对于广泛而多样的产品类型，产品范围从药品到杀虫剂，再到化妆品和其他消费品，国际同行均使用了类似的模式。

1959年英国动物学家WlimRssel和微生物学家Rex Burch在《人性动物实验技术原则》一书中提出："正确的科学实验设计应考虑到动物的权益，尽可能减少动物用量，优化完善实验程序或使用其他手段和材料替代动物实验"。这是3R原则的首次提出，3R即减少、优化和替代（reduction、refinement、replacement）的简称。

为推动化妆品毒理学安全性评价领域动物实验替代方法的研究与应用，欧盟、美国、日本等主要发达国家和地区不但成立了研究组织和管理机构，投入大量经费支持相关技术研究，而且从法律法规的角度颁布实施了强制性的技术要求。

1998年欧盟做出规定，提出"2002年后禁止使用动物对化妆品中产品进行安全性检测"，并将之列入世界贸易组织双边协议的条款。欧盟于2009年开始实施禁止动物实验的法规要求，并于2013年3月11日起，全面禁止含有经过动物测试成分的化妆品上市销售。随后，俄罗斯、挪威、瑞士、巴西、印度、澳大利亚、新西兰、土耳其、以色列、韩国、阿根廷、越南等国家，也开始逐步推动动物实验禁令。

目前，欧盟、日本、东盟等国家和地区发布了《化妆品安全性评价指南》，其成为指导化妆品生产商进行化妆品原料评估及化妆品成品评价的参考。

5.1.1.3 世界主要国家与地区的化妆品安全性评价管理

化妆品作为日用消费品，由于使用频繁，使用对象广泛，其原料和产品的质量安全将直接影响使用者的身体健康，因此需要特别注意对其安全性的把握。正基于此，各个国家和地区对于化妆品原料、生产过程、终产品质量安全标准等均进行了严格的管理规定，其中部分国家和地区已逐步建立起化妆品安全性评价的管理体系，并在科学认识的基础上不断对其进行完善。由于各国社会整体的法制环境和经济科技的发展水平并不相同，因此在化妆品安全性评价方面，也存在着不同的管理模式。但通过对比总结其中优秀的经验，仍然能为我国的化妆品监管带来启示。

（1）欧盟化妆品安全性评价法规管理

目前在化妆品安全性评价方面，欧盟具有较为完善的管理体系。欧盟的化妆品管理体系共有两个层次：一是欧盟层面的立法机构，二是各成员国负责监管的政府主管部门。

2013年7月11日实施的《欧盟化妆品法规》（以下简称欧盟法规）是欧盟各成员国严格执行的化妆品法规性文件，其明确规定欧盟政府部门主要对化妆品原料进行管理，对产品实施以企业自律为主的管理模式，企业是化妆品质量安全的第一责任人，化妆品产品需完成化妆品安全报告（cosmetic product safety report，CPSR）后方可上市。现欧盟主要用动物替代试验和风险评估方法进行化妆品的安全性评价工作。

自2009年提出化妆品安全性检测禁止动物实验以来，欧盟建立了替代试验方法验证中心（European Union Reference Laboratory for Alternatives to Animal Testing，EURL EC-VAM）开展替代试验方法的有效性评价工作，经过验证中心认可的试验方法将纳入世贸经合组织标准框架体系，在世界范围内被认可用于化妆品产品和原料的安全性评价。

欧盟的化妆品安全风险评估是指利用现有的科学资料对化妆品中危害人体健康的已知或潜在的不良影响进行科学评价，有效地反映化妆品的潜在风险，一定程度上可以替代毒理学试验。依照欧盟《化妆品法规1223/2009》附表Ⅰ，化妆品安全风险评估报告应包括以下两部分内容：①化妆品安全信息（A部分），包括产品成分信息（定量及定性）、产品理化特性和稳定性、微生物指标、杂质、痕量风险物质、产品包装信息、正常和可预见的使用方法、化妆品及其成分的人体暴露、成分毒理学信息、不良反应和严重不良反应、其他产品有关信息。②化妆品安全评价（B部分），包括安全评估结论、标签中的警示语和使用说明、安全评估的科学依据、安全评估员的资质及其对化妆品安全评估的结果确认。

欧盟消费者安全科学委员会（SCCS）是化妆品领域最为重要的技术支撑机构，其所发布的安全性评价指南为众多国家和地区监管部门所借鉴学习。作为欧盟科学委员会之一，SCCS主要提供非食品类消费产品及服务的健康和安全风险相关的科学意见，例如化学、生物学、作用机理及其他方面的安全风险等。为规范化妆品安全性评估的过程，SCCS发布了《化妆品原料安全性评价测试指南》（Notes of Guidance for Testing of Cosmetic Ingredients and their Safety Evaluation by the SCCS），其中包含了与化妆品原料有关的试验方法和安全性评价信息，为政府机构和化妆品行业提供了技术指导。图5-1是欧盟化妆品安全性评价工作具体的分工及流程。

（2）美国化妆品安全性法规管理

美国食品药品管理局（FDA）是美国化妆品（及食品与药品）管理的最高监管机关。在美国，虽然没有针对化妆品安全性评价的具体要求，但FDA却明确指出"化妆品产品及其成分应在预期用途下保证其安全性"，"生产者对其化妆品的安全性、产品成分及产品与规章的相符负有完全的责任"。根据美国《食品、药品和化妆品法案》的规定，禁止掺假伪劣（adulterated）和错误标识（misbranded）的产品在各州间进行交易。容器或产

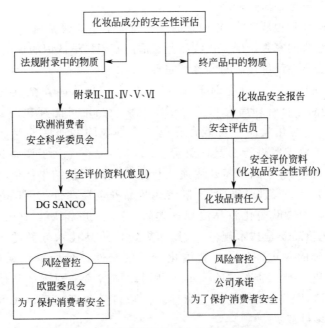

图 5-1　欧盟化妆品安全性评价示意图

品不得含有在使用时可能会引起危害的物质（煤焦油染发剂除外），不得含有污染、腐烂等物质，不得违规使用着色剂，不得在不卫生的条件下进行生产、包装或储存，违反以上要求将会被视为掺假伪劣产品。除对着色剂管理实行审批制度外，美国官方颁布了原料的禁用或限用名单。

除 FDA 及其内设机构强大的专家力量外，一些社会机构和组织也会对化妆品原料安全性等感兴趣的技术问题进行审查和评定，例如美国化妆品原料评价委员会（Cosmetic Ingredient Review，CIR），其对化妆品原料及产品的研究及评估报告发表于《国际毒理学杂志》，虽不能够直接作为美国政府的立法依据，但对于化妆品公司及行业，美国 CIR 关于原料的观点和结论是一项重要的参考依据。

(3) 日本化妆品安全性法规管理

关于化妆品终产品的品质要求，日本法规要求产品必须符合日本《化妆品基准》的要求：不得销售变质、混入异物或被微生物污染的产品，同时要求日本化妆品企业需对产品安全性负责，企业必须在产品投入市场前评价其产品安全性，并予以记录。在产品的安全风险评估方面，遵循企业自主管理的原则，除符合医药品、医疗器械等品质、功效性及安全性保证等有关法律法规要求外，监管部门不做其他要求。

日本没有专门从事化妆品评价的官方机构，但国家级别的从事化学物质管理的独立行政法人：国家产品技术与评价院（National Institute of Technology and Evaluation，NITE）承担了提供化学物质有关的科学性见解，以及法律法规、国际惯例等有关的技术及情报方面的工作。

此外，在日本化妆品行业内影响力较大的机构还有日本化妆品工业联合会（Japan Cosmetic Industry Association，JCIA）。该联合会于 2015 年修订出版了《化妆品安全评估相关指南》，其中包括化妆品安全性评价有关的毒理学试验方法，以及部分替代试验方法，为日本业界提供了指导。

(4）我国化妆品安全性法规管理

我国化妆品规范性管理从 1989 年颁布的《化妆品卫生监督条例》开始，经过三十多年的产业发展与监管法规的完善，国家化妆品监管部门基于科学认识的提高和科学监管理念的转变，对化妆品的安全性评价在不断调整和完善。

为确保化妆品使用安全，卫生部于 1987 年发布《化妆品安全性评价程序和方法》、2010 年国家食品药品监督管理局发布《关于印发化妆品中可能存在的安全性风险物质风险评估指南的通知》，对化妆品中可能存在的安全性风险物质的定义、风险评估基本程序、评估资料的基本要求等进行了具体解释。2013 年发布《关于调整化妆品注册备案管理有关事宜的通告》，明确了国产特殊用途化妆品"风险评估结果能够充分确认产品安全性的，可免予产品的相关毒理学试验"。随着化妆品安全性评价范围的拓展以及安全性评价方法研究的发展，参考欧盟化妆品法规，先后形成 1999 年版、2002 年版、2007 年版和 2015 年版的《化妆品安全技术规范》，具体规定化妆品技术方面的要求，明确提出有关化妆品安全性评价的要求。目前，我国化妆品安全性评价标准体系中包括动物试验、体外遗传毒性试验和人体安全性试验，主要利用动物试验来预测产品使用后可能在人体引起的皮肤和眼刺激性、过敏反应和光毒性。但从科学角度来看，我国的化妆品安全性评价体系仍面临诸多挑战。

我国自 2021 年 1 月 1 日起施行的《化妆品监督管理条例》（简称《条例》）是为规范化妆品生产经营活动，加强化妆品监督管理，保证化妆品质量安全，保障消费者健康，促进化妆品产业健康发展制定的。《条例》共 6 章 80 条，从化妆品原料与产品注册备案、生产经营管理、监督管理以及行政处罚四个方面对化妆品生产经营活动及其监督管理予以规范。随之而来的一系列配套政策法规也为化妆品安全评估工作奠定了坚实基础。2021 年颁布实施的《化妆品安全评估技术导则（2021 年版）》更是为规范和指导化妆品安全评估工作明确具体的工作要则。

目前，我国化妆品安全评价标准体系包括动物试验、体外遗传毒性试验和人体安全性试验，虽然没有执行欧盟的"化妆品动物试验禁令"，但是我国化妆品安全评估的方式方法则在沿袭欧盟标准的基础上逐渐由化妆品自身安全过渡到化妆品原料安全，最终落实到原材料风险评估与生产过程风险评估等源头安全评价上。从科学角度来看，我国的化妆品安全评价体系仍面临诸多挑战。

5.1.2 化妆品安全性评价基本理论

5.1.2.1 化妆品安全性评价程序

化妆品安全性评价的目标是确保消费者的使用是安全的，无论是在指导下使用，还是在合理可预见的错误使用条件下使用。为了实现此目标，对化妆品进行风险评估可以积极地保障其安全性。那么什么是风险评估呢？风险评估是指通过系统的科学方法评估暴露在危险性物质或环境中人体发生的不良反应。美国国家研究委员会（NRC）在 1983 年发布的《联邦政府的风险评估：管理程序》中首次系统地阐述了如何进行风险评估。报告提出，化学物质的风险评估包括以下几个流程：危害识别（hazard identification），剂量-反应关系（dose response relationship），暴露评估（exposure assessment）以及风险特征描述（risk characterization）。该评估流程是科学界公认的评价特定物质暴露对人体健康危害可能性的基本模式，有些组织和机构的指南中剂量-反应关系也被称为危害表征（hazard characterization）。在近五十多年以来，风险评估技术不断地完善，一些国家和地区发布的风险评估指南及规范性文件也是如此。

(1) 危害识别

危害识别是基于毒理学试验、临床研究、不良反应监测和人群流行病学研究等的结果，从原料和/或风险物质的物理、化学和毒作用特征来确定其是否对人体健康存在潜在危害。

① 按照《化妆品安全技术规范》或国际上通用的毒理学试验结果的判定原则，对化妆品原料和/或风险物质的急性毒性、皮肤刺激性/腐蚀性、眼刺激性/腐蚀性、致敏性、光毒性、光变态反应、遗传毒性、重复剂量毒性、生殖发育毒性、慢性毒性/致癌性等毒性特征进行判定，确定原料和/或风险物质的主要毒性特征及程度。

② 根据所提供的化妆品原料或风险物质的人群流行病学调查、人群监测以及临床不良事件报告等相关资料，判定该原料或风险物质可能对人体产生的危害效应。

③ 在对危害识别进行判定时，应考虑到原料的纯度和稳定性、其可能与化妆品终产品其他组分发生的反应以及透皮吸收率等，同时还应考虑到原料中的杂质或生产过程中不可避免带入原料中的毒性成分等。对可能有吸入暴露风险的产品，应评估其吸入暴露对人体可能产生的健康危害效应。

④ 对于复配原料，应对复配原料本身和/或每种组分的危害效应进行识别。

(2) 剂量-反应关系

剂量-反应关系评估用于确定原料和/或风险物质的毒性反应与暴露剂量之间的关系。对有阈值的毒性效应，需获得未观察到有害作用的剂量（NOAEL）或基准剂量（BMD）。对于无阈值的致癌效应，用25%的实验动物的某部位有发生肿瘤的剂量（T_{25}）或BMD来确定。对于具有致敏风险的原料和/或风险物质，还需通过预期无诱导致敏剂量（NESIL）来评估其致敏性。

① 有阈值原料的剂量-反应关系评估，需确定原料的NOAEL或BMD。当选择NOAEL计算安全系数时，应选择来自系统毒性试验的数据，如亚慢性重复剂量毒性试验、慢性毒性/致癌试验、生殖发育毒性试验、致畸试验等，还应该考虑该值获得的试验条件与被评估物质使用条件和品种敏感度的相关性。如果选择28天重复剂量毒性试验数据时，应增加相应的不确定因子（UF，一般为3倍）。如果不能得到NOAEL或BMD，则采用其观察到有害作用的最低剂量（LOAEL），但用LOAEL计算安全边际值（MoS）时，应增加相应的不确定因子（UF，一般为3倍）。

② 对于无阈值原料的致癌性，可通过剂量描述参数T_{25}或BMD等来进行剂量-反应关系评估。

③ 对于可能存在致敏风险的原料或风险物质，可通过NESIL进行安全评估。

(3) 暴露评估

暴露评估指通过对化妆品原料和风险物质暴露于人体的部位、浓度、频率以及持续时间等的评估，确定其暴露水平。

① 进行暴露评估时，应考虑含该原料或风险物质产品的使用部位、使用量、浓度、使用频率以及持续时间等因素，具体包括：

Ⅰ. 用于化妆品中的类别。

Ⅱ. 暴露部位或途径：皮肤、黏膜暴露，以及可能的吸入暴露。

Ⅲ. 暴露频率：包括间隔使用或每天使用的次数等。

Ⅳ. 暴露持续时间：包括驻留或用后清洗等。

Ⅴ. 暴露量：包括每次使用量及每日使用总量等。

Ⅵ. 浓度：在产品中的浓度。

Ⅶ. 透皮吸收率。

Ⅷ. 暴露对象的特殊性，如儿童、孕妇、哺乳期妇女等。

② 全身暴露量（systemic exposure dosage，SED）的计算。

Ⅰ. 如果暴露是以每次使用经皮吸收 $\mu g/cm^2$ 时，根据使用面积，按以下公式计算：

$$SED = \frac{DA_a \times SSA \times F}{BW} \times 10^{-3}$$

式中　SED——全身暴露量，$mg/(kg \cdot d)$；

DA_a——经皮吸收量，每平方厘米所吸收的原料或风险物质的量，测试条件应该和产品的实际使用条件一致，$\mu g/cm^2$；

SSA——暴露于化妆品的皮肤表面积，cm^2；

F——产品的日使用次数，d^{-1}；

BW——默认的人体体重（60kg）。

Ⅱ. 如果经皮吸收率是以百分比形式给予时，根据使用量，按以下公式计算：

$$SED = A \times C \times DA_p$$

式中　SED——全身暴露量，$mg/(kg \cdot d)$；

A——以单位体重计的化妆品每天使用量，$mg/(kg \cdot d)$；

C——在产品中的浓度，%；

DA_p——经皮吸收率，%。

在无透皮吸收数据时，吸收率以 100% 计；若当原料分子量＞500Da，高度电离，且脂水分配系数≤-1 或≥4，熔点＞200℃时，吸收率取 10%。吸收率不以 100% 计时，需提供有关情况说明。

暴露量计算时还应考虑其他暴露途径的可能性（如吸入、食用等）；必要时应考虑除化妆品外其他可能来源（如食品和环境等）的暴露情况。

（4）风险特征描述

风险特征描述指化妆品原料和风险物质对人体健康造成损害的可能性和损害程度。可通过计算安全边际值、终生致癌风险（LCR）、可接受暴露水平与实际暴露量的比较，分别对化妆品原料和/或风险物质对人体引起有阈值毒性效应、无阈值致癌效应和致敏效应等方式进行描述。

① 有阈值原料和风险物质的风险特征描述　对于有阈值的化合物，通常通过计算其安全边际值进行评估。计算公式为：

$$MoS = \frac{NOAEL}{SED}$$

式中　MoS——安全边际值；

$NOAEL$——未观察到有害作用的剂量；

SED——全身暴露量，$mg/(kg \cdot d)$。

在通常情况下，当 $MoS \geqslant 100$ 时，可以判定是安全的。

如化妆品原料或风险物质的 $MoS < 100$，则认为其具有一定的风险性，原则上不允许使用。对于特殊使用方式的原料如染发剂，当 MoS 值小于 100 时，需进一步进行评估。

100 是指默认的不确定因子（UF），由种间差异 10 和种内差异 10 相乘所得，如有毒代动力学等数据，应考虑进行调整。如果毒理学数据质量存在缺陷，应适当增加不确定因子。

② 无阈值原料的风险特征描述 对于无阈值的原料和风险物质，可通过计算其终生致癌风险度（lifetime cancer risk，LCR）进行风险程度的评估。计算如下：

I. 首先按照以下公式将动物试验获得的 T_{25} 转换成人 T_{25}（HT_{25}）：

$$HT_{25} = \frac{T_{25}}{(BW(人)/BW(动物))^{0.25}}$$

式中　T_{25}——对自发肿瘤发生率进行校正后，25% 的实验动物的某部位有发生肿瘤的剂量；

HT_{25}——由 T_{25} 转换的人 T_{25}；

BW——体重（默认的成人体重为 60kg），kg。

II. 根据计算得出的 HT_{25} 以及暴露量按以下公式计算终生致癌风险：

$$LCR = \frac{SED}{HT_{25}/0.25}$$

式中　LCR——终生致癌风险；

SED——终生每日暴露平均剂量，$mg/(kg \cdot d)$。

如果该原料或风险物质的终生致癌风险度 $< 10^{-6}$，则认为其引起癌症的风险性较低，可以安全使用。

如果该原料或风险物质的终生致癌风险度 $\geqslant 10^{-6}$，则认为其引起癌症的风险性较高，应对其使用的安全性予以关注。

③ 致敏性风险特征描述 对于潜在致敏性风险的原料和风险物质，可按以下公式通过预期无诱导致敏剂量计算得出 AEL。

$$AEL = \frac{NESIL}{SAF}$$

式中　AEL——可接受暴露水平，$\mu g/cm^2$；

$NESIL$——预期无诱导致敏剂量，$\mu g/cm^2$；

SAF——致敏评估因子，根据个体差异、产品类型、使用部位、使用频率/持续时间等，确定恰当的致敏评估因子。

当 AEL 低于消费者暴露水平时，认为其引起致敏性的风险较高，应对其使用的安全性予以关注。

5.1.2.2 化妆品安全评价方法

(1) 概述

在各国的化妆品法规以及评价指南中，化妆品的安全性评价都被认为必须要基于对原材料的安全性评估。化妆品原材料和其他化学品在本质上并无不同，所以针对一般化学品或者药品的毒理学研究方法也适用于对化妆品原材料的毒理学研究，这是对化妆品进行安全性评价的前提。化妆品的安全性问题往往是因为一些原料或原料内杂质的引入而导致的。因此，化妆品的安全评价必须要在掌握各原材料的成分信息和毒理学终点的基础上，充分评估各原材料及风险物质的安全性。

化妆品成分信息主要包括物质的分子量、电荷、亲油性等能影响透皮吸收及毒性研究与试验方法等的内容。化妆品原料安全性评价相关的毒理学研究主要包括：急性毒性、腐蚀性和刺激性、致敏性、光毒性、光变态反应、遗传毒性、重复剂量毒性、生殖发育毒性、慢性毒性/致癌性等。

一般来说，毒理学的研究方法包括整体动物试验、离体或体外试验、人体（临床）试验和流行病学人群研究。

整体动物试验通常也被称为体内试验，以实验动物为研究模型，通过研究实验动物接触外源化学物后产生的毒理学效应，预测外源化学物可能对人体产生的危害。试验多采用暴露条件，可检测多种类型的毒理学效应，相对而言结果较易外推至人等。

离体或体外试验通常采用废弃组织、游离器官、体外培养的细胞或细胞器作为研究模型，进行毒理学研究。离体或体外试验系统更容易标准化，影响因素较少，在化学物的毒性筛选以及毒作用机制研究方面具有更大的优越性。但是其缺乏动物体内的毒代动力学过程和整体调控，针对系统毒性或者多个组织/器官参与的毒理学效应尚无较好的试验模型。

人体（临床）试验主要通过招募受试者设计和开展在规定的暴露条件下，不损害人体健康的临床实验。其数据的说服力很强，但是考虑到伦理学的要求，对调研开展的要求非常严格。在化妆品安全性评价领域中，由于化妆品是与人体健康相关的产品，日常使用频率高，其安全性要求也高，可靠结果的参考性强，因此人体试验的应用较为普遍。

流行病学调查可以针对在环境中已存在的外源化学物或偶然发生的意外事故，对人群进行调查。流行病学研究可从对人群的直接观察中，取得动物试验所不能获得的资料，其结果对确定人体受损害作用具有重要的参考价值。利用流行病学方法不仅可以研究已知环境因素对人群健康的影响（从因到果），而且还可以逆向探索已知疾病的环境病因（从果到因）。此外，化妆品上市后的不良反应监测数据，也是重要的安全性数据来源，分析并追踪调查不良反应，可持续不断地修正产品及其原料的安全性资料。

(2) 毒理学评价概述

化妆品毒理学主要是对其中化学物质进行毒性鉴定，按照相应程序，通过一系列的毒理学试验测试化妆品毒理检测指标，根据毒理学作用部位、毒性机制以及毒理学反应或效应的不同，用于评价和预测对人体可能造成的危害。根据产品的使用方法、暴露途径等，确认原料和/或风险物质可能存在的健康危害效应，主要包括：

① 急性毒性　包括经口和/或经皮接触后产生的急性毒性效应。

② 刺激性/腐蚀性　包括皮肤和/或眼刺激性/腐蚀性效应。

③ 致敏性　主要为皮肤致敏性。

④ 光毒性　紫外线照射后产生的光刺激性。

⑤ 光变态反应　重复接触并在紫外线照射下引起的反应。

⑥ 遗传毒性　包括基因突变和染色体畸变效应等。

⑦ 重复剂量毒性　连续暴露后对组织和靶器官所产生的功能性和/或器质性改变。

⑧ 生殖发育毒性　对亲代的生殖功能、妊娠母体机能、胚胎发育、胎儿出生前、围产期和出生后结构及功能的有害作用。

⑨ 慢性毒性/致癌性　正常生命周期大部分时间暴露后所产生的毒性效应及引起肿瘤的可能性。

⑩ 其他　有吸入暴露可能时，需考虑吸入暴露引起的健康危害效应。

经济合作与发展组织，简称"经合组织"（Organization for Economic Cooperation and Development，OECD）为加强对化学品安全性的评估监控，出版《经济合作与发展组织（OECD）化学品测试准则》，提供了用于测试各类化学品，包括化妆品原料的一系列检测方法，成为开展化妆品原料毒理学研究其潜在危害性评价工作的共同参考。

(3) 毒理学评价内容

① 急性毒性

化妆品急性毒性试验指采用动物试验的方式来评价化妆品对人体产生近期（即在24h内单次接触或多次接触）毒性危害的试验。根据暴露途径的不同，急性毒性的研究方法主要包括急性经口、急性经皮和急性吸入毒性试验，我国《化妆品安全技术规范》仅包含急性经皮和急性经口毒性试验。前者是考察化妆品涂敷皮肤一次剂量后所产生的急性不良反应，后者则是评价化妆品一次经口饲予动物后所引起的急性不良反应。测试结果以半数致死量 LD_{50} 的大小来表示毒性的高低，分为实际无毒、低毒、中等毒性等5个等级。急性毒性试验的结果主要作为化妆品原料毒性分级、标签标识以及确定亚慢性毒性试验和其他毒理学试验剂量的依据。

② 刺激性/腐蚀性

化妆品的刺激性/腐蚀性包括皮肤刺激性/腐蚀性和眼刺激性/腐蚀性。

Ⅰ. 皮肤刺激性/腐蚀性　在我国，新开发的化妆品原料及新研发的化妆品产品，在投入使用前或投放市场前，需进行皮肤刺激性/腐蚀性试验。皮肤刺激性（dermal iritation）是指皮肤涂敷受试物后局部产生的可逆性炎性变化。皮肤腐蚀性是指皮肤涂敷受试物后局部引起的不可逆性组织损伤。皮肤刺激性/腐蚀性试验是将受试物一次（或多次）涂敷于受试动物的皮肤上，在规定的时间间隔内，观察动物皮肤局部刺激作用的程度并进行评分，采用自身对照，以评价受试物对皮肤的刺激作用。《化妆品安全技术规范》中，皮肤刺激性/腐蚀性试验分为急性皮肤刺激性/腐蚀性试验和多次皮肤刺激性/腐蚀性试验。已认可的皮肤刺激性试验体外方法包括法国 EpiSkin 模型试验，美国 EpiDerm 模型试验以及法国 SkinEthic 模型试验，已被认可的皮肤腐蚀试验的替代方法包括人工皮肤模型试验，大鼠皮肤经皮电阻试验和皮肤腐蚀试验。此外，以离体兔、人或猪耳皮肤进行的离体皮肤试验，非灌注猪耳试验，小鼠皮肤完整性功能试验以及计算机模拟计算化合物与皮肤活性物的 QSAR 模型等方式也成为潜在的皮肤刺激性/腐蚀性的试验方法。

Ⅱ. 眼刺激性/腐蚀性　眼刺激性（eye irritation）是指眼球表面接触受试物后所产生的可逆性炎性变化。眼腐蚀性（eye corrosion）是指眼球表面接触受试物后引起的不可逆性组织损伤。

检测化学物的眼刺激性和腐蚀性的传统试验是由 Draize 等提出的兔眼试验，即将受试物以一次剂量滴入每只试验动物（家兔）的一侧眼睛结膜囊内，以未作处理的另一侧眼睛作为自身对照，Draize 试验仍是测定急性眼毒性的国际标准。近年来在动物福利的压力下，已有多种动物替代试验的体外方法被开发和应用。其中已有 5 种方法得到了 OECD 的认可，2 种经过了 ECVAM 的验证，包括牛角膜浑浊和渗透性试验（bovine corneal opacity and permeability，BCOP），离体鸡眼试验（isolated chicken eye，ICE），荧光素漏出试验（fluorescein leakage，FL），短期暴露试验（short time exposure，STE）和重组人角膜上皮模型试验（reconstructed human cornea-like epithelium，RhCE）。

③ 致敏性

皮肤致敏也被称作过敏性接触皮炎，是一种由 T 细胞介导的由于皮肤多次重复接触过敏原产生的炎症反应，症状包括红斑、水肿，有时也会伴有丘疹和水疱。由于免疫信号的传导和放大需要一定的时间，皮肤致敏反应一般在变应原接触 24~72h 左右发生，故也被称为迟发型过敏反应。皮肤致敏是化妆品常见的不良反应之一，也是消费者最关注的化妆品安全性之一，对皮肤致敏的评估需格外慎重。

皮肤致敏性的替代试验主要有世界经济与合作组织（OECD）于 2010 年发布的小鼠局部淋巴结细胞试验（LLNA、rLLNA、LLNA：ATP、LLNA-ELISA：BrdU）和 Magnusson Kligman 豚鼠最大值试验（GPMT）。在 2015 年以前，小鼠局部淋巴结试验（LLNA）是最为普遍使用的致敏性试验，但其试验材料为试验小鼠的淋巴结细胞，因此该系列方法被认为是对传统动物试验的优化。在科学家的不断努力下，已有很多过敏反应毒性机制的研究，2015 年新增加的两个体外方法——致敏性化学测试方法（Keratino Sens）和体外直接反应肽试验（DPRA）分别是基于过敏反应机制的化学法和验证化妆品致敏性的体外试验方法。此外，LLNA：BrdU-Flow Cytometry 的方法是对 LLNA：BrdU-ELISA 方法中发光物质 BrdU 检测手段的改进。人细胞系 h-CLAT 法、IL8 Luciferase 法和 Myeloid U937 法，也都是基于过敏反应机制设计的体外方法。

④ 光毒性

光毒性是指皮肤组织在一次接触化学物质后，暴露于紫外线照射下产生光源性刺激或光源性致敏的一种皮肤毒性反应。某些化妆品类别，比如防晒类产品，其使用场景主要特点是长时间阳光暴露，因此一旦危害识别提示物质具有光毒性，则应用这类产品很有可能有健康风险。光毒性试验通常使用成年白色家兔或白化豚鼠做试验。将一定量受试物涂抹在动物背部去毛的皮肤上，经暴露一定时间间隔和剂量的 UVA 后，观察受试动物皮肤反应（红斑、焦痂和水肿形成的程度），进行评分，确定该受试物是否有光毒性。光毒性（光刺激）和光敏性"3T3 中性红摄取光毒性试验（3T3 NRU PT）"（OECD TG 432）是一种经验证的体外方法，通过暴露于与非暴露于非细胞毒性剂量的紫外光/可见光时化学物质的细胞毒性的比较，可预测人体的急性光毒性作用，然而，它不能预测其他光诱导毒性，例如光诱导遗传毒性、光致敏性或光致癌性。

⑤ 光变态反应

光变态反应也称皮肤光青，是测定皮肤重复接触化学物质后，同时暴露于特定波长的紫外线照射下所引起的一种皮肤光致敏作用。光变态反应产生机理是一些原先无致敏作用的产品，经光能作用转变成影响机体免疫系统的完全光抗原物质诱导机体产生光致敏状态，经一定的潜伏期，皮肤再次接触同一皮损可扩展到未被光照的部位。

光变态试验最常用的是豚鼠，在豚鼠颈部皮肤通过涂抹诱导剂量的化妆品原料，暴露在紫外线下诱导特定的免疫应答，经间歇期，再在颈部及背部皮肤给予激发剂量的受试物后暴露于紫外线下，观察试验动物并与对照动物比较皮肤的反应强度。

⑥ 遗传毒性

遗传毒性是指改变体内细胞 DNA 的结构、遗传信息含量或遗传信息分离的作用，包括生殖细胞或体细胞。根据国际科学专家组的建议，以及与欧洲科学委员会（EFSA/2011）和英国致突变性委员会（COM/2011）所达成的一致意见，对拟包含在欧盟化妆品法规（EC）1223/2009 号中的化妆品物质的致突变性的评估应包括提供三种遗传毒性终端的测试：基因层面上的致突变性，染色体断裂和/或重组（致染色体断裂），染色体数目的畸变（非整倍体变异）。世界经济合作组织（OECD）发布修订了一系列遗传毒性试验方法。

目前我国化妆品安全性毒理学评价标准，收载了 Ames 试验、体外哺乳动物细胞染色体畸变试验、体外哺乳动物细胞基因突变试验、哺乳动物骨髓细胞染色体畸变试验、体内哺乳动物细胞微核试验和睾丸生殖细胞染色体畸变试验 6 个遗传毒性试验方法，均由 OECD 的方法引用、转化或修改而来，并规定化妆品新原料的遗传毒性试验至少包含一项基因突变试验和一项染色体畸变试验，同时规定特殊化妆品要进行包括细菌回复突变试验和体外哺乳动物细胞染色体畸变试验在内的两项遗传毒性试验。

⑦ 重复剂量毒性

重复剂量毒性是相对于急性毒性提出的概念，它是由于对试验物种的预期寿命内的特定时间重复每日暴露或接触某种物质而产生的一般性有害毒理学效应（不包括生殖、遗传毒性和致癌效应）。重复剂量（亚慢性/慢性）毒性检测可根据时间分为 28 天和 90 天，甚至更长的慢性毒性研究；根据暴露途径，可分为经口、经皮、吸入三种方式。在我国，重复毒性试验主要用于评估化妆品原料的毒性。

⑧ 生殖发育毒性

生殖和发育毒性系指某种物质对哺乳动物生殖功能的不良作用。它涉及生殖周期的各个阶段，包括对雄性或雌性生殖功能的损伤、对后代的不良作用，如导致死亡、发育延缓、结构和功能改变等。由于种属差异，生殖和发育毒性结果从动物外推到人的有效性很有限。

⑨ 慢性毒性/致癌性

慢性毒性试验与致癌性试验是观察哺乳动物的大部分生命期内或终生通过适当摄入途径（经口、经皮和吸入）接触受试物后所引起的各种毒效应，包括主要的慢性毒性（包括对神经、生理、生化、血液系统以及与接触相关的病理形态学方面的作用）、致癌性和相应的剂量-反应关系。试验一般需要两种不同哺乳类动物。目前最常用的致癌试验包括：致癌性试验（OECD452）和慢性毒性/致癌性试验（OECD453）。此外还有一系列测定基因毒性致癌的致突变试验方法。

(4) 动物替代与体外实验

为了保护动物福利，越来越多国家加入了禁止化妆品动物实验的队伍，通过各项法规政策来约束动物实验行为。

印度：禁止进行任何动物实验，禁止进口有动物实验的化妆品。

新西兰：禁止在化妆品及成分研发中使用动物实验。

澳大利亚：从 2017 年 7 月起实施化妆品动物实验及销售禁令。

美国：已提交人道化妆品法案。

巴西：讨论修改和增加销售禁令。

韩国：如已有 MFDS 认可的替代法，则禁止对化妆品产品及原料进行动物实验并销售进行动物实验的化妆品，个别产品类别、成分类别除外。从 2018 年起生效。

在中国，自 1997 年《关于"九五"期间实验动物发展的若干意见》的颁布，政府开始关注动物福利、伦理和体外方法研究，要求开展动物实验前必须进行伦理学审查并支持动物替代试验的探索性研究；2013 年国家食品药品监督管理总局《关于调整化妆品注册备案管理有关事宜的通告》明确指出：国产非特殊用途化妆品可采用风险评估的方式进行安全性评价，风险评估结果能够充分确认产品安全性，可免予产品的毒理学试验。通过调整，积极引导企业通过安全风险评估确保产品质量安全，减少了不必要的终产品的毒理学试验。即利用简单的生物系统，体外培养的细菌、细胞、3D 重建组织、器官或非生物构建体系（如计算机模型）替代实验动物。2017 年全国化妆品监督管理工作电视电话会议上也提出，将"推动化妆品动物替代方法的研究和应用""结合我国实际情况，有针对性地开展相关化妆品动物替代试验方法的研究、验证和应用，鼓励在替代方法、试验、材料等方面自主研发"，此表述表明化妆品动物替代毒理学研究已成为当前化妆品安全性评价的重要研究方向。

除化妆品用化学原料体外，3T3 中性红摄取光毒性替代试验方法作为第一个毒理学试验替代方法，纳入了 2015 年版《化妆品安全技术规范》。"化妆品用化学原料体外兔角膜上皮细胞短时暴露试验""皮肤变态反应：局部淋巴结试验：DA""皮肤变态反应：局部淋巴结试验：BrdU-ELISA""化妆品用化学原料体外皮肤变态反应：直接多肽反应试验"等不断新增的化妆品动物替代试验方法也不断体现我国开展化妆品动物替代研究的实力与水平。

5.1.3　化妆品风险物质安全性评价

5.1.3.1　概述

化妆品的成分以及制作流程的复杂性，会造成化妆品的安全性下降，因此在化妆品中有许多安全风险，其中化妆品风险物质的风险评估是化妆品安全性评价的重要内容。

5.1.3.2　化妆品风险物质定义与范围

化妆品风险物质全称为化妆品中可能存在的安全性风险物质，是指由化妆品原料带入、生产过程中产生或带入的，可能对人体健康造成潜在危害的物质。

此外，由于化妆品配方的复杂性、人们对化妆品配方成分及其潜在威胁认识的局限性以及对化妆品使用经验的不完整性，客观上造成了化妆品使用安全风险。例如，原料中杂质成分的种类、含量和风险以及配方后可能产生的新物质和风险、储运过程中可能发生的变化、人体特异性及使用化妆品的习惯不同等。同时，化妆品市场竞争激烈，有些生产者为追求功效，超限量使用限用物质或者非法添加禁用物质等，主观上带来化妆品使用风险，给消费者健康造成风险，属于违法行为。

《化妆品安全技术规范》以列表形式对化妆品中禁限用组分及准用组分进行管理，包括 1388 个禁用组分、47 个限用组分、51 个准用防腐剂、27 个准用防晒剂、157 个准用着色剂、75 个准用染发剂，明确规定了化妆品原料中不得使用的物质，以及在限定条件下可作为化妆品原料使用的物质。同时，化妆品禁用组分表备注中明确了因非故意添加存在于化妆品成品中，如来源于天然或合成原料中的杂质，来源于包装材料，或来源于产品的生产或储存等过程，在符合国家强制性规定的生产条件下，如果禁用组分的存在在技术上是不可避免的，则化妆品的成品必须满足在正常的、合理或可预见的使用条件下，不会对人体造成危害。我国《安全性风险物质风险评估指南》也对化妆品中风险物质的安全评估给出审评原则与工作指导。

5.1.3.3 重点关注的化妆品风险物质

(1) 重金属

化妆品本身含有多种化学物质，但一般来说，化妆品原料毒性很低。化妆品在生产过程中可能受到有毒化学物质特别是有毒重金属的污染，而有毒重金属污染是化妆品诸多问题中最普遍的问题之一。对化妆品造成污染的常见金属元素有铅、汞、砷、镉、铬、锑、铜等，其中以汞和铅较为突出。

① 汞（Hg）

化妆品中最为常见的两种汞化合物为氯化汞和硫化汞，氯化汞主要特性是细腻、洁白，我国古代就有在化妆品内添加氯化汞的传统。汞元素美白主要是通过取代反应实现的。合成黑色素的酪氨酸酶中的铜原子可以被汞离子所取代，使色素酶失活，进而会对皮肤内酪氨酸向黑色素转化的过程造成干扰。随着皮肤内黑色素生成的减少，人的皮肤会逐渐变白。因此，不法厂家在化妆品添加汞元素，主要是为了增白。然而，汞元素对皮肤最大的伤害是色素沉着。由于个人肌肤条件的区别，长时间使用含有汞的化妆品，会诱发人体皮肤的慢性中毒，也会危害到人体消化系统以及神经系统，严重的话，会造成皮炎、呼吸衰竭、尿毒症等。

② 砷（As）

作为常见的有毒重元素，砷也曾被广泛使用。砷旧称"砒"，质脆有毒。砷对蛋白质以及体内多种氨基酸都具有非常强的亲和力，很容易被富集吸收，砷元素可以与人体内大量功能酶结合，进而加速局部肌肤的代谢效率，可以达到美白祛斑的效果。长期大量摄入砷，会诱发人体的胃肠道损伤和心脏功能失常，同时，砷制剂还有一定的神经毒性及生殖毒性，需要严格限制化妆品内砷元素的含量。

③ 铅（Pb）

铅元素不是人体的必需元素，因此，人体内铅元素的含量越少越好。平常所使用的化妆品中所含的铅以氧化铅为主，它比较容易被人体吸收，从而促进化妆品中其他成分的吸收。相比于其他重金属，铅有良好的吸附能力，导致其被广泛应用于低劣的化妆品中，从而达到美白的效果。作为有毒的重金属，铅实际对人体具有非常大的危害，长期过量使用，会加速皮肤的老化，进而诱发暗疮、色斑等一系列问题。同时，由于铅元素吸附强、渗透力强，其可在皮下组织及血管内缓慢蓄积，导致血液流通不畅，形成暗疮及色斑等。由于其阻遏毛细血管的血液供应，皮肤的代谢也会随之放缓，局部皮肤"营养不良"会进一步降低皮肤的免疫力。另外，作为有毒重金属，铅极易在体内蓄积，长期蓄积会对人体的循环、神经、消化系统等产生毒性效应。

④ 镉（Cd）

镉是一种具有银白色光泽的金属，通常与锌在自然界里一起存在。镉实际在化妆品里产生不了美容的效果，不过以锌为原料的粉底中，经常会把镉元素作为杂质带入化妆品中。长期使用含有镉的化妆品，可能会导致慢性中毒。而且镉还会将钙磷的代谢破坏掉，并且镉离子还可以取代人体骨骼里的钙离子，从而造成钙在骨质上无法正常沉积，妨碍骨胶原的正常固化成熟，因此会产生软骨病。此外，镉还可破坏铜、锌、锰、硒等一系列微量元素的代谢，导致心脏扩张和早产儿死亡，诱发肺癌。2015年出版的《化妆品安全技术规范》就增加了对镉限制用量的规定。

⑤ 铬

铬在美容方面并无功效。化妆品中的铬超标，会引起皮肤产生过敏性皮炎、湿疹等不良症状。造成化妆品中铬含量超标的原因，基本是在生产中所使用的原材料纯度不够，或是生产过程中的设备不符合标准（如不是不锈钢材料），这两种情况控制得不到位，是很容易使得最终生产出来的化妆品铬含量超标。

⑥ 锑（Sb）

锑及其化合物本身并无美容作用，《化妆品安全技术规范》里把锑及其化合物作为禁止使用组分进行控制。锑元素主要在彩妆中含量较多，如碳酸钙及滑石粉是彩妆化妆品里最重要的原料，而这些原料就很可能含有超标的锑。一些企业对锑元素的危害没有足够重视，在选用化妆品原料时，为了控制成本，生产时选用价格低廉、重金属超标的材料，生产出来的成品也会含有超标的锑。

（2）石棉

石棉本身无毒，其危害来自石棉粉尘。当这些细小的粉尘被吸入人体内后，会附着并沉积在肺部，造成肺部疾病。石棉已被国际癌症研究中心认定为致癌物。《关于以滑石粉为原料的化妆品行政许可和备案有关要求的公告》（2009年第41号）规定：自2009年10月1日起，凡申请特殊用途化妆品行政许可或非特殊用途化妆品备案的产品，其配方中含有滑石粉原料的，申报单位应当提交具有粉状化妆品中石棉检测项目计量认证资质的检测机构，依据《粉状化妆品及其原料中石棉测定方法》（暂定）出具的申报产品中石棉杂质的检测报告。《化妆品安全技术规范》规定石棉不得检出。

（3）二噁烷

二噁烷通过吸入、食入、经皮吸收进入体内，有麻醉和刺激作用，在体内有蓄积作用，导致皮肤损伤甚至急性中毒，可导致死亡，是我国现行化妆品监管法规规定的化妆品禁用组分，该物质有可能由于技术上不可避免的原因，随原料带入化妆品中。《关于化妆品中二噁烷限量值的公告》（2012年第4号）将化妆品中二噁烷限量值定为不超过30mg/kg。

（4）防腐剂

防腐剂在化妆品中是常见的一种成分，它可以起到杀菌的作用，保障化妆品的使用日期，但是有的防腐剂会对皮肤产生一定的负面作用，因此要合理安全地使用防腐剂，除保障化妆品的使用日期外还要保证对皮肤无副作用。

① 甲基异噻唑啉酮

由于其对多种细菌等微生物有非常好的杀灭效果，被广泛用于化妆品中，但是随着人们对甲基异噻唑啉酮研究的深入，发现甲基异噻唑啉酮在杀灭细菌的同时，还能引起皮肤过敏、皮炎等问题，而且概率还不低，所以欧盟、东盟、加拿大等国家和地区已经禁止在化妆品中使用。

② 尼泊金酯类防腐剂

尼泊金酯也叫对羟基苯甲酸酯，在化妆品中过量使用会引起皮肤过敏，引发皮炎，如果长时间在人体内累积还会引起更严重的后果。欧盟、东盟已经禁止对羟基苯甲酸异丙酯等 5 种尼泊金酯类防腐剂的使用，我们国家也禁止了对羟基苯甲酸异丙酯等 5 种尼泊金酯类防腐剂的使用，并对尼泊金丙酯及其盐类、尼泊金丁酯及其盐类的使用量进行了限制。

③ 甲醛和甲醛供体类防腐剂

这类防腐剂是通过释放甲醛来杀灭细菌的，吸入高浓度甲醛可引发严重的呼吸道刺激和水肿，常见的有双咪唑烷基脲（双甲基咪唑烷基脲、重氮烷基脲）、DMDM 乙内酰脲。我国已把甲醛列入化妆品禁用物质。

④ 苯酚

苯酚对皮肤及黏膜具有强烈腐蚀作用，可引起脏器损伤。可能常见于苯氧乙醇原料中。日本将其列为防腐剂在安全计量内使用，我国已经列为禁用物质。

(5) 美白成分

① 氢醌

氢醌具有抑制黑色素形成的作用，也是目前用于美白祛斑最有效的成分之一，很多美白祛斑类护肤品都含有此成分。但是如果长期使用含有氢醌的护肤品，可能引起外源性褐黄病，一定不要频繁使用含此成分的护肤品。基于刺激性及安全考虑，氢醌不适合用于日常保养品中，目前许多国家已禁用此成分。

② 杜鹃醇

2013 年，杜鹃醇导致使用者皮肤出现白斑的事件轰动了日本化妆品界。杜鹃醇作为可有效抑制黑色素形成的化合物，但造成"皮肤变成不均匀的白色"的不良反应，其作为美白成分风险物质未被批准进入中国市场。

(6) 甲醇

在香水等产品中作为溶剂使用，含量过高可引起脑部及视神经损伤。可能常见于乙醇、异丙醇等原料中。

(7) 丙烯酰胺

广泛应用于各类化妆品中，可能常见于聚丙烯酰胺原料或者共聚物中。由于聚丙烯酰胺及共聚物是由丙烯酰胺单体聚合而成的，在化妆品生产过程中，不可避免地残留于原料中。驻留类体用产品中丙烯酰胺单体最大残留量为 0.1mg/kg，其他产品中单体最大残留量为 0.5mg/kg。

(8) 二甘醇

皮肤长时间或反复接触二甘醇时，会受刺激而产生搔痒、灼伤、发红、发胀以及皮疹。可能常见于甘油、聚乙二醇类原料中。

(9) 仲链烷胺、亚硝胺

亚硝胺是强致癌物，是最重要的化学致癌物之一。胺类物质与亚硝基反应会产生亚硝胺物质。可能常见于三乙醇胺、椰油酰胺 DEA 等原料中。

(10) 农药残留

可能常见于仅经机械加工后直接在生产过程中使用的植物来源的原料中。使用植物提取物的化妆品需特别关注。国标 GB/T 39665—2020 规定了对含植物提取物类化妆品中 55 种禁用农药残留量的测定标准。

5.1.3.4　化妆品风险物质安全评估资料

我国化妆品相关规定中已有限量值的物质，不需要提供相关的风险评估资料；国外权威机构已建立相关限量值或已有相关评价结论的，申请人可以提供相应的安全性评价报告等资料，不需要另行开展风险评估。否则，申请人应开展相应的安全风险评估。

在化妆品原料和产品审评工作中，通常是从以下几个方面对申请人的资料进行审查。

① 化妆品中可能存在的安全性风险物质的来源。

② 可能存在的安全性风险物质概述，包括该物质的理化特性、生物学特性等。

③ 化妆品（或原料）中可能存在的安全性风险物质的含量及其相应的检测方法，并提供相应资料。

④ 国内外法规或文献中关于可能存在的安全性风险物质在化妆品和原料以及食品、水、空气等介质（如果有）中的限量水平或含量的简要综述。

⑤ 毒理学相关资料：

Ⅰ. 化妆品中可能存在的安全性风险物质的毒理学资料简述，至少包括是否被国际癌症研究机构（IARC）纳入致癌物。

Ⅱ. 参照现行《化妆品卫生规范》毒理学试验方法总则的要求，提供相应的毒理学资料摘要。根据可能存在的安全性风险物质的特性，可增加或减少某些相应项目的资料。

⑥ 风险评估应遵循风险评估基本程序，结合申报产品的特点进行。风险评估报告应包括具体评估内容及其结论。

⑦ 配方中含有植物来源原料的，对于仅经机械加工后直接使用的植物原料，应当说明可能含有农药残留的情况；对于除机械加工外，需经进一步提取加工的植物来源原料，必要时，也应说明可能含有农药残留的情况。

⑧ 在现有技术条件下，能够降低产品中可能存在的安全性风险物质含量的有关技术资料，必要时提交工艺改进的措施。

上述风险评估的相关参考文献和资料包括申请人的试验资料或科学文献资料，其中包括国内外官方网站、国际组织网站发布的内容。

5.1.4　化妆品原料的风险评估

美国除对着色剂管理较为严格外，官方还颁布了一份仅收录少量禁用或限用原料的名单。《欧盟化妆品法规1223/2009》附表中规定了化妆品禁用组分、限用组分（其中包含染发剂）以及允许使用的防晒剂、防腐剂、着色剂等，对化妆品中所使用的物质作出了明确规定。日本对化妆品和医药部外品进行分类管理，对于化妆品，自2001年法规管理制度放宽以后，除《化妆品基准》中提到的禁用组分、限用组分清单中所收录的物质以外，允许在企业承担安全自认的前提下，自行判断使用。我国对于一般性原料要求与欧盟的要求相似，设有禁用、限用原料清单；对于功能性原料也有参考日本经验的做法，如设功效分类列表、允许使用清单，也增加了中国特色的部分；对特殊新原料实行注册管理，对一般新原料实行备案管理。可以说，中国化妆品原料管理既吸纳了国际经验，又适应了我国实际情况。

5.1.4.1　化妆品原料安全评估原则

化妆品原料成分安全性评价采用国际上通用的化学品安全性评价的方法及原则。化妆品原料的毒理数据分析安全性评价应遵循证据权重（weight of evidence）的原则，充分考虑所有相关科学数据，包括：人体安全数据、体内试验数据、体外试验数据、定量构效关系（quantitative structure-activity relationship，QSAR）、化学分组（grouping）、交叉借读参照（read-across）数据，应考虑其毒理学意义、生物学意义和统计学意义。不得使用风险收益原理证明化妆品对人体健康风险的合理性。

我国在现行的《化妆品安全评估技术导则》中对化妆品原料的安全评估制定了以下评估原则：

① 按照风险评估程序对化妆品原料和/或其可能存在的风险物质进行评估，保障原料使用的安全性。

② 使用《技术规范》中的限用组分、准用防腐剂、准用防晒剂、准用着色剂和准用染发剂列表中的原料应满足《技术规范》要求。

③ 凡国际权威化妆品安全评估机构已公布评估结论的原料，需对相关评估资料进行分析，在符合我国化妆品相关法规要求的情况下，可采用相关评估结论。不同的权威机构评估结果不一致时，根据数据的可靠性和相关性，科学合理地采用相关评估结论。

④ 凡世界卫生组织（WHO）、联合国粮农组织（FAO）等权威机构已公布的安全限量或结论，如每日允许摄入量（ADI）、每日耐受剂量（TDI）、参考剂量（RfD）、一般认为安全物质（GRAS）、具有悠久食用历史的原料等，需对相关资料进行分析，在符合我国化妆品相关法规规定的情况下，可采用相关结论。如缺少局部毒性资料，需对其局部毒性另行开展评估。不同的权威机构评估结果不一致时，根据数据的可靠性和相关性，科学合理地采用相关评估结论。

⑤ 如香精符合我国相关国家标准或国际日用香料协会（IFRA）标准，需对相关评估资料进行分析，在符合我国化妆品相关法规要求的情况下，可采用相关评估结论。

⑥ 对于化学结构明确，且不包含严重致突变警告结构的原料或风险物质，含量较低且缺乏系统毒理学研究数据时，可参考使用毒理学关注阈值（TTC）方法进行评估，但该方法不适用于金属或金属化合物、强致癌物（如黄曲霉毒素、亚硝基化合物、联苯胺类和肼等）、蛋白质、类固醇、高分子量的物质、有很强生物蓄积性物质以及放射性化学物质和化学结构未知的混合物等。

⑦ 对于缺乏系统毒理学研究数据的非功效成分或风险物质，可参考使用分组/交叉参照（grouping/read across）进行评估。所参照的化学物与该原料或风险物质有相似的化学结构、相同的代谢途径和化学/生物反应性，其中结构相似性表现在：

Ⅰ. 各化学物质具有相同的官能团（如醛类、环氧化物、酯类、特殊金属离子物质）；

Ⅱ. 各化学物质具有相同的组分或被归为相同的危害级别，具有相似的碳链长度；

Ⅲ. 各化学物质在结构上（如碳链长度）呈现递增或保持不变的特征，这种特征可以通过观察各化学物质的理化特性得到；

Ⅳ. 各化学物质由于结构的相似性，通过化学物质或生物作用后，具有相同的前驱体或降解产物可能性。

⑧ 根据原料理化特性、定量构效关系、毒理学资料、使用历史、临床研究、人群流行病学调查以及类似化合物的毒性等资料情况，可增加或减免毒理学终点的评估。

5.1.4.2 化妆品原料的理化性质

物质的物理和化学性质是至关重要的信息，因理化性质可能为预测某些毒理学特性提供线索。例如，一个小分子量（MW）疏水化合物比大分子量亲水化合物更容易穿透皮肤；含有高挥发性化合物的产品用于皮肤时，可能导致相关的吸入暴露等。物理和化学性质还可确定物质的物理危害（如可爆性、易燃性）。一些 QSAR 方案和经验模型需要对比物理和化学参数，以评估新化学物质的性质和潜在生物学作用。此外，一些原料信息，例如来源、纯度、可能携带的杂质等都是会影响安全风险评估的结果，原料的使用目的、功效用量以及使用历史等也是安全风险评估中比较重要的参考信息。

我国在现行的《化妆品安全评估技术导则》中对提供化妆品原料的理化性质有如下要求：

（1）原料的名称

包括标准中文名称、通用名称、商品名称、化学名称、INCI 名称、CAS 号、EINCES 号等。

（2）物理状态

如固体、液体、挥发性气体等。

（3）分子结构式和分子量

对于复配原料，必须说明每个组成成分的分子结构式和分子量。

（4）化学特性和纯度

应说明表征化学特性时使用的技术条件（紫外光谱或红外光谱、核磁、质谱、元素分析等）以及检测结果等。应明确原料的纯度/含量以及测定方法，并说明分析方法的来源及测定原理。在理化试验和毒性试验中使用的原料必须与产品中使用的原料相当。确保理化试验和毒性试验中使用的原料更具有代表性，差异不会带来安全风险。

（5）杂质/残留物

除了物质的纯度以外，还必须说明可能存在的杂质/残留物的浓度或含量。

（6）溶解度

应说明原料在水中和/或任何其他相关有机溶剂的溶解度。对于其计算值，应说明计算方法。

（7）分配系数

如有，应说明分配系数。对于其计算值，应说明计算方法。

（8）均质性和稳定性

应说明试验条件下检测原料时使用的试验溶液的均质性。

应说明试验条件下原料的稳定性和储存条件。

（9）异构体组成

如果原料存在异构体，用作化妆品成分的相关异构体应进行安全评估。其他异构体作为杂质，应提供相关信息。

（10）其他相关的理化指标

如对于可吸收紫外线的成分，应说明化合物的紫外线吸收的波长及紫外吸收光谱（紫外可见吸收光谱）。

（11）功能和用途

该原料拟用或已用于化妆品中的使用目的、化妆品中的最高浓度等。如果化妆品原料在有吸入暴露风险的产品中使用，应该明确提及吸入暴露的可能，并且应考虑吸入暴露的健康危害效应。

此外，此原料作为其他用途（例如消费产品、工业产品）时，所用浓度也应尽可能描述。

5.1.4.3 矿物、动物、植物、生物技术来源的原料安全评价内容

矿物、动物、植物和生物技术来源的原料，其物质的性质和制备过程会影响鉴定所需数据的类型和数量。《化妆品安全评估技术导则》中对矿物、动物、植物、生物技术来源的原料安全评价给出以下内容要求：

(1) 矿物来源的原料

一般包括以下内容：

① 原料来源；

② 制备工艺：物理加工、化学修饰、纯化方法及净化方法等；

③ 特征性组成要素：特征性成分（%）；

④ 组成成分的理化特性；

⑤ 微生物情况；

⑥ 防腐剂和/或其他添加剂。

(2) 动物来源的原料

一般包括以下内容：

① 物种来源（牛、羊、甲壳动物等），物种通用名称，拉丁名，种属名称包括物种、属、科及使用的器官组织（胎盘、血清、软骨等）；

② 原产国（地区）等；

③ 制备过程：萃取条件、水解类型、纯化方法等；

④ 特征性成分含量；

⑤ 形态：粉末、溶液、悬浮液等；

⑥ 特征性组成要素：特征性的氨基酸、总氮、多糖等；

⑦ 理化特性；

⑧ 微生物情况（包括病毒性污染）；

⑨ 防腐剂和/或其他添加剂。

(3) 植物来源的原料

一般包括以下信息：

① 植物的通用名称、拉丁名；

② 种属名称包括物种、属、科；

③ 所用植物的部分；

④ 感官描述：粉末、液态、色彩、气味等；

⑤ 形态解剖学描述；

⑥ 自然生态和地理分布；

⑦ 植物的来源包括地理来源以及是否栽培或野生；

⑧ 具体制备过程：收集、洗涤、干燥、萃取等；

⑨ 储存条件；

⑩ 特征性组成要素：特征性成分；

⑪ 理化特性；

⑫ 微生物情况包括真菌感染；

⑬ 农药、重金属残留等；

⑭ 防腐剂和/或其他添加剂;

⑮ 如果是含有溶剂的提取液,应说明包含的溶剂和有效成分的含量。

(4) 生物技术来源的原料

一般包括以下内容:

① 制备过程;

② 所用的生物描述:供体生物、受体生物、经修饰的微生物等;

③ 生物技术的类型/方式;

④ 微生物致病性;

⑤ 毒性成分包括生物代谢物、产生的毒素等;

⑥ 理化特性;

⑦ 微生物质量控制措施;

⑧ 防腐剂和/或其他添加剂。

对于特殊生物技术来源的原料,其中经修饰的对象(如微生物)或潜在的毒性物质不能彻底去除的,需提供数据予以说明。

5.1.4.4 化妆品用香精香料

香精香料应符合我国相关国家标准或国际日用香料协会(IFRA)标准,此外,还应包括以下内容:天然来源的成分在香料混合物中的半定量浓度<0.1%,0.1%至<1%,1%至<5%,5%至<10%,10%至<20%,20%及以上。

对于天然原料,应具有以下信息:①该批次天然原料的组分分析;②天然原料中组分的最高含量水平,应考虑到批间差异;③应明确说明使用了最大浓度化合物的化妆品类型。

5.1.4.5 化妆品原料安全评估报告与内容

化妆品原料风险评估(risk assessment)报告通常为企业或行业协会起草,主要目的为考察化妆品原料的安全性。企业内部可建立原料的风险评估数据库,动态更新数据信息(毒理学数据、流行病学数据、法规要求等),如企业更换原料供应商,则应重新对原料进行风险评估。我国化妆品原料风险评估报告可参考《化妆品安全风险评估指南》(征求意见稿)中的要求和体例。由于篇幅所限,本书仅提供了化妆品原料风险评估报告实例的框架部分内容。化妆品安全风险评估人员开展化妆品原料风险评估时,应依据原料特点的具体情况进行分析。

化妆品原料的安全评估报告格式示例如下:

题目:(原料名称)安全评估报告

注册人/备案人名称:

注册人/备案人地址:

评估单位:

评估人:

评估日期:　　年　　月　　日

一、摘要

××原料(CAS号:×××),应用于×××产品中,使用目的×××,相关毒理学终点有×××,暴露量为×××,计算得出 MoS 值为×××,可能产生的风险物质为×××,在×××的使用情况下不会对人体健康造成危害。

二、原料理化性质

1. 名称（包括标准中文名称、通用名、商品名、化学名、INCI 名、CAS 号、EINCES 号等）

2. 物理状态

3. 分子结构式和分子量

4. 化学特性和纯度

5. 杂质/残留物

6. 溶解度

7. 分配系数

8. 均质性、稳定性

9. 异构体组成

10. 其他相关理化指标

11. 功能和用途

12. 其他（如为矿物、动物、植物来源的原料或香精香料，按照本导则中的要求进行原料特性描述）

三、评估过程

1. 危害识别

1.1　健康危害效应，一般包括：

(1) 急性毒性

(2) 刺激性/腐蚀性

(3) 致敏性

(4) 光毒性

(5) 光变态反应

(6) 遗传毒性

(7) 重复剂量毒性

(8) 生殖发育毒性

(9) 慢性毒性/致癌性

(10) 毒代动力学

(11) 人群安全资料

(12) 其他

1.2　危害识别

2. 剂量反应关系评估

3. 暴露评估

4. 风险特征描述

四、评估结果分析

包括对评估过程中资料的完整性、可靠性、科学性的分析，数据不确定性的分析等。

五、风险控制措施或建议

六、安全评估结论

七、安全评估人员签名

八、安全评估人员简历

九、参考文献

十、附录

包括检测报告、涉及的原料规格证明等。若存在风险物质，应提供风险物质评估结论和资料，或风险物质检验报告。

5.1.5 化妆品产品的安全评估

化妆品应经安全性风险评估，确保在正常、合理的及可预见的使用条件下，不得对人体健康产生危害，其生产应符合化妆品生产规范的要求，生产过程应科学合理，保证产品安全。上市前应进行必要的安全评估，提供包括成分组成、结构、理化性质、微生物质量、稳定性和毒理数据信息等，符合产品质量安全要求，经检验合格后方可出厂。

5.1.5.1 化妆品产品安全评估原则

各国对于化妆品的定义不尽相同，故用于评估化妆品安全性的手段也不相同，但无论是欧美基于原料的安全风险评估，还是我国对于化妆品成品的检验（包括理化、毒理和微生物等方面），都是为了保证终产品的使用安全。我国的《化妆品安全评估技术导则》对化妆品产品的安全评估制定了以下原则：

① 化妆品产品的安全评估应以暴露为导向，结合产品的使用方式、使用部位、使用量、残留等暴露水平，对化妆品产品进行安全评估，以确保产品安全性。

② 按照风险评估程序对化妆品中的各原料和/或风险物质进行风险评估。使用《技术规范》中的限用组分、准用防腐剂、准用防晒剂、准用着色剂和准用染发剂列表中的原料、有限制要求的风险物质应满足《技术规范》要求；国外权威机构已建立相关限量值或已有相关评估结论的原料和/或风险物质，可采用其风险评估结论，如不同的权威机构的限量值或评估结果不一致时，根据数据的可靠性和相关性，科学合理地采用相关评估结论。

③ 完成化妆品产品的安全评估后，需要排除化妆品产品皮肤不良反应的，在满足伦理要求的前提下可以进行人体皮肤斑贴试验或人体试用试验。

④ 产品配方除着色剂或香料的种类或含量不同外，基础配方成分含量、种类相同，且系列名称相同的产品，可以参考已有的资料和数据，只对调整组分进行评估，并确保产品安全。

⑤ 如果产品配方中两种或两种以上的原料，其可能产生系统毒性的作用机制相同，必要时应考虑原料的累积暴露，并进行个案分析。

⑥ 如果产品中所含原料存在于除该类化妆品外的其他产品的显著暴露来源时，如其他化妆品、食品、环境等，在计算安全边际值时应考虑其他来源的暴露，并进行具体分析。

⑦ 应针对每个产品编写安全评估报告，妥善保存，及时补充上市后的安全资料。

5.1.5.2 化妆品产品理化稳定性评价

化妆品产品应当具有一定的物理稳定性，以保证运输、存储过程中不会发生物理状态的改变（例如乳剂凝合、相分离、结晶或沉淀等）。事实上，温度、湿度、紫外线、机械压力等都会影响产品的质量以及消费者的使用安全。应当根据产品类别及其用途进行相关稳定性测试。化妆品稳定性评估一般包括：物理化学稳定性试验（一般物理化学参数变化，特别是乳化体系稳定性），耐温度和湿度稳定性试验（包括循环周期性试验），色调稳定性试验（随时间的颜色稳定性），耐光性试验（光照射引起的褪色），气味的稳定性试验（在储存和日照下气味的稳定性），防腐试验，功效成分或活性成分稳定性试验。

《化妆品安全评估技术导则》中对于即将投放市场的每批产品，提出理化稳定性安全评价要求如下：

（1）应结合产品的具体情况评价相关理化指标以确定产品的稳定性，保障每批次上市化妆品的质量稳定。一般包括以下参数：

① 物理状态；

② 剂型（乳液、粉等）；

③ 感官特性（颜色、气味等）；

④ pH 值（在何种温度条件下）；

⑤ 黏度（在何种温度条件下）；

⑥ 根据具体需要的其他方面。

（2）确认原料之间是否存在化学和/或生物学相互作用，并考虑相互作用产生的潜在安全风险。如存在潜在安全风险的，应当结合相关文献研究资料或理化实验数据，进行评估。

（3）对与内容物直接接触的容器或载体的理化稳定性及其与产品的相容性进行评估。可参考包装或载体供应商的安全资料或安全声明等资料，对容器的稳定性进行评估。

（4）对配方体系近似、包装材质相同的化妆品，可根据已有的资料和试验数据对理化稳定性开展评估工作，但需阐明理由，说明情况。

化妆品中有害物质不得超过表 5-1 中规定的限值。

表 5-1 化妆品中有害物质限值

有害物质	限值/（mg/kg）	备注
汞	1	含有机汞防腐剂的眼部化妆品除外
铅	10	
砷	2	
镉	5	
甲醇	2000	
二噁烷	30	
石棉	不得检出	

常见化妆品的稳定性测试项目见表 5-2。

表 5-2 常见化妆品的稳定性测试项目

产品性质	试验方法	相关产品
外观	目测	所有化妆品
颜色	目测,色度计	所有化妆品
气味	感官评价	所有化妆品
质地/结构	感官评价,显微镜观测	润肤乳液、雪花膏、香脂等
浊度	目测或浊度计	花露水、香水、发油、透明喷发胶、啫喱水等
pH	pH 计	润肤乳液、雪花膏、香脂、洗发水、冷烫液、染发剂、洗发膏、摩丝、爽身粉等
相对密度	比重计,比重瓶	花露水、香水、发油
黏度	Brookfield 黏度计	洗发水、洗面奶等
光稳定性	UV 光照室内试验后目测	花露水、香水、洗发膏、发油等有颜色产品
活性物/功效成分	化学分析和仪器分析	含有活性物和功能组分的产品,如防晒剂、美白产品等功能性化妆品,防腐剂稳定性测定等
耐热/耐寒	恒温箱储存后目测	润肤乳液、雪花膏、洗发水、洗面奶、洗发膏、香脂、发油、唇膏（软化点）、啫喱膏、发蜡等
离心考验	离心机试验后目测	润肤乳液、洗面奶
泄漏	50℃恒温水浴中目测	金属罐气雾剂产品,如喷发胶、摩丝等

5.1.5.3　化妆品产品微生物学评估

化妆品微生物污染不仅影响产品自身的品质，同时也严重地危及消费者的健康与安全。因此，世界各国都对化妆品中的微生物制定了严格的卫生标准和检测方法，并将其作为产品的一项重要质量要求，以防止其对化妆品的污染，这对化妆品的质量控制及安全保证具有重要的意义。我国《化妆品安全评估技术导则》中对化妆品产品微生物学评估要求如下：

（1）化妆品微生物污染通常来源于原料带入，产品配制和灌装过程，以及消费者使用环节。儿童化妆品、眼部/口唇化妆品，应当对微生物污染予以特别关注。

（2）对处于研发阶段的化妆品，可参考国际通用的标准或方法对其防腐体系的有效性进行评价。

（3）对于防腐体系相同且配方近似的产品，可参考已有的资料和试验数据进行产品安全性评价。根据产品特性，属于不易受微生物污染的产品，即非含水产品，有机溶剂为主的产品，含水产品中如水活度<0.7、乙醇含量>20%（体积分数）、高/低 pH 值≥10 或≤3、灌装温度高于 65℃的产品，一次性或包装不能开启等类型的产品等，可不进行防腐效能评价，但化妆品安全性评估人员应就相关情况予以说明。

针对化妆品中微生物指标的检测，目前世界各国都有相应的法规要求及检测方法，如美国药典、欧洲药典、中国药典、GB 7918.1—1987《化妆品微生物标准检验方法总则》及《化妆品安全技术规范》等。

化妆品中微生物指标应符合表 5-3 中规定的限值。

表 5-3　化妆品中微生物指标限值

微生物指标	限值	备注
菌落总数/(CFU/g 或 CFU/mL)	≤500	眼部化妆品、口唇化妆品和儿童化妆品
	≤1000	其他化妆品
霉菌和酵母菌总数/(CFU/g 或 CFU/mL)	≤100	
耐热大肠杆菌/(g 或 mL)	不得检出	
金黄色葡萄球菌/(g 或 mL)	不得检出	
铜绿假单胞菌/(g 或 mL)	不得检出	

5.1.5.4　化妆品上市后的安全监测

产品上市后的安全监测也常说成是化妆品不良反应监测，也是化妆品安全管理不可分割的组成部分。无论产品上市前如何对安全数据深入分析和对产品安全性结果进行评价，对原料和生产质量进行控制，当产品上市后，由于消费者个体年龄、皮肤情况、接触史、产品使用方式等的差异，化妆品不良反应即正常使用化妆品所引起的皮肤及其附属器官的病变，以及人体局部或者全身性的损害都是无法避免的。化妆品不良反应监测即对产品上市后的化妆品不良反应信息的收集、分析和评价工作。作为化妆品安全评估的重要一环，《化妆品安全评估技术导则》中对化妆品上市后的安全监测要求如下：

（1）对上市后产品的安全性进行监测、记录和归档。包括正常使用时发生的不良反应，消费者投诉以及后续随访等。

（2）如上市产品出现下列情况，需重新评估产品的安全性：

① 上市产品所用原料在毒理学上有新的发现，且会影响现有评估结果的；

② 上市产品的原料质量规格发生足以引起现有安全评估结果变化的；

③ 上市产品正常使用引起的不良反应率呈明显增加趋势，或正常使用产品导致严重不良反应的；

④ 其他影响产品质量安全的情况。

5.1.5.5 儿童化妆品评估要求

儿童化妆品，是指适用于 12 岁以下儿童，具有清洁、保湿、爽身、防晒等功效的化妆品。儿童化妆品由于适用人群的特殊性，对其安全性评估有更严格的要求：

① 进行儿童化妆品评估时，在危害识别、暴露量计算等方面，应结合儿童生理特点。

② 应明确其配方设计的原则，并对配方使用原料的必要性进行说明，特别是香料、着色剂、防腐剂及表面活性剂等原料。

③ 原则上不允许使用以祛斑美白、祛痘、脱毛、除臭、去屑、防脱发、染发、烫发为目的的原料，如因其他目的使用可能具有上述功效的原料时，需对使用的必要性及针对儿童化妆品使用的安全性进行说明和评价。

④ 应选用有较长期安全使用历史的化妆品原料，不鼓励使用基因技术、纳米技术等新技术制备的原料，如无替代原料必须使用时，需说明原因，并针对儿童化妆品使用的安全性进行评价。

5.1.5.6 化妆品产品安全评估报告与内容

化妆品产品的风险评估一般是企业用于评价其产品安全性的资料。产品的风险评估包含每一个原料的风险评估，还包含产品的特征描述、理化稳定性、风险物质危害识别、微生物学评估结论、人体安全数据等信息。化妆品产品的安全评估报告可参考《化妆品安全风险评估指南》（征求意见稿）中的要求和体例。由于篇幅所限，本书仅提供了化妆品产品安全评估报告实例的框架部分内容。化妆品安全风险评估人员开展化妆品产品安全性评价时，应根据产品特点的具体情况进行分析。

化妆品产品的安全评估报告

题　目：（产品名称）安全评估报告

注册人/备案人名称：

注册人/备案人地址：

评估单位：

评估人：

评估日期：　　年　　月　　日

一、摘要

××为×××（使用方法、剂型等）产品，使用目的××，使用人群为××，依据《化妆品安全评估导则》，对产品中的××、××（具体原料名称），×××、×××（具体风险物质名称）进行安全评估，以及××××（其他安全资料）。结果显示，该产品在正常、合理及可预见的使用情况下不会对人体健康造成危害。

二、产品简介

1. 产品名称

2. 产品使用目的及使用方式

3. 日均使用量（g/day）

4. 驻留因子

5. 其他

三、产品配方

四、配方设计原则（仅针对儿童化妆品）

五、配方中各成分的安全评估

1. 危害识别

一般包括：

（1）急性毒性

（2）刺激性/腐蚀性

（3）致敏性

（4）光毒性

（5）光变态反应

（6）遗传毒性

（7）重复剂量毒性

（8）生殖发育毒性

（9）慢性毒性/致癌性

（10）毒代动力学

（11）人群安全资料

2. 剂量反应关系评估：

3. 暴露评估：

4. 风险特征描述：

六、可能存在的风险物质评估

七、风险控制措施或建议：

如警示用语、使用方法、使用人群等。

八、安全评估结论：

一般包括产品理化稳定性评估结论；产品微生物稳定性评估结论；人体安全数据，如临床数据、消费者使用调查、不良反应记录等；检测结论，各原料的评估结论等。

九、安全评估人员签名

十、安全评估人员简历

十一、参考文献

十二、附录

包括检测报告、涉及的原料质量规格证明等。

5.2 化妆品功效性评价

5.2.1 化妆品功效概述

化妆品有效性是化妆品的基本属性之一，也是产品功效宣称的基础。我国 2021 年 5 月实施的《化妆品功效宣称评价规范》指出，化妆品功效宣称评价，是指通过文献资料调研、研究数据分析或者化妆品功效宣称评价试验等手段，对化妆品在正常使用条件下的功效宣称内容进行科学测试和合理评价，并做出相应评价结论的过程，功效宣称评价是对产品的功效宣称提供科学依据的有效手段，化妆品功效评价报告是化妆品功效宣称的重要依据。

5.2.2 化妆品功效评价方法

化妆品功效评价是通过生物化学、细胞生物学、临床评价等多种方法，对化妆品功效性宣称进行综合测试、合理分析以及科学解释。目前，有很多科学手段可以对化妆品功效宣称进行验证。常见的评价方法为体外实验和在体实验两类。

5.2.2.1 体外实验

化妆品的体外功效验证是利用现有的物理化学手段或细胞生物学方法对化妆品进行功效评价，包括物理化学法、生物化学法、细胞生物法、皮肤模型替代法等。

（1）物理化学法

物理化学法是通过检测产品自身的物理性能和特定化学成分含量评价其效果的便捷途径。如通过失重法评判化妆品原料或产品的保湿性能，或通过高效液相色谱等仪器分析检测物质吸收峰特征，对保湿化妆品中的有效成分的种类和含量进行测定，以推测其保湿效果；通过检测美白成分、防晒成分的含量间接评价产品性能；利用分光光度计等仪器分析评价卸妆油清洁效果等。

（2）生物化学法

生物化学法是借助光谱分析、电子显微镜以及其他物理、化学技术手段，对影响功效的特征指标（如自由基）、重要生物分子（如蛋白质等）含量进行测试分析的一种方法。如利用清除 DPPH 自由基法、氧化自由基吸收能力（ORAC，又称为抗氧化能力）分析法等研究化妆品原料与抗氧化功效的量效关系。

（3）细胞生物法

细胞生物学是研究细胞结构、功能及其生命规律的一门科学。细胞生物法针对不同功效评价需求，通过体外培养特定细胞或建立细胞损伤模型的方式，模拟人体生理环境培养细胞，分析特定基因通路、相关蛋白表达等指标进行成品或原料的功效评价。在化妆品安全性、保湿、美白、延缓衰老、抵御污染等功效评价方面均有应用。如通过测定原料对黑色素细胞中的酪氨酸酶活性以及黑色素生成的影响对化妆品进行美白功效评价；通过噻唑蓝（MTT）比色法分析检测成纤维细胞的增殖情况，结合酶联免疫（ELISA）法分析检测成纤维细胞、角质形成细胞产生的透明质酸含量评价化妆品抗衰老功效。

（4）皮肤模型替代法

三维重组皮肤模型是利用组织工程技术将人源皮肤细胞培养在特殊的插入式培养皿上而构建的具有三维结构的人工皮肤组织模型。皮肤模型不仅能高度模拟真人皮肤，而且实验周期短、实验条件可控、结果易于定量，因此已应用于美白防晒、皮肤屏障、保湿抗衰、舒敏修复以及大气污染防护等功效评价实验中。

5.2.2.2 在体实验

化妆品的在体实验包括人体实验法和动物实验法。

（1）人体实验法

化妆品通过安全性测试后可进行人体实验。实验一般以人体面部、手臂内侧作为测试区域，根据实验目的筛选合适的志愿者，将测试样品直接作用在人体皮肤上，进而对皮肤特征指标进行分析测试。

人体实验的定量分析可分为主观评估与客观仪器评估。主观评估包括视觉评估与志愿者自我评估。客观仪器评估是指通过使用专业的测试仪器，利用相关理论方法，对测试数据进行统计与分析，以此直接、真实地反映化妆品的功效。例如通过角质水分仪测量产品保湿效果；通过经皮水分散失仪评估产品的修复能力；通过皮肤弹性测试仪测量产品的紧肤效果；通过色度仪评估产品美白效果等。

（2）动物实验法

生物化学法多用于原料初筛，细胞生物法用于机制研究和初筛，人体实验法用于配方或成品的功效验证等，基于动物模型的功效评价方法可在体外初筛的基础上进一步确证作用效果，成为整合运用体外方法、体内动物实验和临床评估化妆品功效的重要环节。例如利用豚鼠模型进行美白功效测评。

欧盟已经禁止了化妆品进行动物实验，中国也正积极推动此项工作。

5.2.3 国外化妆品功效宣称管理

化妆品宣称以化妆品功效为基础，化妆品宣称贯穿了整个化妆品行业的上下游产业链，并与化妆品广告、原材料、测试等产业息息相关。由于化妆品功效宣称与保护消费者权益关系密切，美国、欧盟、日本等发达国家和地区都对此进行了严格规范，我国于 2020 年 6 月 29 日发布新《条例》，也明确地把功效宣称纳入法规要求。由于不同国家和地区对化妆品功效宣称的监管要求不尽相同，对化妆品功效评价的指南和方法要求也不一样。

5.2.3.1 欧盟：企业责任和行业自律

在欧盟，化妆品功效的管理高度依赖于企业责任及行业自律，化妆品的功效评价主要依赖第三方检测机构和企业内部评价系统，政府相关部门要求化妆品功效宣称须有技术性支持文件；此外，用于化妆品宣称的证据支持可以是基于体内、体外实验研究或消费者认知测试和调查报告、公开情报、专家鉴定意见。

现行的《欧盟化妆品法规》（EC）1223/2009 中对产品宣称要求化妆品的名称、宣称文字、商标、图案、数据及其他标识不得暗示产品不具备的特性或功能等方面进行了明确要求。同时，化妆品的宣称依据也是产品信息档案（PIF）的组成部分之一。欧盟委员会法规《化妆品宣称判断通用标准》（655/2013）中提出了化妆品宣称的 6 大原则要求，即：合法、真实、有证据支持、诚实、公平以及消费者知情。在具体评价方法上，欧盟未给出法规性文件，企业主要参考欧洲化妆品及其他外用产品功效评价协会（EEMCO）发布的化妆品功效评价指南，包括皮肤颜色、表面形态、弹性、微循环、皱纹和平滑度、皮脂、酸碱度、经表皮水分流失、干燥瘙痒、抑汗和除臭等方面的评价。

在行业方面，欧盟化妆品协会（CE）于 2008 年发布了《化妆品功效评价指南》，对化妆品功效评价中所使用的人体测试、体外测试及离体测试提出了指导性的要求，同时保证了参与功效评价测试的受试者或消费者有充分的知情权及安全保护。在功效评估方法方面，协会还与国际标准化组织（ISO）合作起草了防晒及人体适用性等国际标准并推广其在欧盟市场的使用。

5.2.3.2 美国：企业承担主体责任

美国对化妆品功效的管理侧重于由企业承担主体责任。《联邦食品、药品和化妆品法案》

（Federal Food，Drug and Cosmetic Act，FD&C Act）将化妆品定义为除了脂肪酸碱性盐肥皂之外的施用于人体（擦、注、撒或喷）或其任何部位，用于清洁、美化、增强吸引力或改善外貌而对人体结构或功能没有影响的产品。含氟牙膏、抗菌洗手液、防晒产品、去屑洗发水等属于非处方药品（over-the-counter，OTC），受美国 OTC 专论（OTC Monograph）的监管。上述两类产品在广告宣称上均需符合联邦贸易委员会联邦 FTC（Federal Trade Commission）于 2006 年发布的《联邦贸易委员会法》（Federal Trade Commission Act）的规定，该法案要求广告必须真实，不能欺瞒消费者，功能宣称应有相应的证据证明。在功效评估方法方面，FDA 对于 OTC 类产品（如防晒类产品）在成分、使用方式、测试方法等方面在 OTC 专论中有明确的要求，而对于化妆品的功效宣称管理则较为宽松，法规中没有具体验证的要求，对于保湿、清洁等宣传，企业可自行制定使用方法。

5.2.3.3　日本：政府监管和行业自律

日本厚生劳动省发布的《医药品等适当广告基准》和《景品表示法》中严格禁止对消费者有误导性的广告行为。日本对化妆品和医药部外品分别进行管理，在日本，化妆品功效宣称只能按规定的宣传内容和用语进行。特别是 2011 年 7 月由厚生劳动省医药食品局发布的《化妆品功效范围的修订》（日药食发 0721 第 1 号）将化妆品可宣称的功效范围限制为 55 种，且无须功效验证。

日本医药部外品的成分包含功效成分和添加物，日本对医药部外品新功效成分的审查包含四个部分，即概要、质量、安全性、有效性。鉴于日本某品牌销售的美白化妆品曾发生使用后白斑问题，日本厚生省设立了由皮肤科医生和药学家组成的研究小组，对该问题进行研究，并于 2017 年 4 月由厚生劳动省颁布《医药部外品临床试验评价指南》。该指南规定，在审查医药部外品的新有效成分时，临床试验中应追加人体长期给药（安全性）试验。该试验要求给药时间为 12 个月，受试者数量为 100 人以上，并且在皮肤科医生的指导下取得安全性数据。

行业自律也是日本对化妆品宣称有效管理的重要依托。日本化妆品工业联合会（JCIA）自 2008 年起向行业发布《化妆品等适当广告指南》，为化妆品厂商及经营者提供了非常详尽的指导。日本化妆品学会（JCSS）也为行业制定了防晒、美白及抗皱等功效评价方法，但目前也尚未对保湿功效建立统一的功效评价机制。

由此可见，无论是国外监管法规还是化妆品市场自身，都把产品的真实功效和使用效果、消费者的安全及权益摆在了首位。

5.2.3.4　其他地区

韩国化妆品分为一般化妆品、机能性化妆品和医药外品，法规中将防晒、美白、皱纹改善、染发、脱染、脱毛、缓解脱发、缓解痤疮性皮肤、特应性皮炎皮肤保湿、萎缩纹（红斑）缓解产品按机能性化妆品管理。针对抗皱、美白、固发等功效宣称，韩国食品药品安全评价院发布了相关评价指南，但这些指南均指出，指南中的评价方法并非唯一方法。总体上说，根据韩国相关法规，人体临床试验资料、人体外试验资料、相同水平以上的调查资料（相关论文、学术文献等）和消费者调查结果、专家组织调查结果可以作为化妆品功效宣称合理根据的证实资料，并对各类资料要求做出规定。2019 年 6 月，韩国食品药品安全处（MFDS）发布新修订《功能性化妆品检验规定》，提出化妆品成分（原料）的功效可作为化妆品功效宣称的科学依据。

5.2.4　我国化妆品功效宣称评价发展历程与现状

5.2.4.1　我国化妆品功效宣称评价发展历程

我国化妆品功效评价法规发展相比欧洲、美国、日本、韩国等化妆品工业发达国家和地区起步较晚，化妆品功效评价体系仍需不断完善。以下是按照年限梳理我国化妆品功效评价法规的发展历程：

1989 年，我国颁布的《化妆品卫生监管条例》未曾要求化妆品功效宣称需提供依据。

2002 年版《化妆品卫生规范》中规定了化妆品功效性的人体检验项目，包括对用于育发、染发、烫发、脱毛、美乳、健美、除臭、祛斑、防晒共九类特殊化妆品必须经过相关政府职能部门审查和指定的卫生机构评价。

2014 年，对《化妆品卫生监管条例》进行修订，提出化妆品功效宣称应当提供试验或数据支持。

2015 年，《化妆品监督管理条例（修订草案送审稿）》发布，国家食品药品监督管理部门指出需要验证的宣称功效，应当制定验证指导原则。

2018 年，《化妆品监督管理条例（草案）第二次书面征求意见稿》中再次强调了化妆品功效宣称的科学依据性；同年，中国食品药品检定研究院发布的《化妆品功效宣称评价指导原则（征求意见稿）》提出，除能直接识别的功效（如美容修饰、清洁、香氛效果等）外的特定功效宣称，均应经过相应的评价，包括但不限于防晒、美白祛斑、育发、美乳、健美、除臭、抗皱、祛痘、控油、去屑、修复、保湿（＞2h）功效。同时要求化妆品功效宣称评价方法应科学、合理，首选现行有效的技术规范和法律法规中推荐的方法；功效宣称的证据一般有人体试验报告、动物试验报告、消费者调查报告、体外替代试验报告或者相关文献及行业内普遍认同的资料等。

2019 年，新版《化妆品监督管理条例（征求意见稿）》第四十三条（宣称管理）和第四十四条（功效验证机构管理）对化妆品的功效宣称明确了限制条件，要求化妆品的宣称功效应有充分的科学依据，也对进行功效验证的机构提出了具体的要求。

2020 年 6 月 29 日，《化妆品监督管理条例》出台，于 2021 年 1 月 1 日起执行。同时，为规范化妆品功效宣称评价工作，保证功效宣称评价结果的科学性、准确性和可靠性的《化妆品功效宣称评价规范》也于 2021 年 5 月 1 日起施行。

5.2.4.2　我国化妆品功效宣称评价现状

作为高度依赖产品宣称的行业，化妆品行业的功效宣称与产品销量密切相关，直接影响到企业效益和消费者权益。我国化妆品功效评价研究及相关技术与标准滞后于化妆品工业的发展。2018 年以前，我国除了《化妆品安全技术规范》中的防晒化妆品防晒指数（SPF值）、防水性能、长波紫外线防护指数（PFA 值）测定方法，以及行业标准 QB/T 4256—2011《化妆品保湿功效评价指南》外，未建立其他化妆品功效评价规范方法。

随着《化妆品功效宣称评价规范》的出台并明确：化妆品功效宣称评价应以现有科学数据和相关信息为基础，通过一种或结合多种方法进行，并经过合理的统计分析，得出科学、公正的评价结论。《化妆品监督管理条例》进一步强调，化妆品的功效宣称应当有充分的科学依据，由化妆品注册人、备案人负责，并应当将有关文献资料、研究数据或者功效验证材料在指定网站公开，接受社会监督。化妆品行业高质量发展要求以及社会共治模型的提出，监管部门鼓励企业及相关行业团体开展行业标准、团体标准建设，为我国化妆品功效评价方法探索了道路。

5.2.4.3　我国现行功效宣称管理规定

我们摘录了新版《化妆品监督管理条例》中关于化妆品功效宣称的条目，见表5-4，可以看出我国在不断建立与健全化妆品功效宣称与功效评价法规体系。

表5-4　《化妆品监督管理条例》中有关化妆品功效宣称条款

序号	章节	条目
1	第一章　总则	第六条　化妆品注册人、备案人对化妆品的质量安全和功效宣称负责。 化妆品生产经营者应当依照法律、法规、强制性国家标准、技术规范从事生产经营活动，加强管理，诚信自律，保证化妆品质量安全。
2	第二章　原料与产品	第十六条　用于染发、烫发、祛斑美白、防晒、防脱发的化妆品以及宣称新功效的化妆品为特殊化妆品。特殊化妆品以外的化妆品为普通化妆品。 国务院药品监督管理部门根据化妆品的功效宣称、作用部位、产品剂型、使用人群等因素，制定、公布化妆品分类规则和分类目录。 第二十条　国务院药品监督管理部门依照本条例第十三条第一款规定的化妆品新原料注册审查程序对特殊化妆品注册申请进行审查。对符合要求的，准予注册并发给特殊化妆品注册证；对不符合要求的，不予注册并书面说明理由。已经注册的特殊化妆品在生产工艺、功效宣称等方面发生实质性变化的，注册人应当向原注册部门申请变更注册。 普通化妆品备案人通过国务院药品监督管理部门在线政务服务平台提交本条例规定的备案资料后即完成备案。 省级以上人民政府药品监督管理部门应当自特殊化妆品准予注册之日起、普通化妆品备案人提交备案资料之日起5个工作日内向社会公布注册、备案有关信息。 第二十二条　化妆品的功效宣称应当有充分的科学依据。化妆品注册人、备案人应当在国务院药品监督管理部门规定的专门网站公布功效宣称所依据的文献资料、研究数据或者产品功效评价资料的摘要，接受社会监督。
3	第五章　法律责任	第六十二条　有下列情形之一的，由负责药品监督管理的部门责令改正，给予警告，并处1万元以上3万元以下罚款；情节严重的，责令停产停业，并处3万元以上5万元以下罚款，对违法单位的法定代表人或者主要负责人、直接负责的主管人员和其他直接责任人员处1万元以上3万元以下罚款： （一）未依照本条例规定公布化妆品功效宣称依据的摘要； （二）未依照本条例规定建立并执行进货查验记录制度、产品销售记录制度； （三）未依照本条例规定对化妆品生产质量管理规范的执行情况进行自查； （四）未依照本条例规定贮存、运输化妆品； （五）未依照本条例规定监测、报告化妆品不良反应，或者对化妆品不良反应监测机构、负责药品监督管理的部门开展的化妆品不良反应调查不予配合。 进口商未依照本条例规定记录、保存进口化妆品信息的，由出入境检验检疫机构依照前款规定给予处罚。
4	第六章　附则	第七十七条　牙膏参照本条例有关普通化妆品的规定进行管理。牙膏备案人按照国家标准、行业标准进行功效评价后，可以宣称牙膏具有防龋、抑制菌斑、抗牙本质敏感、减轻牙龈问题等功效。牙膏的具体管理办法由国务院药品监督管理部门拟订，报国务院市场监督管理部门审核、发布。香皂不适用本条例，但是宣称具有特殊化妆品功效的适用本条例。

此外，《化妆品功效宣称评价规范》作为化妆品功效宣称评价的重要标准，对化妆品功效宣称的目的、内容与使用范围、评价类别、基本原则、机构职责与要求、人员要求等进行了阐述与规定，其中化妆品功效宣称评价项目要求可作为化妆品注册备案时，开展化妆品功效宣称评价方法的依据，见表5-5。

表 5-5　化妆品功效宣称评价项目要求

序号	功效宣称	人体功效评价试验	消费者使用测试	实验室试验	文献资料或研究数据
1	祛斑美白	√			
2	防晒	√			
3	防脱发	√			
4	祛痘	√			
5	滋养	√			
6	修护	√			
7	抗皱	＊	＊	＊	△
8	紧致	＊	＊	＊	△
9	舒缓	＊	＊	＊	△
10	控油	＊	＊	＊	△
11	去角质	＊	＊	＊	△
12	防断发	＊	＊	＊	△
13	去屑	＊	＊	＊	△
14	保湿	＊	＊	＊	＊
15	护发	＊	＊	＊	＊
16	特定宣称(宣称适用敏感皮肤、无泪配方)	＊	＊		
17	特定宣称(原料功效)	＊	＊	＊	＊
18	宣称温和(无刺激)	＊	＊		△
19	宣称量化指标的(时间、统计数据等)	＊	＊	＊	△
20	宣称新功效	根据具体功效宣称选择合适的评价依据。			

注：1. 选项栏中画√的，为必做项目；

2. 选项栏中画＊的，为可选项目，但必须从中选择至少一项；

3. 选项栏中画△的，为可搭配项目，但必须配合人体功效评价试验、消费者使用测试或者实验室试验一起使用；

4. 仅通过物理遮盖作用发挥祛斑美白功效，且在标签中明示为物理作用的，可免予提交产品功效宣称评价资料；

5. 如功效宣称作用部位仅为头发的，可选择体外真发进行评价。

《化妆品功效宣称评价规范》第六条规定："化妆品注册人、备案人可以自行或者委托具备相应能力的评价机构，按照化妆品功效宣称评价项目要求（附1），开展化妆品功效宣称评价。"功效宣称评价依据包括人体功效评价试验、消费者使用测试、实验室试验、文献资料或研究数据 4 种不同层面的证据。《化妆品功效宣称评价规范》第十条规定，祛斑美白、防晒、防脱发、祛痘、滋养、修护 6 种功效必须采用人体功效评价试验作为评价依据，从而认可了人体功效评价试验的证据力最强。

5.2.5　化妆品功效性评价综述

我国对化妆品分类为特殊化妆品和普通化妆品进行管理，特殊化妆品是指用于染发、烫发、祛斑美白、防晒、防脱发的化妆品以及宣称新功效的化妆品。化妆品针对不同的功效有不同的评价方法，以下将对不同功效化妆品评价方法做简要概述。

5.2.5.1　发用类化妆品功效评价

发用特殊化妆品分为染发、烫发和防脱三类，关于产品对头发所产生功效的评价，可以分为头发表面形态的评价、头发内部信息变化的评价以及防脱发功效测试指标三类。

（1）头发表面形态的评价

① 拉伸强度的测定

拉伸性能测定属于物理性能测定，能较好地测定头发性能，也满足对发用护理产品功效评价的要求，一般使自动化拉伸试验仪拉伸一根已知长度的纤维（一般为5cm），拉伸速度通常为0.25cm/min，在（21±1）℃，50%±10%RH的条件下测定头发拉伸力学性能包括断裂强力、断裂强度和断裂伸长率等。测定头发拉伸特性的方法，包括振动法、应力松弛法、拉伸转动法、定位伸长和过收缩法、疲劳试验和循环伸长法等。其中，机械疲劳试验和循环伸长法比测定抗拉强度更接近日常梳理和梳刷头发的实际情况。

② 梳理性的测定

梳理性是通用指标，用于检验护发产品的用后头发光滑度。头发光滑度即头发表面的摩擦作用。影响头发柔软、顺滑性的要素主要为头发表面的摩擦力及头发本身的刚度，可分别由摩擦力试验和纯弯曲试验测试。摩擦阻力系数小，头发刚度小，说明头发柔软、顺滑，梳理效果好，表明洗发护发产品的护理效果好，反之亦然。早在2015年，美国亚什兰公司李韶隆等也研发了一种通过Instron拉力试验机及亚什兰SLT组件测定干发摩擦力（光滑度）和柔软度的方法。英国Dia-Stron公司生产的MTT175是一个功能齐全的头发测试系统，在全世界发用产品的功效测试中已得到了广泛应用，主要应用于头发的梳理特性、摩擦特性、拉伸特性、柔顺特性、抗弯特性等的测试中，可以评价发用产品的功效。

③ 头发光泽度和颜色变化的测定

头发的光泽是反映头发护理状态的一个重要标志。越有光泽就说明头发的护理效果越好，反之则说明头发受损严重。头发光泽可通过测量头发表面反射光的强度来测定。可以试用光泽计（gloss meter）对头发的光泽度进行粗略的评价，也可使用光学测角计（optical goniometer）对头发光泽度进行大角度范围检测。

④ 接触角的测定

接触角（contact angle）是指在固、液、气三相交界处，自固-液界面经过液体内部到气-液界面之间的夹角。接触角的大小反映化妆品润湿性能的优劣，对配方研发中表面活性剂的选择具有指导意义。R. A. Lodge等人深入研究了接触角的测量方法，用Wilhelmy平衡法测量动态接触角进而探究发用产品对头发润湿性能的影响，其中涉及了多种因素对接触角测量的影响，例如头发样本是否受损，推进方向的影响等。S. D. Barma等人探究了纳米银粒子的加入对几种天然表面活性剂对毛发表面润湿性能的影响，头发样本经前处理之后，同样用Wilhelmy平衡法和表面张力计（DCAT-11EC）对表面张力进行测量，用座滴（sessile drop）法和接触角计（OCA-30）对接触角进行了测量。

⑤ 光学分析

光谱成像技术，包括扫描电镜（SEM）、透射电镜（TEM）、原子力显微镜（AFM）等，可反映头发的表面形态结构，对头发表面形态的变化进行分析。例如原子力显微镜（AFM）分析头发最外层角质层的形态，透射电镜（TEM）分辨率较高，可观察到细胞间脂质层，近年来也用于观察超微结构，通过扫描电镜（SEM）观察表面形态的变化等。此外，光学相干断层扫描（OCT）利用低长度相干干涉的原理得到高分辨率图像，通过对超微结构的观察，判断头发纤维内部结构的变化。多谱成像（MSI）应用于头发光损伤的评价中，同时反映头发内部信息和外在结构的变化。

(2) 头发内部信息变化的评价

头发组成成分包括毛发的化学组成，如蛋白质、脂质、氨基酸、水分、核酸和泛肽以及微量元素等，目前已有文献测定其中包括蛋白质、黑色素、脂质、活性氧含量的改变，二硫键的断裂，色氨酸的分解，胱氨酸氧化水平等内部信息的变化。

关于头发成分测定，传统的头发蛋白质含量测定基于染料亮蓝色 G 与溶液中的蛋白质形成复合物，用考马斯亮蓝法定量测定了蛋白质丢失率，用 Bradford 比色法定量测定溶出蛋白和多肽。傅里叶变换红外光谱（FT-IR）法可以通过头发的蛋白质红外特征吸收峰的强度变化，建立一种头发光损伤程度的分析方法。近红外-傅里叶（NIR-FT）拉曼光谱是可测得完整皮肤、头发、指甲之间蛋白质和脂质形态构造的拉曼光谱。Hoting 等报道分别通过UV-B、UV-A、可见光、红外光和日光对于人头发进行辐射，用薄层层析（TLC）法可以分离和测定头发的内部脂质。法国 L'Oreal 公司的 Hussler 等人采用气相色谱和质谱联用仪（GC/MS）来分离和鉴别人头发脂质中的细胞膜络合物（cell membrane complex，CMC）主要成分神经酰胺（ceramides），发现人头发脂质中的神经酰胺主要为神经酰胺Ⅱ和神经酰胺Ⅴ2种，其中神经酰胺Ⅱ占88%，神经酰胺Ⅴ占12%。

（3）防脱发功效测试指标

防脱发香波的目的是使头发达到和保持一定的头发量而不会脱落，观察的量化指标包括毛囊生长的数目和速度、毛发直径、生长期与休止期的比例等，并通过定点观察检测。

① 毛囊数目

理论上讲，防脱产品可促进毛囊的恢复，促进毛发的生长，因此单位面积内的毛囊数目变化对防脱发产品功效评价非常重要。可先记录不使用防脱发产品的观察点毛囊数目几个月的数据，然后将原部位的头发剃除，使用防脱发产品再观察几个月，将前后的毛囊数进行统计学处理。毛囊数的计算可以是肉眼计算，最好是计算机自动计数，以减少人为因素。

② 毛发直径

毛发的直径可以反映出防脱发产品的功效。如脂溢性脱发者，头发逐渐变细、变软，当头发改善后，头发直径也逐渐变粗。但是，一根头发的直径变化不能说明问题，必须统计单位面积内头发直径的变化，才能反映出防脱发的功效。可通过计算机图像解析，观察剃发部位使用防脱发产品前后头发的平均直径变化。

③ 生长速度

头发的生长速度也可直接反映出防脱发产品的效果。观察时必须是单位面积内头发生长的平均速度，单根头发不能正确反映出头发生长速度。观察的方法是将所有观察区域内的头发向一个方向压倒之后，固定条件数码摄影并保存，每个月观察一次，由计算机自动计算固定区域内的头发面积，不同时间的面积差值，就反映出头发生长速度。

④ 脱落的数量

记录每天头发脱落数量的减少情况，也可以反映出防脱发产品的功效。方法是收集洗发时的脱发，测定其根数。此方法尤其要注意区分脱发和断发，此外，由于脱发随季节变动大，特别是从夏天到秋天脱发增加，因此需持续几个月。

5.2.5.2　祛斑美白类化妆品功效评价

美白祛斑化妆品是通过美白剂的作用，降低皮肤色度或减轻色素沉着，达到皮肤美白淡斑效果的天然或人工合成化合物。不同物质的美白剂作用靶点和机制不同，这就为美白淡斑剂的发展提供了多条途径。美白祛斑化妆品的功效评价方法可分为体外实验法、动物实验法和人体实验法。

（1）美白功效体外实验法

化妆品美白功效体外实验方法有美白成分分析法、生物化学法、细胞生物学法和三维重组皮肤模型替代法等。

① 美白成分分析法

通过化学仪器对美白化妆品中美白活性物质的种类与含量进行测定，以此推断美白效果。如通过高效液相色谱、气相色谱、液质联用以及气质联用等仪器进行分析检测，根据不同物质吸收峰的特点及高度，分析测定美白化妆品中有效成分的种类和含量，以推测其美白效果。成分分析法具有较高的灵敏度和准确性，可快速有效地进行多组分同时分析，但仅适用于对美白成分和机理明确的化妆品的功效评价，如熊果苷、烟酰胺、抗坏血酸及其衍生物等美白成分，对于结构和成分较复杂的活性物或提取物，不能使用该方法评价其美白效果，在实际应用中有很大的局限性。

② 生物化学法

在黑色素的形成过程中，由于酪氨酸酶是决定产生黑色素数量的主要限速酶，而在现阶段，美白祛斑产品主要也是通过抑制酪氨酸酶活性而达到目的的。因此，这类美白剂对酪氨酸酶活性抑制率的高低就成为衡量美白效果的一个重要指标，生物化学法常以 L-酪氨酸或 L-多巴为底物，通过试管试验检测美白剂对酪氨酸酶活性的抑制率。而酪氨酸酶活性检测方法有放射性同位素法、免疫学法和生化酶法，其中以生化酶法较为简单成熟。酶的材料来源可以从蘑菇中得到酪氨酸酶，也可以从 B16 黑色瘤细胞或动物皮肤中得到。

这种方法测定时间短、操作简便，适用于对美白剂进行大面积的初步筛选，但在实际应用上存在局限性。它不能反映所筛选的美白祛斑添加剂是否能通过细胞膜，也不能反映与黑色素合成有关的其他机制。因此通过生物化学法检测证明对酪氨酸酶有良好抑制作用的添加剂，不一定能较好地抑制细胞内的酪氨酸酶。

③ 细胞生物学法

细胞生物学法通过在体外培养特定的细胞模型，并采用分光光度法、图像分析技术等方法在模型中进行细胞毒性测定、细胞内酪氨酸酶活性测定和黑色素含量测定等，对待测物质的美白功效进行评价。细胞生物学法易于观测化妆品中活性物质对细胞生长的抑制程度，便于研究美白活性成分与其他协同因子的联合作用以及进行细胞毒性测试等。早期多采用黑色素瘤细胞模型进行实验，如小鼠黑色素瘤 B16 细胞和人表皮黑色素瘤 A375 细胞、小鼠 B16 细胞具有能够多次传代、生长快和对培养条件要求相对较低等优点，成为筛选美白活性成分的首选细胞，但由于黑色素瘤细胞与人体黑色素细胞存在差异，多用于美白活性成分的大规模或高通量筛选。之后，来源于小鼠表皮黑素细胞的 Melan-A 细胞株和从正常皮肤材料中原代培养获得的人表皮黑素细胞（human epidermal melanocytes，HEM），也作为黑素细胞模型用于美白活性成分的大规模筛选。目前，黑素（MC）细胞与角质形成（KC）细胞共培养的体外模型已得到应用，该方法将人体 MC 细胞（melanocytes）与 KC 细胞（keratino-cytes）在体外混合培养构建细胞模型，能够更好地模拟皮肤的"表皮黑素单元"，适用于研究黑素细胞与角质形成细胞间的相互作用和美白功效评价。

④ 分子生物学实验

根据黑色素形成的分子调控机制，通过分子生物学方法对黑色素合成过程中相关酶（酪氨酸酶、DHICA 氧化酶和多巴色素互变酶）及蛋白调控因子的 mRNA（信使核糖核酸）、DNA（脱氧核糖核酸）的表达水平及酪氨酸酶合成量进行测定，以评价美白剂对这些酶和调控因子的影响。根据黑色素生成的分子调控机制，美白物质的评价可以通过多种途径实现：在黑色素小体形成期，降低小眼球相关转录因子（MITF）水平或抑制黑色素细胞表面黑皮质素-1受体（MC1R）达到美白的目的；黑色素生成期可以通过与酪氨酸酶受体的竞争性结合，抑制酪氨酸酶活性；在形成突触和黑色素转运期间，可以通过抑制突触生成，降低树突蛋白的表达来抑制黑色素的沉着。

⑤ 三维重组皮肤模型替代法

与单层细胞相比，多种皮肤细胞共培养系统或三维皮肤模型模拟了正常皮肤的结构，可用于评估黑色素形成过程中多种细胞相互作用的研究，也便于控制培养条件、探索美白剂的作用机制。其方法是将待测物涂抹于含黑色素细胞的皮肤模型，作用一定时间后，进行酪氨酸酶活性测定、黑色素含量测定、检测相关酶表达等，还可借助像素分析软件定量检测角质细胞摄取黑色素的量，以及检测培养基中角质细胞释放的炎症因子的含量变化等。

⑥ 抗氧化评价实验

黑色素生产过程是一个氧化反应过程，具有抗氧化作用的美白剂能减少氧自由基的生成，阻断或减弱酪氨酸酶的活性，减少黑色素的合成。根据测定的自由基类型不同，抗氧化活性评价方法也不同。通过对活性氧氮自由基的清除抑制作用衡量抗氧化活性的高低是目前最常用的一大类。如水杨酸比色法、邻菲罗琳-Cu^{2+}-抗坏血酸-H_2O_2法、碱性邻苯三酚法、电子自旋共振法、鲁米诺-过氧化氢化学发光体系及二苯代苦味酰基自由基（DPPH·）法。这些方法均通过加入性质稳定的自由基引发剂，当其与抗自由基活性物质作用时，借助化学显色、化学发光等反应或者本身在某一波长的强吸收，采用仪器检测其浓度来计算抗氧化能力。

⑦ 其他实验方法

把受试者的角质层用透明胶带从皮肤表层剥离，采用 Corneomelametry 法测定角质层细胞中的黑色素含量，即将样品 Fontana-Masson 银染色后在显微镜下用光密度测定法测定光透过量从而计算黑色素的含量。

（2）美白功效动物实验法

① 豚鼠实验

由于豚鼠皮肤黑素细胞和黑素小体的分布近似于人体，可选用动物实验法进行美白功效评价，一般采用的是黑色或棕色成年豚鼠，在其背部两侧剃毛形成若干无毛区，将待测样品均匀涂布于该区域，一段时间后对该区域的皮肤进行组织学观察；也可以采用花色豚鼠建立美白功效评价动物模型，如利用紫外线连续照射豚鼠皮肤 7d 形成皮肤黑化模型，在受试部位涂抹待测样品，利用皮肤生物物理检测技术，同时结合组织化学染色及图像分析技术对皮肤黑素颗粒进行定量分析。刘林刚应用动物模型研究茶多酚对色素沉着的影响，对棕黄色豚鼠进行 UVB 照射诱导皮肤色素沉着实验，结果表明茶多酚在高浓度时抑制色素沉着作用明显，并呈剂量依赖关系。动物实验的重复性良好并具有较好的借鉴意义，但是存在道德伦理方面的争议，欧盟自 2009 年 4 月 1 日已禁止在化妆品上进行动物实验。

② 斑马鱼实验

斑马鱼（danio rerio）是幅鳍亚纲鲤科短担尼鱼属的一种硬骨鱼，由于其繁殖能力强，胚胎发育迅速，与人类基因高度相似，胚胎透明，利于监测和定性定量评价，使得斑马鱼作为一种新型脊椎模式生物已被广泛应用于评价化合物的活性研究。目前已有多种美白剂的活性通过其对斑马鱼胚胎中黑素和酪氨酸酶的抑制作用得到证实，例如维生素 A 酸、腺苷、曲酸、没食子酸、熊果苷、烟酰胺等。

（3）美白功效人体实验法

对美白产品的功效评价，最客观、真实、有效的方法就是人体实验，主要是判断使用化妆品前后皮肤及色斑颜色的变化情况。目前较常用的人体实验方法是：Lab 色空间系统分析法、皮肤黑色素测定法和漫反射光谱法。

① Lab 色空间系统分析法

仪器测量肤色的原理一般基于国际照明委员会（CIE）规定的 Lab 色度系统，该色度系统通过量化颜色在色空间的位置，用数值表达的方式反映皮肤颜色多维空间变化，常见的仪器指标有皮肤 Lab 值、ITA°值、光泽度等，也有依据光学原理指标如红黑色素含量。图像分析方法分图像采集和图像处理两部分，通过 VISIA-CR 皮肤分析仪、皮肤镜等仪器采集志愿者使用化妆品前后的图像，利用 Image-pro 等软件处理图片获得客观数据。

② 皮肤黑色素测定法

此方法基于光谱吸收的原理，通过测定特定波长（568nm、660nm、880nm）的光照在人体皮肤表面的反射量来确定皮肤中黑色素的含量。由于发射光的量是一定的，因此可测出被皮肤吸收的光的量，进而测得皮肤黑色素含量。

③ 漫反射光谱法

当在紫外和可见光谱范围内扫描皮肤表面时，一部分光能量被反射，而穿过皮肤的光一部分能量被散射，其余部分的光能量被皮肤吸收转换成热能或其他形式的能量。当穿过皮肤的那部分光能再次碰到皮肤时仍然会在皮肤的不同表层上（如表皮、真皮等）发生散射，这部分散射光能量被收集并测定。人体皮肤颜色、亮度不同，相应的漫反射光谱的吸收峰位置和大小也会发生改变。根据光谱的变化，应用皮肤表面漫反射光谱仪，检测使用美白祛斑化妆品前后皮肤颜色、亮度的变化，也可评价皮肤美白的效果。

5.2.5.3 防晒类化妆品功效评价

伴随着对紫外线危害的逐步认识，防晒化妆品已进入平常百姓的生活。随着各种防晒剂及新型防晒化妆品的开发研究，为了保证其安全有效性，就必须采取适当的方法对化妆品的防晒效果进行科学、合理和正确的评价。

（1）防晒指数（SPF值）测定

SPF 值是日光防护指数（sun protection factor）的缩写，是针对 UVB（290～320nm）防护的评价，定义是使用防晒化妆品后的最小红斑剂量 MED（minimal erythema dose）与未用防晒化妆品的 MED 的比值，以红斑为观察终点，反映化妆品对紫外线的滤除能力，SPF 值越大，防晒效果越好。SPF 是评价防晒化妆品防护 UVB 效果的重要指标。

① SPF 值人体测定法

SPF 值人体测定法是根据 1978 年美国 FDA 提出的防晒药品建议专题中所指定和发布的标准来推行的。我国的《化妆品安全技术规范》中有明确的 SPF 值测定方法，受试部位限于后背腰部和肩线之间，受试者背部皮肤至少应分三区：第一区直接用紫外线照射；第二区涂抹测试样品后进行紫外线照射；第三区涂抹 SPF 标准对照品后进行紫外线照射。在同样的紫外辐射强度条件下，产生最小红斑所需的最小红斑剂量和照射时间是成正比的。记录第一区与第二区产生红斑所需的时间，其比值即为该防晒产品的防晒指数（SPF值）。但是，SPF 值人体测定法存在较多影响因素，如 SPF 人体法受试者个体差异和实验者 MED 主观判断影响较大，得出结论也可能会导致偏差。目前我国 SPF 值最大只能标识到 SPF50。

② SPF 值体外测定法

SPF 值体外法（仪器法）是指利用仪器测定的方法进行体外实验，粗略估计防晒产品的防晒效果，常用方法有紫外分光光度法和 SPF 仪测定法。原理基本上均为将防晒产品涂在特殊胶带上，使用不同波长的紫外线照射，测试样品的吸光度，依据测试值的大小直接评价产品的防晒效果。但体外仪器测试结果与生物体内测试结果有较大差异，且国际法规中并没有允许体外测试方法的结果用于产品的标签和宣称，因此国际上一般采用人体测试方法测试防晒化妆品的 SPF 值。

（2）UVA 防护指数（PFA 值）测定

① 人体测试法

UVA 防护性能的评价标准 PFA 值（protection factor of UVA）的人体评价方法是以紫外线 UVA 引起人体皮肤黑斑及色素沉着作为终点指标，来评估人体皮肤对紫外线刺激的反应程度。目前对于 UVA 防护效果的人体评价方法主要有延迟性皮肤黑化（PPD）法、即时性皮肤黑化法（IPD）、光毒性防护指数法和红斑防护指数法，其中日本化妆品工业联合协会规定的 PPD 法是目前应用最广泛的评价防晒化妆品 UVA 防护性能的人体评价方法。

PPD 法是利用氙弧灯作为光源，利用 320～400nm 的紫外光对人体皮肤进行照射，以被防晒化妆品防护的皮肤产生的最小持续色素黑化量（minimal persistent pigment darkening，MPPD）与未保护的皮肤产生的最小持续色素黑化量的比值即为 PFA 值。在欧洲则采用 UVALPF 替代 PFA 值作为定量指标并以最小色素黑化量（minimal pigment darkening，MPD）的比值表示。由于对 UVA 防护效果的评价尚未形成国际统一标准，因此防晒化妆品 UVA 防护效果的标识也多种多样。欧洲大多以 UVA 后加上数字或★来表示，数字越大或★越多，防护 UVA 的效果越好。在亚洲，中国和日本均以 PA（protection of UVA）作为 UVA 防护等级，一般都是在 PA 后加上数字或＋表示。

② 体外测试法

不同国家对于 UVA 防护效果的体外测试方法的原理是一致的，但具体操作细节有较大差异。原理基本上均为将化妆品均匀地涂在石英板、透气胶带、三醋酸纤维素胶片等人工载体上，用分光光度计或其他类似仪器设备测定其 UVA 波段的透过率。目前常用的体外测试法有我国现行采用的标准方法 diffey 临界波长法、欧盟推荐的 COLIPA/ISO 方法、澳大利亚标准方法、美国 FDA 方法以及 BOOTS 星级表示法等。

③ Lab 色度系统红斑测试法

Lab 色度系统反映的是皮肤颜色的色度变化，它不仅能反映皮肤的变黑，也能反映皮肤的变红和变黄等。已有专家将此应用于人体阳光肤色反应中定量观察红斑、晒黑的出现，将此用于肤色的变化，综合反映 UVA 和 UVB 对肤色的影响，通过肤色变化的定量来评价防晒化妆品对 UVA 和 UVB 的综合防晒作用。

（3）防水性能测定

对于防晒化妆品 SPF 值的抗水、抗汗性能测试，美国 FDA 发布的试验方法被公认为是客观合理的标准方法，我国的《化妆品安全技术规范》参考该方法建立了"防晒化妆品防水性能测定方法"。其实验原理是，考察受试者在水的作用前后，防晒化妆品对皮肤的防护作用，评估防晒化妆品防水性能。所用设备为室内水池、旋转或水流浴缸均可，温度维持在23～32℃，水质应新鲜，测试过程中记录水温、室温及相对湿度。

Ⅰ.对于一般防水性的防晒化妆品，所标识的 SPF 值应该是该产品经过 40min 的抗水试验后测定的 SPF 值。

Ⅱ.对于强抗水性的防晒化妆品，所标识的 SPF 值应该是该产品经过 80min 的抗水试验后测定的 SPF 值。

5.2.5.4　清洁类化妆品功效评价

清洁类化妆品的功效应从两方面进行评价，一是对皮肤的清洁能力，二是能够维持正常的皮肤屏障功能。常用的检测指标及仪器有：

(1) 经表皮失水率（transepidermal water loss，TEWL）

经皮失水又称为透皮水蒸发或透皮水丢失，是指真皮深部组织中的水分通过表皮蒸发散失，其数值反映的是水从皮肤表面的蒸发量，是测评皮肤屏障功能的重要参数。

(2) 皮肤角质层含水量

角质层含水量不仅反映了角质层的生理功能，同时也是反映皮肤乃至整个机体生理功能的重要指标。测量角质层水分含量的方法包括直接测量法和间接测量法。利用核磁共振光谱仪、衰减全反射-傅里叶变换红外光谱（attenuated total reflection Flourier transformed infrared spectroscopy，ATRFTIR）或近红外（near infrared，NIR）光谱仪等直接对水分子进行检测的方法准确可靠。利用皮肤角质层的电生理特性，如使用角质层水分测定仪通过检测皮肤角质层的电容来间接测量角质层水分含量的方法简便易行，已被皮肤科研及化妆品领域研究者广为接受。

(3) 皮肤油脂含量

通过测定皮肤油脂含量的变化，可以评价清洁产品的清洁能力。世界公认的 Sebumeter 法，基于油斑光度计原理工作，将 0.1mm 的特殊消光胶带贴压在皮肤上，吸收人体皮肤上的油脂后，胶带会变成一种半透明的胶带，随之透光量也会发生相应的变化，故其透明度与油脂的量成比例，吸收的油脂越多，透光量越大，通过测定透光量从而测得皮肤油脂含量。

(4) 皮肤亮度与纹理

基于数字显微条纹投影器研发出来的数字光学三维图像分析仪器，通过测试条纹光的位置变化和所有图像点的灰度值，可以得到整个测试皮肤表面或测试物体的数字三维图像，分析后获得皮肤皱纹相关参数。

也可以运用三模式皮肤放大镜，在白光、UVA 光和偏振光三种光源下，通过视觉成像原理获得皮肤的外观和特性，直观地评估清洁前后皮肤亮度、色素沉积、纹理以及受损情况的信息。

5.2.5.5　保湿类化妆品功效评价

保湿是皮肤护理的基本诉求，保湿功效是化妆品最基本的功能，因而宣称保湿的化妆品在整个化妆品品类中占有较高的比例。研究者们也在不断推出新的作用机制、新的保湿添加剂和新的功效评价方法。保湿功效评价方法大致可分为体外法和在体法。

(1) 保湿功效体外评价法

体外法包括物理化学法、细胞生物法和三维重组皮肤模型替代法等。

① 物理化学法

物理化学法是通过检测化妆品的物理性能和特定化学成分含量评价其效果的便捷手段。如通过称重法评判化妆品原料或产品的吸湿性和保湿性，或通过理化分析法对化妆品中的保湿活性成分进行定量分析。

② 细胞生物法

细胞生物法是通过体外培养的人角质形成细胞或成纤维细胞建立细胞模型来进行测试的方法。可通过观察细胞接触受试物前后细胞培养的状态并检测与保湿相关的蛋白质表达情况，进而研究保湿剂对皮肤细胞的影响。

③ 三维重组皮肤模型替代法

三维重组皮肤模型是体外构建的具有三维结构的人工皮肤组织模型，其构建方法是利用组织工程技术将人源皮肤细胞培养于特殊的插入式培养皿上。皮肤模型在基因表达、组织结构、细胞因子和代谢活力等方面高度模拟真人皮肤，并在 20 世纪 90 年代广泛应用于包括化妆品在内的化学品安全性评价中。三维重组皮肤模型由于具有实验周期短、实验条件可控和结果易于定量等优点而日益受到业界的重视。

（2）保湿功效在体评价法

在体法可分为主观评估和客观仪器评估。

① 主观评估

主观评估包括视觉评估和受试者自我评估。视觉评估通常由专家对受试者的皮肤状态如皮肤弹性、皮肤透亮度等指标进行定性或分级评测；受试者自我评估多采用调查问卷形式进行，指标包括感觉到的皮肤滋润、不干燥等，从而对受试者自身皮肤干燥程度进行评分分级。

② 客观仪器评估

客观仪器评估是通过仪器对受试者使用化妆品前后的皮肤状态参数进行采集、样本分析或统计分析，进而对化妆品进行功效评价的一种方法，根据测试对象的不同可以分为直接法和间接法。其中常见的为间接法，主要是通过电容或电阻测定原理间接反映表皮层含水量。该方法所需仪器也较为常见，测试性价比高，具有较强的可操作性，也是目前行业内广泛采用的仪器类测试方法，见表5-6。而直接法一般需要大型的仪器，通过特殊光谱、核磁等高级手段直接反映表皮层以及更深入的皮下水分分布情况，与间接法测试相比，其所需设备更精密和高端，人体测试成本更高，多作为新机制研究探索方法的参考。

表 5-6　仪器检测法分类和参考依据

方法分类	方法名称	常用设备举例	参考依据
间接法	电容量测定法	Cornerometer CM820	QB/T 4256—2011
	皮肤水分分布测试仪	MoistureMap MM 100	EEMCO 指南
	电导率测定法	Skincon-100	EEMCO 指南
	电阻法	Nova Dermal Phase Meter	EEMCO 指南
	经表皮失水率测定	TEWAMETER TM210	EEMCO 指南
直接法	红外光谱测定	红外光谱仪	Wichrowski K
	近红外法测定	近红外光谱仪	Martine K. A
	光学相干断层扫描	光学相干断层扫描仪	Meha Qassem
	光热放射光谱法	光热放射光谱仪	De Rigal J
	共聚焦拉曼光谱法	共聚焦拉曼光谱仪	Meha Qassem
	核磁共振法	核磁共振影像分析仪	Meha Qassem
	差示扫描量热法	差示扫描量热仪	Vamshi Krishna Tippavajhala

除上述评价方法外，保湿化妆品功效评价还可借助对皮肤摩擦系数、pH值的测量从侧面表现角质层的含水量情况。角质层含水量下降常导致皮肤干燥、粗糙、脱屑。Eberleinkönig等用轮廓仪测得的皮肤粗糙程度与干燥程度呈正比。可通过仪器测量皮肤的动态摩擦系数，即探头在皮肤表面转动时所产生的摩擦力与探头对皮肤压力的比值来表征皮肤的粗糙程度。此外，还可以通过仪器检测皮肤的弹性、纹理等指标，从皮肤弹性和皱纹等方面评估使用化妆品前后皮肤性质的变化，从而侧面表征皮肤的含水情况。也可用图像分析法定量分析皮肤脱屑程度，再结合皮肤表观特征，来评价化妆品的保湿功效。

5.2.5.6 新功效化妆品评价方法

根据新出台的《化妆品监督管理条例》，特殊用途化妆品已经改称特殊化妆品，由过去的9种变成5+n种，包括染发、烫发、祛斑美白、防晒、防脱发的化妆品以及宣称新功效的化妆品。新《条例》关于新功效化妆品的提出，明确指出鼓励和支持化妆品研究、创新，强调鼓励和支持结合我国传统优势项目和特色植物资源研究开发化妆品。鼓励企业在科学安全的基础上进行功效创新，并对分类目录外的新功效实行"依据"自主公布制度。以下对目录中祛痘、抗皱、舒缓、头发滋养及抗污染等几种新功效化妆品国内外功效评价方法概述如下。

(1) 祛痘类化妆品功效评价

痘痘，学名叫痤疮，是一种毛囊皮脂腺引起的慢性炎症性皮肤病，可分为寻常性痤疮和聚合性痤疮等。寻常性痤疮一般有几个阶段，可以分为粉刺、炎性丘疹、脓疱、结节、囊肿及疤痕等。除了粉刺外，其他类型痤疮都是炎性痤疮，即皮肤发生了炎症。在我国，抑制粉刺类产品按化妆品管理，人们通常所说的祛痘化妆品，实际上仅限于抑制粉刺类产品。

粉刺主要是皮脂腺油脂分泌旺盛、角质细胞增生导致毛囊皮脂腺导管闭塞而形成的，严重的会因为痤疮丙酸杆菌等细菌感染导致炎症性痤疮。祛痘化妆品的功效评价主要有两种：体外实验和在体实验。

体外实验方法是通过测试化妆品对痤疮丙酸杆菌的抑制作用，也可利用痤疮丙酸杆菌刺激人急性单核细胞THP-1，建立特异性的痤疮炎症细胞模型对炎症因子人白细胞介素1β（IL-1β）分泌量进行检测，通过分析产品对痤疮丙酸杆菌诱导的THP-1细胞炎症因子IL-1β的分泌抑制评价祛痘功效。

在体实验分为主观实验和客观实验，主观实验由受试者开展28天的试用，分别在第7天、第14天、第21天和第28天采集受试者的主观评价数据。客观实验主要通过利用仪器对皮肤油脂分泌量和皮肤痤疮的高度、体积、数量进行定量测定，如通过皮肤油脂含量测试探头分别采集受试者使用产品第0天、第7天、第14天、第21天和第28天同一时段面部、额头的油脂分泌量，以油脂分泌量的变化来评价祛痘控油效果等。

(2) 抗皱类化妆品功效评价

皮肤干燥、皱纹产生是皮肤老化的主要表现，测试抗衰老功效是研究抗皱化妆品的关键步骤，主要评价方法可分为体外法、动物实验和人体法，对抗衰老的研究已经从表观形态深入到使用产品前后皮肤深层结构的变化。

① 体外法

体外法包括生物化学法、细胞生物学法和三维重组皮肤模型替代法等。

Ⅰ. 生物化学法

生物化学法主要通过评估功效物质对自由基的清除率、对金属蛋白酶和弹性蛋白酶的抑制率、对非酶糖基化终产物生成的抑制情况等来表征其延缓衰老的功效。一般包括清除二苯代苦味酰基自由基（DPPH·）能力、清除超氧阴离子能力、清除羟自由基能力、清除$ABTS^+$自由基能力、氧自由基吸附能力（ORAC），以及抑制金属蛋白酶和弹性蛋白酶实验。

Ⅱ.细胞生物学法

细胞生物学法通常使用人皮肤角质形成细胞、成纤维细胞或三维重组皮肤模型，研究抗皱成分对细胞的生长增殖的影响，测试相关指标的变化等，表征该物质延缓皮肤衰老的能力。影响角质形成细胞保湿能力的水通道蛋白（AQP）、紧密连接蛋白（TJP）和透明质酸（HA），以及影响成纤维细胞中胶原蛋白分泌和胶原蛋白纤维合成的关键物质成为细胞生物学的主要研究指标。目前主要采用 Western Blot 杂交、免疫组化染色法半定量检测以及商品化试剂盒 ELISA 法定量检测 AQP3 和 TJP 含量的变化。采用商品化试剂盒 ELISA 法或免疫化学发光法定量检测 HA。通过 MTT 法对成纤维细胞的体外增殖能力、超氧化物歧化酶（SOD）、谷胱甘肽过氧化物酶（GSH-Px）等进行检测，通过 ELISA 法测定丙二醛（MDA）和透明质酸的含量变化，通过流式细胞仪检测活性氧（ROS）水平，通过 ELISA 和 Western Blot 杂交检测胶原含量的变化等。

Ⅲ.三维重组皮肤模型替代法

在欧美等国家都鼓励采用动物替代方法、欧盟已下令全面禁止通过动物实验进行化妆品研究等法规的限制下，皮肤模型成为一种备受关注的替代法。三维重组皮肤模型在基因表达、组织结构、代谢活力等方面均高度模拟人体皮肤，已经广泛应用于化妆品安全性评价，在化妆品功效和大气污染防护领域也有相关研究。

皮肤模型按照复杂程度分为上表皮模型、真皮模型和全层模型 3 种，全层模型主要由表皮层、真皮层和细胞外基质层（含胶原纤维）构成。实验时将人造皮肤模型在功效物质存在的条件下培养，或者将功效物质配方后涂抹于人造皮肤模型上，通过测试细胞活力和细胞抗氧化能力等指标来评价延缓皮肤衰老的功效。

② 动物实验法

常用于制备皮肤衰老模型的动物有犬、小鼠、大鼠和沙鼠等，此外还有果蝇、小型鱼类和线虫等。不同动物模型的特点不同，其中以大鼠和小鼠最为常用。动物衰老模型的观测指标由表观指标、病理指标和生化指标组成。

衰老小鼠模型主要是通过注射 D-半乳糖或者紫外线照射使特定鼠种皮肤老化产生衰老变化，给药一定时间后，用取血测定、细胞方法、皮肤观察法等进行定量分析。利用小鼠动物模型还可研究特定化合物对小鼠生长性能、抗氧化及免疫功能的影响。

是否要使用动物进行实验一直是比较有争议的问题，当下，取消动物实验已经成为一种趋势。2013 年，继欧盟下令全面禁止化妆品研究使用动物实验后，日本的资生堂也宣布全面取消动物实验，所以是否将动物实验用于化妆品功效评价，有待考虑。

③ 人体实验法

化妆品通过安全性测试后可进行人体测试，实验一般以人体面部、手臂内侧等作为受试区域。人体实验法包括主观评估和客观仪器评价法。

Ⅰ.主观评估

抗皱的主观评估由研究人员的视觉评估和受试者的自我评估组成。

视觉评估是由研究人员根据已定的皮肤皱纹的轻重程度评分标准对样品的使用效果进行打分，评价皱纹改善效果，属于半定量评分方法。该评估方法简单，容易操作，不需要复杂设备，结果具有一定的可重复性，但需熟练的评分人员。

受试者自我评估是通过让受试者填写问卷等方式评估化妆品的使用效果，可从皮肤松弛、皮肤弹性、皱纹、肌肤白度、色斑等项目，收集受试者对使用前后皮肤的状态进行评价（有效、较有效、效果一般、基本无效）的数据，计算受试者主观评价的有效率。该方法要求问卷内容设计合理、问卷数据真实可靠、实验样本数量充足。

Ⅱ. 客观仪器评价法

（Ⅰ）保湿试验

主要是进行皮肤水分含量（MMV）测试和经皮皮肤水分散失（TEWL）测试，通过对使用产品前后角质层含水量的变化情况和皮肤屏障功能的好坏来评价化妆品的人体皮肤保湿功能，皮肤干燥会引起皮肤皱纹，角质层含水量处于 $10\%\sim30\%$ 之间的是健康皮肤，若低于 10%，皮肤就会粗糙，进而变得容易出现细纹。保湿试验简单易于操作，但是需要结合其他功效评价方法同时使用。

（Ⅱ）弹性测定试验

弹性测定试验主要包括吸力法、扭力法和测量弹性切力波传播速度法。测试时常用的是基于吸力和拉伸原理设计的吸力法，通过皮肤拉伸长度和时间的关系曲线得到皮肤的弹性参数，该方法简便迅速，测量不受皮肤厚度影响，对于研究皮肤老化来说是一个较好指标，缺点是测试部位较有局限性，并且无法对较硬皮肤完成测量。

（Ⅲ）皮肤表观评价

第一，采用色度系统（Lab 色度系统）开展皮肤色度测试，颜色仪测得的 L 值表征亮度，其变化表示皮肤黑白色度的变化，其值越大，颜色越偏向白色；a 值代表红绿色度，其变化表示产品使用前后红绿色度的变化；b 值代表蓝黄色度，其变化表示产品使用前后皮肤蓝黄色度的变化。国际照明协会将 Lab 颜色空间系统的量化值用 ITA°（individual typological angle）表示，ITA°称为个体类型角，其定义式如下：

$$ITA° = \arctan \frac{L^* - 50}{b^*}$$

个体类型角（ITA°）是在皮肤颜色分级中常采用的一个指标，可用于比较人群皮肤颜色的变化，ITA°值越大，皮肤越明亮，反之，皮肤越晦暗。皮肤颜色的 ITA°分级如表 5-7 所示。

表 5-7　ITA°分级范围

皮肤类型	ITA°值	皮肤颜色	皮肤类型	ITA°值	皮肤颜色
Ⅰ	ITA°>55°	非常白	Ⅳ	10°<ITA°≤28°	浅黑
Ⅱ	41°<ITA°≤55°	白	Ⅴ	−30°<ITA°≤10°	褐色
Ⅲ	28°<ITA°≤41°	中间白	Ⅵ	ITA°≤−30°	黑色

第二，通过测试皮肤黑素指数（melanin index）评估化妆品美白、淡斑的功效。黑素指数 MI 是基于光谱吸收原理（RGB），将仪器探头发射器发出的 568nm（绿光）、660nm（红光）、880nm（红外光）三种波长的光照射在皮肤表面，通过接收器测得皮肤反射的光。

MI 数值越高，表示皮肤黑色素含量越高。

第三，随着老化带来的激素分泌和代谢改变，皮脂腺分泌油脂含量下降，导致皮肤干燥粗糙、无光泽。可以采用皮肤油脂测定仪测定皮肤表面油脂作为抗皱功效评价的一个指标。

（Ⅳ）轮廓仪测量方法

轮廓仪测量方法主要包括机械性皮肤轮廓测量法、光学皮肤轮廓测量法、激光皮肤轮廓测量法和透视皮肤轮廓测量法，是一种间接测量方法。所谓间接测量方法，主要是因为需要制备皮肤表面硅胶复制模型，而硅胶模型的制作过程比较复杂，容易造成复制模型与皮肤软组织的不一致，模型中的气泡对结果影响也很大，所以对操作人员有较高的技术要求。使用CCD摄像机摄取皮肤使用化妆品前后的硅胶复制模型图像，再用计算机对图像进行处理，取得皮肤皱纹的相关参数，实现皱纹的定量研究。

人体试验模型一直被认为是最佳受试环境，但在测试期间难免会受到其他情况的干扰，不能保证受试结果的绝对客观性。因此可以采用在体法和体外法相结合的方式，各方法互相补充，以得到综合性的评价结果。

（3）舒缓类化妆品功效评价

舒缓功效宣称评价主要是对用于改善皮肤过敏反应的化妆品功效评价。由于皮肤过敏反应是复杂的生物学反应过程，其机制尚未完全明确，目前市场上抗敏化妆品的种类相对较少，对其的功效评价方法亦很少。经过调研分析和归纳，常用的抗敏类化妆品及原料的功效评价方法主要包括生物化学实验、细胞生物学法、动物实验、人体实验等方法。

① 生物化学实验

有研究表明，透明质酸酶、组胺、自由基等重要生物分子与皮肤的过敏反应密切相关，在舒缓抗敏功效评价中常以其为特征指标进行含量测定，开展功效评价。常用的生物化学实验有透明质酸酶抑制实验、自由基清除实验和组胺浓度测试等，也有部分研究人员使用红细胞溶血实验。

② 细胞生物学法

细胞生物学法通过建立细胞模型，在体外模拟人体生理环境来培养细胞，测量细胞接触受试物前后的变化来验证原料的功效性。随着皮肤屏障结构相关蛋白研究的深入，在外界刺激下，对角质细胞中 AQP-3（aquaporin-3，水通道蛋白-3）、FLG（filaggrin，丝聚蛋白）和 caspase-14（半胱氨酸天冬氨酸特异性蛋白酶-14）等的含量变化，使其成为抗敏舒缓类化妆品功效评价的重要指标。

③ 三维重组皮肤模型替代法

利用皮肤模型评价化妆品的舒缓修复功效时，可将其作用于经表面活性剂或微生物等刺激后的表皮或全皮模型上，通过检测化妆品对刺激后皮肤模型组织活力的影响、炎性介质（PGE2）和炎症因子（如 IL-1a、IL-8 和 TNF-a 等）的分泌情况以及相关基因的表达情况来评估化妆品功效原料或配方的抗敏舒缓能力。

④ 动物实验

Ⅰ. 豚鼠背部模型

一般情况下，过敏性实验常采用豚鼠进行，豚鼠背部模型是目前最常见、使用最多的，用于评价药物过敏反应的方法。可以分为致敏期和舒缓期：实验前 1d 先将动物背部脱毛，然后在背部的两侧皮肤涂致敏源；一段时间后，其中一侧皮肤涂抹舒缓类化妆产品，6h 后观察皮肤过敏反应情况，依据"皮肤过敏反应评价标准"，通过观察豚鼠背部皮肤的红斑、水肿的严重程度打分，计算各组各时间段的平均分值，评价产品的舒缓功效。

Ⅱ. 斑马鱼体内诱导实验

斑马鱼的肥大细胞，其结构与功能与哺乳类动物相似，参与机体的免疫反应和过敏反应。当物质诱导斑马鱼体内的 Tryptase 表达水平，利用 N-苯甲酰-DL-精氨酸对硝基苯酰胺盐酸盐（BAPNA）进行特异性检测，可以定量分析此物质的致敏性和舒缓功效。此外斑马鱼胚胎受外界物质刺激后会产生翻转或死亡，也有研究用此翻转次数以及死亡胚胎数表征物质的刺激性。

⑤ 人体实验

在大部分抗敏功效化妆品原料及产品的开发环节中，人体实验是必不可少的一部分。主要包括主观评价法、半主观评价法及客观评价法。

Ⅰ. 主观评价法

主观评价包括视觉评估和受试者自我评估。视觉评估通常由专家或医生对受试者的皮肤状态如皮肤颜色、皮肤弹性等指标进行定性或分级评测；受试者自我评估多采用问卷调查形式进行，指标包括瘙痒感、刺痛感、烧灼感及紧绷感等，受试者根据问卷对自身皮肤敏感程度进行评分。

常用的抗敏功效的主观评价法包括视觉模拟评分法、敏感指数评估标尺、靶皮损 IGA 评分法等。主观评价法因其存在主观因素，不能客观表征舒缓化妆品的舒缓功效性，故需与客观仪器评价方法结合，研究主观评估结果与客观仪器检测结果的相关性，进而更加全面地表征化妆品的舒缓功效。

Ⅱ. 半主观评价法

半主观评价法作为一种半主观的方法，目前已经被广泛用于敏感性皮肤的判定，常见的有乳酸刺痛试验和辣椒素试验等。此外二甲基亚砜（dimethyl sulphoxide，DMSO）、氯仿-甲醇混合液和薄荷醇（menthol）等也可作为化学探头，通过皮肤对该种化学探头的刺激反应来评价皮肤的敏感性状况。

Ⅲ. 客观评价法

客观评价法是通过仪器对受试者使用化妆品前后的皮肤状态参数进行采集、样本分析和统计分析，进而对化妆品进行功效评价的一种方法。常见的测试指标包括皮肤水分散失量、皮肤水分含量、皮肤红斑指数、皮肤表面酸碱度（potential of hydrogen，pH）以及皮肤油脂分泌量。除以上这些测试指标外，还可根据皮肤其他生理指数测试以及皮肤弹性、皮肤厚度、皮肤表面结构的改变，来判断皮肤的敏感性状况。这种客观评价方法应用于人体，可提供较为直观的数据结果，过程简单方便，但是仍存在不足，即个体间差异的干扰。

(4) 头发滋养类化妆品功效评价

《化妆品功效宣称评价规范》中"滋养"功效宣称让人不解，对其的功效宣称的评价手段尚未明确。有研究指出，宣称"滋养"的发用品可以通过检测用样前后毛发中 18-MEA（十八甲基二十碳烯酸）、神经酰胺含量的变化情况即可验证产品的功效。存在于毛小皮细胞间脂质（CMC）中的十八甲基二十碳烯酸（18-methyl-eicosanoic acid，18-MEA）的含量测定可以推算头发样品毛表皮的含量；构成头发结构的内源脂质细胞膜络合物（cell membrane complex，CMC），主要成分为神经酰胺，随着其含量的减少，会使毛小皮细胞脱落，毛鳞片翘起，影响头发的光滑感和光泽度。此外也可以通过检测头发的光泽度、光滑度、拉伸性能和柔软度间接验证产品的功效。

(5) 抗污染类化妆品功效评价

目前没有被普遍认可的化妆品抗污染性能评价方法，有研究采用比较涂覆化妆品前后皮肤对颗粒物的吸附能力进行抗污染功效评价，方法是将涂有样品的玻璃板放置于污染环境中48h，使用偏光显微镜测试空白组和添加了抗污染原料的产品的抗污染物黏附情况，从可以减少污染物黏附进行评价。

5.3 化妆品的感官评价

感官评价（sensory evaluation）又称感官分析（sensory analysis）或感官检验（sensory test），起源于食品行业。感官评价实验是一类特殊的在体实验。早期的原始感官分析主要由一些具有敏锐的感觉器官和长年经验积累的某一方面的专家进行评价和评判，使得此分析方法的可信度令人怀疑。随着当代测量技术的开发及其在感官评定方面的应用，感官评定已发展成为一门以理化分析为基础，集实验学、社会学、心理学、生理学、统计学知识为一体发展起来的一门科学。这门科学不仅实用性强（即可行性）、灵敏度高（即灵敏性）、结果可靠（即可靠性），而且解决了一般理化分析所不能解决的复杂的生理感受问题（不可替代性）。

根据 IFT（美国食品工艺学家学会）感官评定分会的定义，感官评定是一门人们用来唤起、测量、分析及诠释食品及原料当中那些可被他们视觉、嗅觉、触觉及听觉所感觉到的特征反应的科学。这个定义的范畴显然很窄，并且来源于食品评定，但它的基本原理已被推广应用到各类消费品，如化妆品、个人护理品、纺织品及服装、医药制品等。

化妆品感官评价主要包括视觉评价、嗅觉评价和触觉评价，分别是依靠视觉、嗅觉和触觉对化妆品外观形态、色彩、气味、使用肤感等做出评价。

化妆品感官评价应该包含所有感觉（如视觉、嗅觉、触觉、听觉、味觉等）的评价，而不仅仅是某一种感觉的测试。例如，视觉感官常用来评价化妆品的形状、颜色、均匀性、亮度、透明度等属性，触觉感官常用来评价化妆品的涂抹性、吸收性、黏性、残留量、流变性、硬度等属性，嗅觉感官常用来评价化妆品的香气、纯度、强度、单体气味等属性。

5.3.1 化妆品感官评价的方法

感官评价包括不同样品之间整体品质和特定感官属性的差别检验、样品感官特性强度与消费者喜好的标度检验、产品评分和优良等级的类别检验、感官质量特征确定的描述性分析检验等。目前公认的感官检验方法主要包括：描述性分析法、差异性分析法和情感型（喜好度）感官评价法。每类方法中都有不同的目的和具体的方法。

5.3.1.1 描述性分析法

描述性分析法是对产品感官性状指标的感知强度进行定性和定量检验。定性分析主要有风味剖面法，定量分析则包括质地剖面法、定量描述性分析法和感官系列分析法等。实际应用中，使用率比较高的是定量描述分析法，该方法形成于 20 世纪 70 年代早期，弥补了风味剖面法和质地剖面法的不足。定量描述分析法通过标度打分的方式，客观反映产品感官特性，不仅能对样品进行定性分析，还能通过多元统计方法分析所测定的数据，达到定性和定量相结合。在化妆品的感官分析中，通常使用参比成对打分的方式对护肤品使用前（易涂抹性、膏体厚重感等）、使用中（膏体水润感、油润感、吸收性等）及使用后（皮肤柔软度、皮肤滋润度、皮肤光泽度等）的各项感官性能进行评价。在化妆品感官评价中使用定量描述分析法对单一词进行评估是合理的、科学的，即定量描述分析法更适合用于单一特性感官词，不建议用于复合特性感官词的评价。

① 膏霜、乳液类产品的性能描述性评价主要包括以下几个方面：

Ⅰ. 铺展性　主要是指产品在涂抹过程中是否容易铺展，是否会引起白条现象；

Ⅱ. 渗透性　指护肤产品在使用过程中其中的油脂、活性组分是否容易渗透进皮肤中；

Ⅲ. 滋润性　指护肤产品赋予皮肤的滋润感；

Ⅳ. 油腻性　指护肤产品在使用中有没有过度的油腻感；

Ⅴ. 黏起感　指用指头将膏体挑起时的难易程度及此时的膏体形状；

Ⅵ. 直接使用性　指膏体在使用时以上各性能指标的情况；

Ⅶ. 后期使用性　指膏体在使用 10min 以后以上各个指标的情况。

② 洁肤用品及洗发用品的性能描述性评价主要有以下几个方面：

Ⅰ. 分散性　在使用过程中样品是否容易分散于皮肤、头发中；

Ⅱ. 泡沫性　产品在使用中泡沫是否丰富、细腻且稳定；

Ⅲ. 易冲洗程度　产品在使用后是否容易漂洗干净；

Ⅳ. 紧绷感　洁肤产品在使用后是否有明显的紧绷感；

Ⅴ. 脱脂性　产品使用后是否有脱脂现象。

5.3.1.2 差异性分析法

差异性分析法可以分为总体差异检验和特定属性差异检验，即用于确定两种及以上的产品之间是否存在整体上或某一感官特性上的差异，其目的是估计差别的顺序或大小以及样品应归属的类别或等级。例如，企业为了优化成本，想要在某膏霜配方中更换防腐剂原料商，消费者能否感知原料更换前后的差别呢？此时应选择总体差异检验。又如某防晒霜的钛白粉增加了 1％，消费者是否会觉得比原来的产品更白些？此时特定属性差异检验更适用。

差异性分析包含多种方法，其中三点检验（triangle test）、二-三点检验（duo-trial test）、"A"-"非 A"检验（"A"-"not A"）等属于总体差异检验，成对比较法（2-alternative forced choice）、简单排序法（simple ranking test）、多样品差异比较法等属于特定属性差异检验。

5.3.1.3 情感型感官评价法

情感型感官评价又称消费者测试，常用于分析消费者对产品的喜好程度，可应用于优化产品、新产品开发等方面。不同于差异性分析法或描述性分析法，情感测试的实施对象是未经过训练的目标市场的消费者，通过他们对产品的偏爱或者喜欢程度进行评价量化。一般选用产品的经常性消费者，在集中场所或专门的感官评价实验室进行。情感型感官评价具体方法包括偏爱测定和接受性测定。偏爱测定要求消费者比较两个或两个以上样品，从中挑选出更喜爱的样品或对样品进行评分，比较样品质量的优劣；接受性测定则要求评价员在一个特定标度上量化评估他们对产品的喜爱程度，并不一定需要与另外的产品进行比较。

5.3.2　感观评价方法的选择

描述性分析法可对产品的感官性状指标的感知强度进行定性和定量分析，而差异性分析法是对两种及以上的产品之间是否存在整体上或某一感官特性上的差异进行分析，两者具有区别。例如排序法（属于差异性分析法）是一种将样品按某种感官特性的强弱或对样品整体印象的好坏进行排列的分类方法，通过排序法获得在某感官特性上产品 A＞产品 B＞产品 C，但是并不知晓产品 A 与产品 B 和产品 C 在这一感官特性上的具体差别，定量描述法则可以将产品 A 与产品 B、产品 C 之间的差异定量。

描述性分析法主要用于新产品感官特性的说明、产品的比较、产品感官货架期的检验等方面，是由具有较高能力的评价小组进行的更加精细的感官分析，而差异性分析法常应用于原料评级、产品研发和市场测试等领域。如果要测试消费者对产品的喜欢程度或产品被市场的接受程度，应选择情感测试。

5.3.3 化妆品感官评价的应用

感官评价是一种将人与产品、工厂与市场、产品与品牌、生存与享受紧密关联起来的技术。目前感官评价常与企业内的研发、市场、质量、采购等部门合作，用于产品定位、配方设计、原料替换、质量控制、消费者喜好评估、市场预测等诸多方面，为产品生命周期管理过程中的重要商业决策提供参考意见。如利用感官评价技术可以测知人感知的产品质量，了解人们对产品的功能需求和情感需求，并根据消费者对产品质量的满意度，针对性地进行产品设计、生产和营销等。

感官评价作为一个客观测试平台，通过明确测试对象、选择合理的测试方法、筛选合格的测评人员、采用适当的统计方法，为企业内相互关联的各部门（如研发和市场、质量和采购等）提供了进行有效对话的结合点，它可以帮助我们选择合理的路线，得到最佳的价值价格比，更好地满足消费者需求；感官评价也是内部技术和外部市场的联系纽带，可预见产品变化对市场的影响，降低更换原料、变革工艺时的决策风险，为企业提供更多安全保障。

尽管建立感官评价小组需要预先投入人力、物力和财力，耗时短则 3 个月长则半年，但是一旦正式开始运作，一个可靠、高效且低成本运作的感官评价小组，在整个产品生命周期管理上起着极其重要的作用。它能够帮助企业提高新产品在消费者测试中的成功率；加速新产品研发；监控竞争品的技术改进；改进产品工艺；开发原材料替代品；强化质量管理和控制；发现新产品独特的感官属性等。

5.3.3.1 感官评价与产品开发

感官评价贯穿了整个新产品开发过程，无论是早期的产品开发策划，中期的配方形成及修改，还是后期的中试或大规模生产，感官评价都发挥着重要且独特的作用。例如检验化妆品中原料替换前后使用感是否发生变化，配方小试样与放大生产成品、不同批次生产成品之间各感官指标是否存在差异，以及产品在货架期期间感官指标是否发生变化，或是测量某个产品相对于其他产品面对消费者所表现出的优势感官特性，以便于优化产品主观功效，提升产品综合品质。

感官评价可以帮助技术人员和市场人员相互理解，是实验室测试和消费者测试之间的桥梁。感官评价可以用来帮助辨别目标消费人群、分析竞争产品和评估新产品概念，从而提高新产品在市场上的接受程度。

传统上，感官评价更多地被用于产品技术开发、质量控制、探索和开发新原料和生产工艺等方面，而较少作为市场营销的方法。随着对于消费者需求和偏好研究的深入，市场营销部门还发现，对于和产品属性（如涂抹性、吸收度、光滑度等）密切相关的消费者偏好和反应（如肤感喜好等），以及分析验证竞争对手的产品诉求、宣称等，都可以应用感官评价的方法。目前已经有公司采用感官评价得出的数据进行产品特色的市场宣称，区隔竞争产品，辨识仿冒产品，从而为目标消费者提供更加吸引人、更具说服力、满意度更高的产品。感官评价因其评价简单、直观有效、结果易得等优点，在企业商业决策中正发挥着越来越重要的价值。

对技术开发人员来说，感官评价是新产品开发过程中非常有用的工具，可以帮助工程师辨识原始配方和改良配方之间的轻微差异，或者在产品维持方面验证两种配方的感官特征是否一致。

感官评价研究领域的新热点包括如何借助跨学科、跨领域、跨行业的知识和技术，在产品开发中相辅相成地应用感官评价和消费者测试工具，如何将客观、准确、标准化的感官评价和主观、模糊、变数大的消费者测试方法进行有机结合，正确解读测试数据，相互佐证测试结果，为产品开发提供更具参考价值的客观依据。

5.3.3.2　感官评价与质量控制

质量是大多数公司生产和宣传其产品特色的重要基础。在产品的小中试或量产过程中，感官评价可以帮助研发工程师、质量管理人员判断，是否因配方、工艺或原料供应商的改变影响了产品感官质量，从而确定原料是否可以替换或生产工艺是否需要调整。在质量控制中加入感官评价，可以有效监控因原料、工艺、配方调整等带来的产品质量变化，评估产品质量保证的有效期，以及不同批次生产的产品质量一致性等，这对产品的质量控制有着重要意义。

以顾客需求为导向已成为企业产品开发的重要策略之一。顾客总是按照自身需求和偏好来选择商品。不符合顾客需求的产品，即使技术非常先进，质量非常优良，也不能获得顾客青睐而取得市场成功。面对日趋激烈的市场竞争，企业的产品开发也由过去过分注重技术因素，期望凭借产品在技术上的优势去吸引消费者，转为现在的认真考虑顾客到底需要什么，即从以产品为中心转向以顾客为中心。一些企业开始把更多的精力放在新产品开发前期的顾客需求分析，挖掘他们的真实需要。消费者在购买产品时，不仅关注产品本身的功能、质量等，也关注产品的即时体验和自身情感需求。所以关注产品感觉特性设计，设计具有"高质感"的产品，已成为现代产品设计的发展趋势。

5.3.3.3　感官评价与稳定性试验

感官评价可以帮助质量人员了解产品在货架期上的变化情况，以及在消费者使用期间的变化情况。有些护肤品配方中添加了一定量的活性成分，这些活性成分遇到空气、光线、水分等时，容易发生理化变化，诸如变色、析出、分层等，从而引起产品感官特性发生变化，影响消费者的使用体验和使用效果。近年来，评估产品稳定性和储存期变得越来越重要，我们有必要了解产品随时间推移的变化情况及其对市场的影响。除此之外，当感官反应与愉快的经历相关联时，中性或消极的感官刺激会变得偏积极；当感官反应与不愉快的经历相关联时，中性或消极的感官刺激会变得更消极。这种感觉刺激会诱导消费者，一般来说，积极感会让你用过去的经历来体验新事物，而消极感会让你对新的经历存有偏见。

可见，感官评价与许多学科都有千丝万缕的关系。在实施化妆品感官评价的过程中，生物学、医学、心理学、逻辑学、物理、化学、数学、实验学、统计学、社会行为学、伦理学等学科知识都得到了一定程度的应用。

第6章
我国化妆品安全监管概况

6.1 化妆品安全监管体系简介

6.1.1 我国化妆品监管机构发展历史

1984 年，国务院颁布《工业产品生产许可证试行条例》（国发〔1984〕54 号），开启了我国工业产品生产许可证制度。该工作由国家经济贸易委员会统一组织领导，国务院产品归口管理部门负责归口产品生产许可证的颁发、管理和监督工作，其中化妆品的产品归口管理单位为轻工业部。1986 年 12 月，轻工业部颁布了我国第一部化妆品生产管理法规——《化妆品生产管理条例（试行）》，标志着我国化妆品管理走上了法制化的轨道。1987 年，国家颁发了《化妆品生产管理条例》，这是我国规范化妆品行业的第一部法规。这期间，化妆品的相关管理工作由轻工业部承担。

1989 年 11 月，卫生部令第 3 号发布《化妆品卫生监督条例》（以下简称《条例》）自1990 年 1 月 1 日起实施。1991 年 3 月、卫生部令第 13 号发布《化妆品卫生监督条例实施细则》（以下简称《实施细则》）。《条例》及《实施细则》和化妆品卫生标准的颁布与实施标志着我国化妆品卫生监督制度的诞生。

1994 年，《国家质量监督检验检疫总局"三定"方案》（国办发〔1994〕26 号）规定国家质量监督检验检疫总局负责生产许可证的管理工作。中国轻工总会生产许可证办公室制定了《化妆品生产许可证实施细则》，并经国家质量监督检验检疫总局全国工业产品生产许可证办公室批准发布实施细则，规定化妆品生产许可证由中国轻工总会负责归口颁发、管理和监督实施。

1998 年，国务院机构改革，国家质量监督检验检疫总局履行"管理工业产品生产许可证工作"职能，工业产品生产许可证实现统一管理。2002 年 3 月，国家质量监督检验检疫总局发布了《工业产品生产许可证管理办法》（国质检〔2002〕19 号令）。2005 年 7 月，国务院公布《中华人民共和国工业产品生产许可证管理条例》（国务院第 440 号令）。2005 年 9 月，国家质检总局发布了《中华人民共和国工业产品生产许可证管理条例实施办法》（国家质检总局第 80 号），国家质检总局于 2006 年 8 月起对牙膏产品实施市场准入制度，发放全国工业产品生产许可证。

2008 年，国家食品药品监督管理局"三定"方案（国办发〔2008〕100 号）要求国家食药监局承担化妆品卫生监督管理的职责，负责化妆品卫生许可、卫生监督管理和有关化妆品的审批工作。

由以上得知，1989 年至 2013 年化妆品处在多头监管状态。有多个政府部门参与管理，如卫生部门、质量监督和检验检疫部门、食品药品监管部门、工商部门、标准化部门、行业主管部门和海关等。合法的化妆品生产企业必须具有"营业执照"（工商部门审批）、"化妆品生产许可证"（中国轻工总会审批，后权力转交国家质检总局）、"化妆品生产企业卫生许可证"（卫生部门审批后转交给国家药品监督管理局）、"计量合格证"（质量监督和检验检疫部门审批）和"注册商标证"（工商部门审批）等。

2013 年根据《国务院办公厅关于印发国家食品药品监督管理总局主要职责内设机构和人员编制规定的通知》（国办发〔2013〕24 号）要求将化妆品生产行政许可与化妆品卫生行政许可整合为一项行政许可"化妆品生产许可"，职能划转到国家食品药品监督管理总局。自此之后，化妆品实现了相对集中统一的管理。

2018 年 3 月 21 日，中共中央印发了《深化党和国家机构改革方案》，深化国务院机构改革部分提出不再保留国家工商行政管理总局、国家质量监督检验检疫总局、国家食品药品监督管理总局，组建国家市场监督管理总局。考虑到药品监管的特殊性，单独组建国家药品监督管理局，由国家市场监督管理总局管理，主要职责是负责药品、化妆品、医疗器械的注册并实施监督管理。市场监管实行分级管理，药品监管机构只设到省一级，药品经营销售等行为的监管，由市县市场监管部门统一承担。

6.1.2 我国化妆品监管机构及职责

6.1.2.1 国家级监管机构

国家药品监督管理局是我国国家级化妆品监督管理机构。2018 年 9 月国务院办公厅发布了《国家药品监督管理局职能配置、内设机构和人员编制规定》（厅字〔2018〕53 号）（以下简称《规定》），将化妆品的注册、监管等环节统一到国家药品监督管理局新成立的化妆品监督管理司管理，标志着我国化妆品监督管理向规范化的跨越。该《规定》对化妆品监督管理司的职责进行了明确，包括：组织实施化妆品注册备案工作；组织拟订并监督实施化妆品标准、分类规则、技术指导原则；承担拟订化妆品检查制度，检查研制现场，依职责组织指导生产现场检查，查处重大违法行为工作；组织质量抽查检验，定期发布质量公告；组织开展不良反应监测并依法处置。化妆品监督管理司下设处室及工作分工如下：

（1）综合处

负责司内综合事务。统筹化妆品监管能力建设。

（2）监管一处

拟订并组织实施化妆品注册备案和新原料分类管理制度。拟订化妆品生产经营技术规范并监督实施。掌握分析化妆品生产经营监督管理形势、存在问题并提出完善制度机制和改进工作的建议。拟订化妆品不良反应监测管理制度并监督实施。拟订问题化妆品召回和处置制度，指导督促地方相关工作。

（3）监管二处

拟订化妆品生产检查制度并监督实施。组织开展对化妆品生产经营的监督检查，对发现的问题及时采取处理措施。组织开展上市后化妆品不良反应监测、化妆品监督抽验和安全风险监测工作，起草化妆品安全信息公告。督促下级行政机关严格依法实施行政许可、履行监督管理责任，及时发现、纠正违法和不当行为。

6.1.2.2 国家化妆品监管直属机构

化妆品监督管理出于全局性与专业性需求，除国家药品监督管理局内设机构化妆品监督管理司外，还通过直属单位对化妆品安全、技术、标准等统筹管理。国家药品监督管理局下设的与化妆品监管有关的直属单位及其职能罗列如下：

（1）中国食品药品检定研究院

中国食品药品检定研究院也称国家药品监督管理局医疗器械标准管理中心、中国药品检验总所，承担化妆品检测工作，主要职能为：

① 承担食品、药品、医疗器械、化妆品及有关药用辅料、包装材料与容器（以下统称为食品药品）的检验检测工作。组织开展药品、医疗器械、化妆品抽验和质量分析工作。负责相关复验、技术仲裁。组织开展进口药品注册检验以及上市后有关数据收集分析等工作。

② 承担药品、医疗器械、化妆品质量标准、技术规范、技术要求、检验检测方法的制修订以及技术复核工作。组织开展检验检测新技术新方法新标准研究。承担相关产品严重不良反应、严重不良事件原因的实验研究工作。

③ 承担化妆品安全技术评价工作。

（2）国家药品监督管理局食品药品审核查验中心

国家药品监督管理局食品药品审核查验中心承担化妆品生产、经营的飞行检查工作，主要职能为：

① 组织制定修订药品、医疗器械、化妆品检查制度规范和技术文件。

② 承担化妆品研制、生产环节的有因检查。承担化妆品境外检查。

③ 承担药品、医疗器械、化妆品检查的国际（地区）交流与合作。

（3）国家药品监督管理局药品评价中心

国家药品监督管理局药品评价中心包含国家药品不良反应监测中心，组织开展化妆品不良反应监测工作，主要职能为：

① 组织制定修订药品不良反应、医疗器械不良事件、化妆品不良反应监测与上市后安全性评价以及药物滥用监测的技术标准和规范。

② 组织开展药品不良反应、医疗器械不良事件、化妆品不良反应、药物滥用监测工作。

③ 开展药品、医疗器械、化妆品的上市后安全性评价工作。

④ 指导地方相关监测与上市后安全性评价工作。组织开展相关监测与上市后安全性评价的方法研究、技术咨询和国际（地区）交流合作。

（4）国家药品监督管理局行政事项受理服务和投诉举报中心

主要工作职责为：

① 负责药品、医疗器械、化妆品行政事项的受理服务和审批结果相关文书的制作、送达工作。

② 受理和转办药品、医疗器械、化妆品涉嫌违法违规行为的投诉举报。

③ 负责药品、医疗器械、化妆品行政事项受理和投诉举报相关信息的汇总、分析、报送工作。

④ 负责药品、医疗器械、化妆品重大投诉举报办理工作的组织协调、跟踪督办，监督办理结果反馈。

⑤ 参与拟订药品、医疗器械、化妆品行政事项和投诉举报相关法规、规范性文件和规章制度。

⑥ 开展与药品、医疗器械、化妆品行政事项受理及投诉举报工作有关的国际（地区）交流与合作。

（5）国家药品监督管理局信息中心（中国食品药品监管数据中心）

主要工作职责：参与起草国家药品（含医疗器械、化妆品）监管信息化建设发展规划。组织开展药品监管信息政策研究，研究建立国家药品监管信息化标准体系。

（6）国家药品监督管理局新闻宣传中心

主要职责为：

① 承担药品、医疗器械、化妆品安全宣传组织实施工作。

② 组织开展药品、医疗器械、化妆品科普宣传工作。

③ 协助国家局政府网站日常信息发布工作。协助建立药品监管系统政府网站绩效评估制度并组织实施。

④ 组织制作推广药品、医疗器械、化妆品监管题材的文化产品。

⑤ 承担国家局新闻宣传媒体资产库的建设、管理和维护。承担宣传平台的建设和管理。

⑥ 参与制订并协助实施国家局新闻宣传工作计划，协助开展药品监管系统新闻宣传效果分析和质量评价工作。

⑦ 组织开展药品监管新闻宣传政策法规及传播科学研究。

⑧ 协助组织各类社会资源开展药品、医疗器械、化妆品监管新闻宣传国内国际交流与合作。

⑨ 承办国家局交办的其他事项。

（7）国家药品监督管理局南方医药经济研究所

① 开展药品、医疗器械、化妆品相关监管政策法规研究及安全形势评估研究，提出政策建议，参与相关政策论证和效果评估。

② 收集药品、医疗器械、化妆品行业经济运行相关信息，开展药品、医疗器械、化妆品产业经济研究，发布研究成果，提出政策建议，开展咨询服务。

③ 承担互联网药品、医疗器械、化妆品信息和交易监测与形势分析及相关大数据研究。

④ 负责建立并维护药品、医疗器械、化妆品监管相关政策数据库、医药经济信息数据库和互联网违法药品、医疗器械、化妆品信息数据库，并开发利用。

6.1.2.3　化妆品监管其他机构

（1）国家市场监督管理总局

国家市场监督管理总局管理国家药品监督管理局，同时市县两级市场监管部门负责药品零售、医疗器械经营的许可、检查和处罚，以及化妆品经营和药品、医疗器械使用环节质量的检查和处罚。

（2）国家卫生健康委员会

国家药品监督管理局会同国家卫生健康委员会组织国家药典委员会并制定国家药典，建立重大药品不良反应和医疗器械不良事件相互通报机制和联合处置机制。

（3）商务部

商务部负责拟订药品流通发展规划和政策，国家药品监督管理局在药品监督管理工作中，配合执行药品流通发展规划和政策。商务部发放药品类易制毒化学品进口许可前，应当征得国家药品监督管理局同意。

（4）公安部

公安部负责组织指导药品、医疗器械和化妆品犯罪案件侦查工作。国家药品监督管理局与公安部建立行政执法和刑事司法工作衔接机制。药品监督管理部门发现违法行为涉嫌犯罪的，按照有关规定及时移送公安机关，公安机关应当迅速进行审查，并依法作出立案或者不予立案的决定。公安机关依法提请药品监督管理部门作出检验、鉴定、认定等协助的，药品监督管理部门应当予以协助。

6.1.2.4 省级药品监督管理局化妆品监管部门（以广东省为例）

省级化妆品监管部门主要是各省的药品监督管理局，以广东省为例，以下罗列了省级监管部门与化妆品监管相关的职责、处室设置与工作分工。

（1）机构职能

① 负责药品、医疗器械和化妆品安全监督管理。拟订监督管理政策规划，组织起草有关地方性法规、规章草案，并监督实施。研究拟订鼓励药品、医疗器械和化妆品新技术新产品的管理与服务政策。

② 负责监督实施药品、医疗器械和化妆品标准以及分类管理制度。组织制定药品、医疗器械地方性标准。配合实施国家基本药物制度。

③ 负责药品、医疗器械和化妆品生产环节的许可，以及药品批发许可、零售连锁总部许可、互联网销售第三方平台备案，依职责承担药品、医疗器械和化妆品注册管理工作。

④ 负责药品、医疗器械和化妆品质量管理。监督实施生产质量管理规范、药品批发（含零售连锁）经营质量管理规范，指导实施其他经营、使用质量管理规范。

⑤ 负责药品、医疗器械和化妆品上市后风险管理。组织开展药品不良反应、医疗器械不良事件和化妆品不良反应的监测、评价和处置工作。依法承担药品、医疗器械和化妆品安全风险监测和应急管理工作。

⑥ 负责组织指导药品、医疗器械和化妆品监督检查。依法查处药品、医疗器械和化妆品生产环节，以及药品批发、零售连锁总部、互联网销售第三方平台的违法行为。

⑦ 负责执业药师资格准入管理。组织实施执业药师资格准入制度，指导监督执业药师注册工作。

⑧ 负责指导省药监局粤东、粤西、粤北、广州、深圳药品稽查办公室工作。

⑨ 负责指导市县市场监督管理部门承担的药品、医疗器械、化妆品经营和使用环节的监督管理工作。

⑩ 完成省委、省政府和国家药监局交办的其他任务。

（2）处室设置及工作分工

① 法规和科技处

研究药品、医疗器械和化妆品监督管理重大政策。组织起草地方性法规、规章草案，承担规范性文件的合法性审查工作。承担执法监督、行政复议、行政应诉工作。承担科普宣传和普法工作。组织研究实施审评、检查、检验、监测的科学工具和方法。研究拟订鼓励新技术新产品的管理与服务政策。拟订并监督实施实验室建设标准、检验检测机构能力建设标准和管理规范。监督实施检验检测机构资质认定条件和检验规范。组织实施重大科技项目。承办省局交办的其他事项。

② 行政许可处

监督实施药品、医疗器械和化妆品标准、分类规则等管理制度。依职责组织实施药品、医疗器械和化妆品行政许可，以及涉及的技术审查、审评检查、现场检查和抽样等工作。组织实施省本级行政许可管理工作。承办省局交办的其他事项。

③ 化妆品监管处

拟订化妆品监督管理的具体措施、办法并组织实施。组织并依职责监督实施化妆品标准、分类规则、技术指导原则。组织实施化妆品生产监督检查。组织实施化妆品问题产品召回的监督管理工作。组织开展化妆品不良反应监测并依法处置。依职责指导经营环节监督检查工作。承办省局交办的其他事项。

④ 执法监督处

拟订药品、医疗器械和化妆品稽查执法的具体措施、办法并组织实施。负责组织查处跨区域或重大药品、医疗器械和化妆品违法案件。推动完善行政执法与刑事司法衔接机制。组织质量抽查检验，定期发布质量公告。依职责指导违法行为查处和抽检工作。牵头指导协调药品稽查办公室工作。承办省局交办的其他事项。

6.1.2.5　省级药品监督管理局相关直属机构（以广东省为例）

（1）广东省药品检验所

广东省药品检验所（Guangdong Institute for Drug Control，GDIDC）为广东省人民政府按照国家《药品管理法》设立的法定药品检验机构，直属广东省药品监督管理局，是具有独立法人资格并参照《中华人民共和国公务员法》管理的全额拨款公益一类事业单位。单位主要职责：

① 承担国家市场监管总局授权的进口药品口岸检验、生物制品批签发和辖区药品的注册检验、监督检验及仲裁检验；

② 承担化妆品行政许可检验、备案检验、生产许可强制检验、监督检验、仲裁检验；

③ 承担药品、化妆品安全突发事件的应急检验；

④ 参与制订、修订国家或省相关检验检测标准、技术规范；

⑤ 开展药品、化妆品质量研究，承担药品、化妆品检测相关业务指导工作；

⑥ 受委托提供药品、化妆品检验检测技术服务；

⑦ 承担省市场监管局委托的其他工作。

（2）包装材料容器检验中心

包装材料容器检验中心（简称包材中心）是广东省医疗器械质量监督检验所下属事业单位，是目前广东省乃至华南地区规模最大、历史最长、技术能力最强的食品药品包装材料检验机构之一，也是全国重点药品包装材料检验机构之一。包材中心主要从事食品、药品、保健食品、化妆品、医疗器械包装材料及洁净室（区）检测、药品包装材料与药品的相容性检测，食品、药品包装材料的安全性评价，医疗器械无菌包装的验证检验，国家非特殊用途化妆品备案检验等工作，目前具备承检能力 500 多项。此外，包材中心还承担 YBB 标准起草、复核、修订工作，同时还提供药品包装材料检测技术、质量标准等方面的培训和提供洁净厂房装修设计等服务。

（3）审评认证中心

审评认证中心（原名广东省药品审评认证中心）成立于 2000 年 6 月，直属广东省药品监督管理局。主要职责为承担食品（含食品添加剂、保健食品）、化妆品、药品、医疗器械等的技术审评及相关质量管理规范的认证工作。

（4）药品不良反应监测中心

广东省药品不良反应监测中心开展药品不良反应、医疗器械不良事件、化妆品不良反应监测工作，其中化妆品监测科主要负责开展化妆品上市后不良反应监测技术工作。承担全省化妆品不良反应报告和监测资料的收集、评价、反馈、上报，依据监测中发现的风险信号，提出风险预警信息及建议；承担全省严重化妆品不良反应的调查和评价，协助有关部门开展化妆品群体不良事件的调查。

（5）事务中心

广东省药品监督管理局事务中心，于 2021 年 5 月经广东省机构编制委员会批准成立，主要承担化妆品关键岗位从业人员执业资格管理工作，省药品监督管理局行政许可事项的受理、发证工作，化妆品投诉举报工作及有关科普宣传工作。

6.1.2.6　行业协会

为方便反映企业诉求、为企业提供全面服务、更好贯彻执行国家的政策法规、协助政府管理行业，我国允许成立了多个化妆品行业组织及相关协会，各个协会组织开展多种形式的经验交流、技术交流，提供最新的市场信息，举办技术培训，在技能鉴定方面弥补了政府主管机构的不足。在政府职能部门的支持和指导下。在行业进行规范管理工作中做出了卓有成效的贡献。

（1）中国香料香精化妆品工业协会

简称中国香化协会，是由全国香料香精、化妆品及其原料、设备、包装企业和相关科研设计、教育等企、事业单位及个人自愿组成的，现有会员单位 70 余家。协会为按照其章程开展活动的非营利性社会组织，其最高权力机构是会员大会。

（2）中国轻工业联合会

是轻工业全国性、综合性、具有服务和管理职能的工业性中介组织，具有广泛的行业代表性，它以服务为宗旨，充分发挥政府与企业间的桥梁纽带作用，促进中国轻工业的发展，加强国际间的交流与合作。

（3）中国口腔清洁护理用品工业协会

该协会成立于 1984 年，是经国家民政部批准的国家一级工业协会。其宗旨是为政府、为企业服务，促进行业发展；维护企业的合法权益，反映企业的合法要求；接受政府部门的委托，负责行业部分管理；在政府主管部门指导和企业的支持下，在政府和企业之间、企业与企业之间起桥梁和纽带作用。

（4）中国美发美容协会

成立于 1990 年，其宗旨是弘扬中华民族的美发美容文化，致力于发展中国美发美容事业，在肩负全国行业管理与服务的同时，大力推动与国际间同行间的交流与合作。

（5）广东省化妆品学会

广东省化妆品学会（Guangdong Cosmetics Association，GDCA）成立于 2016 年 11 月，由从事化妆品的科学技术工作者及相关单位自愿组成的学术性的非营利性社会团体法人。学会秉承的宗旨为：遵守国家的法律、法规和政策，遵守社会道德风尚；立足国际视野，领衔行业高度，追踪科技前沿，促进学科发展；汇聚行业精英和学术专家，打造专业智库和科技平台，提升科技水平与行业形象；致力于科技产业融合创新，成为化妆品行业典范，为行业健康发展做出卓越贡献。

6.1.3　化妆品风险管理与风险交流

风险管理是根据风险评估的结论，分析和权衡对化学物质如何进行管理的决策过程，以减少对人体健康或者生态环境的危害。风险管理的目的是综合社会、文化、种族、政治和法律等因素，通过对风险的认识、衡量和分析，选择最有效的方式，达成科学的、有效的、完整的措施，主动地、有目的地、有计划地处理来降低或者预防风险，以最小成本争取获得最大安全保证。

风险交流是风险管理过程中的主要元素之一，其目的是为了提高所有利益相关者对风险分析过程中具体问题的认识和理解，加强交流和风险相关的信息、知识、看法、价值、行为和观念，推进风险管理的一致性和透明度。风险交流可以为风险管理决策的提出和实施提供合理依据，提高风险分析的有效性和可靠性，同时促进开展有效的风险管理信息教育活动，培养公众对风险管理的信任和信心。

由于化妆品安全零风险，化妆品风险管理是针对化妆品中的风险所采取的指挥和控制组织的协调活动，以广东省为例，广东省药品监督管理局开展了一系列化妆品风险监测、风险评估、风险交流、风险预警和风险处置等风险管理活动，构建了广东化妆品风险管理模式，如图 6-1 所示。此模式对协调化妆品各监管机构、保障化妆品质量安全具有示范意义。

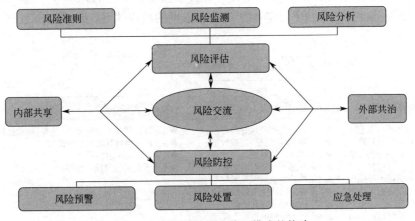

图 6-1　广东化妆品风险管理模式的构建

6.2 我国化妆品监管法规体系

6.2.1 我国化妆品立法历史沿革

为有效保障人体健康，辅助化妆品法规的有效实施，建立化妆品法规标准体系尤为重要。1985 年 7 月卫生部会同有关部门着手制定化妆品管理法规和卫生标准，开始了我国化妆品卫生管理立法工作和卫生标准制定工作。

我国化妆品法律法规及标准发展的 30 年间大致可以分为两个阶段，第一阶段为 20 世纪的最后 10 年，此阶段主要是化妆品监管法规的确立和相关标准、技术要求的建立。这一阶段的工作是开创性的，我国化妆品监管从无到有，而且从一开始就借鉴了发达国家的监管经验，为我国今后化妆品的法规发展以及相关监管工作的不断完善奠定了良好的基础。第二阶段为 21 世纪前 20 年，随着我国法律法规整体建设的发展，化妆品相关法规也逐步得以完善。此阶段主要是完善化妆品法规和技术要求，规范化妆品监管。除国家颁布的相关法规和技术性要求外，一些省市也相继制定颁布了化妆品监管的相关规定。

2020 年 6 月，国务院公布新版《化妆品监督管理条例》（以下简称新《条例》）。2021 年 1 月 1 日起，新《条例》施行，旧版《化妆品卫生监督条例》同时废止。新旧化妆品基本法的交替，既是化妆品行业发展的需求、消费者安全用妆的需求，也符合国家法律法规日趋完善的发展趋势。

6.2.2 我国化妆品监管法规体系

6.2.2.1 化妆品监管法规体系概述

随着《化妆品监督管理条例》法规的颁布实施以及一系列配套规章文件的相继出台，我国已形成以《化妆品监督管理条例》为主要监管法规依据，以《化妆品注册备案管理办法》《化妆品生产经营监督管理办法》和《牙膏监督管理办法》等为行政规章，以《化妆品安全技术规范》等规范性文件及技术标准为主要技术依据的法规体系，形成初步系统且完善的管理法规体系（图 6-2）。

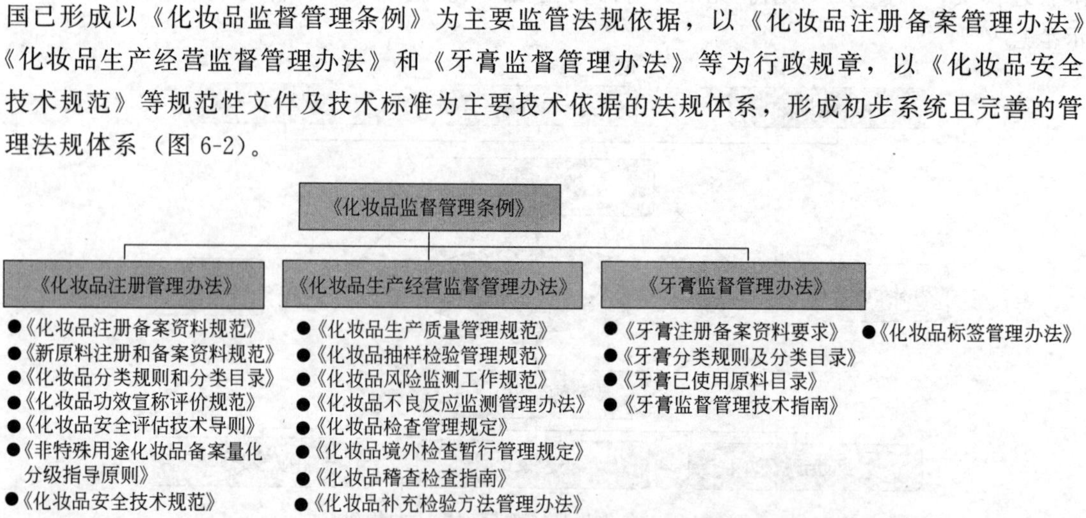

图 6-2 我国现行化妆品监管法规体系

6.2.2.2 化妆品行政法规

《化妆品监督管理条例》被称为化妆品监管的最高法、基础法和根本法。

(1)《化妆品监督管理条例》的制定

2013年《化妆品监督管理条例》首次被国务院列入修订计划；2014年11月8日，国家食药监总局公开征求《化妆品监督管理条例（征求意见稿）》的意见；2015年6月，国家食品药品监督管理总局向国务院报送了《化妆品监督管理条例（修订草案送审稿）》；2015年7月20日，国务院法制办公室就《化妆品监督管理条例（修订草案送审稿）》公开征求意见。国务院法制办、司法部先后两次征求有关部门、地方人民政府和部分企业、行业协会的意见，并向社会公开征求意见；多次召开座谈会听取企业、行业协会意见；赴上海、浙江实地调研。在此基础上，司法部会同市场监管总局、药监局对送审稿做了反复研究、修改，形成了《化妆品监督管理条例（草案）》。2018年12月18日，司法部正式向WTO通报了《化妆品监督管理条例（草案）》；2020年1月3日，国务院第77次常务会议审议通过草案；2020年6月16日，国务院正式公布新《条例》，并于6月29日正式颁布。

(2)《化妆品监督管理条例》的主要内容

新《条例》为6章80条，包括总则、原料与产品、生产经营、监督管理、法律责任和附则。在产品与原料管理、生产经营、监督管理及法律责任等方面上更加细化具体，体现了风险管理、精准管理、全程管理的理念，突出了企业主体地位和充分发挥市场机制作用。

(3)《化妆品监督管理条例》的制定目的

新《条例》第一条规定了条例制定的三个目的：一是为了规范化妆品生产经营活动，加强化妆品监督管理；二是保证化妆品质量安全，保障消费者健康；三是促进化妆品产业健康发展。前两个是新《条例》的直接目的，后者是新《条例》要通过直接目的而实现的根本目的与长远目的。

(4)《化妆品监督管理条例》的总体思路

新《条例》在总体思路上有四点体现：一是深化"放管服"改革，优化营商环境，激发市场活力，鼓励行业创新，促进行业高质量发展；二是强化企业的质量安全主体责任，加强生产经营全过程管理，严守质量安全底线；三是按照风险管理原则实行分类管理，科学分配监管资源，建立高效监管体系，规范监管行为；四是加大对违法行为的惩处力度，对违法者用重典，将严重违法者逐出市场，为守法者营造良好发展环境。

(5)《化妆品监督管理条例》概述

新《条例》总则明确了化妆品定义，将化妆品分为特殊化妆品和普通化妆品，指出国家按照风险程度对化妆品、化妆品原料实行分类管理，首次提出化妆品注册人、备案人制度，指出化妆品注册人、备案人对化妆品的质量安全和功效宣称负责。

新《条例》的第二章对化妆品原料和产品的管理作出规定，本章共15条，分别对新原料定义、注册备案要求、分类管理方法、化妆品分类、化妆品产品管理方法、注册人及备案人要求、产品功效宣称要求、监管机构工作指引等方面作出规定。

新《条例》的第三章关于化妆品生产经营的管理监督。本章共20条，不但从我国化妆品产业的实际情况出发，借鉴药品、医疗器械以及国际上有关管理经验，提出了注册人、备案人制度，完善了化妆品全过程监管的理念，要求进口产品从注册备案开始，到销售期间，再到不良反应监测，均在统一注册人、备案人的监控下开展。既明确了责任主体，又符合不同化妆品在"上市前"及"上市后"不同的经营主体设计需求。同时明确了化妆品经营者包括网络销售化妆品责任主体责任，将化妆品质量安全的责任承担主体落地，谁的产品谁负责、谁销售的产品谁负责。对化妆品包装材料、标签标识、化妆品广告、化妆品上市后监管要求等也作出了规定。

新《条例》的第四章为化妆品监督管理机构及职责。本章共13条，主要是对化妆品监管机构的监管职能和工作指引进行了阐述，明确监管工作的规范性。多种监管模式并存，深入落实"放管服"改革，采取化妆品产业的事前、事中、事后相结合监管，开展风险管理与风险交流，根据风险高低来分布监管资源，开放注册备案检验机构。

新《条例》的第五章为法律责任，共用了18条，一方面细化了给予行政处罚的情形，另一方面加大处罚力度，综合运用没收、罚款、责令停产停业、吊销许可证件、市场和行业禁入等处罚措施，大幅提高罚款数额，并"处罚到人"，注重与《刑法》的紧密衔接。新《条例》落实"最严厉的处罚"要求，体现了权威性和可操作性并重的思路，更好地捍卫公共利益，保证化妆品质量安全和消费者健康。

附则明确了香皂和牙膏的监管，以及补充条例颁布实施的其他说明。首次将牙膏参照普通化妆品管理，同时规定，香皂不适用于新《条例》，但是宣称具有特殊化妆品功效的适用于新《条例》。

6.2.2.3 化妆品部门规章

由国家市场监督管理总局发布的与化妆品相关的部门规章主要有《化妆品注册备案管理办法》《化妆品生产经营监督管理办法》和《牙膏监督管理办法（征求意见稿）》（表6-1）。

表6-1 化妆品部门规章

序号	文件名	发布日期	实施日期
1	《化妆品注册备案管理办法》（总局令第35号）	2021年01月12日	2021年5月1日
2	《化妆品生产经营监督管理办法》（总局令第46号）	2021年08月06日	2022年1月1日
3	《牙膏监督管理办法（征求意见稿）》	2020年11月13日	

（1）《化妆品注册备案管理办法》

《化妆品注册备案管理办法》是国家市场监督管理总局为规范化妆品注册和备案行为，保证化妆品质量安全，根据《化妆品监督管理条例》制定的部门规章，共6章63条，对化妆品新原料注册和备案管理、化妆品注册和备案管理、监督管理、法律责任等各方面均作出了明确规定。该办法已于2020年12月31日经国家市场监督管理总局第14次局务会议审议通过，2021年1月12日发布，自2021年5月1日起正式施行。这是我国首部专门针对化妆品注册备案管理的部门规章。

按照风险管理原则，对化妆品、化妆品原料实行分类管理，是新《条例》的一大亮点，也是业界的关注焦点。《化妆品注册备案管理办法》作为新《条例》重要的配套文件，从落实"四个最严"要求、"放管服"、风险管理、鼓励创新等方面，到落实了新《条例》关于化妆品、化妆品新原料注册、备案的各项规定，进一步优化与加强化妆品注册备案管理，细化了注册人、备案人管理制度，要求企业落实主体责任，以制度创新服务产业高质量发展，同时加强事中事后监管，确保产品质量安全责任落实到位，保障消费者健康权益，规范和促进我国化妆品行业健康发展。

(2)《化妆品生产经营监督管理办法》

2021 年 8 月 6 日，国家市场监督管理总局正式发布《化妆品生产经营监督管理办法》，自 2022 年 1 月 1 日起施行。作为新《条例》下指导化妆品生产、经营监管的重要部门规章之一，《化妆品生产经营监督管理办法》共 7 章 66 条，对化妆品生产许可、生产管理、经营管理、监督管理、法律责任等方面均作出明确规定。《化妆品生产经营监督管理办法》进一步细化新《条例》的规定，如明确了质量安全负责人承担的产品质量安全管理和产品放行职责，以及化妆品质量安全相关专业知识范围等。同时，还统领性地明确了化妆品产品全生命周期涉及的许可备案、生产经营、监督管理以及法律责任等具体内容，为各方面监管政策及化妆品生产质量管理规范提供了法律支撑。

(3)《牙膏监督管理办法（征求意见稿）》及系列配套管理规范

虽然口腔并不在新《条例》化妆品定义中所列举的人体表面之列，但还是首次将牙膏参照普通化妆品管理，并规定牙膏可以宣称具有防龋、抑牙菌斑、抗牙本质敏感、减轻牙龈问题等功效，但前提是牙膏备案人必须按照国家标准、行业标准进行功效评价。牙膏使用"止血""治疗溃疡""牙周炎"等有药用效果的宣称，那么该类型产品应当按照药品进行管理。至于诸如"美白"等功效宣称如何管理，需要等待实施细则明确。

由于牙膏产品在原料管理、功效宣称、标签管理等有区别于普通化妆品的独特之处，国家药监部门也将根据牙膏的特点和实际情况研究制定相应的配套文件，如《牙膏备案资料规范》《牙膏已使用原料目录》及《牙膏监督管理技术指南》等。

6.2.2.4 规范性文件

化妆品相关的规范性文件以《化妆品监督管理条例》为主要监管法规依据，以完善和落实《化妆品注册备案管理办法》《化妆品生产经营监督管理办法》和《牙膏监督管理办法》三个规章的具体工作为目标进行制定。

(1) 化妆品注册备案相关规范性文件

与化妆品注册备案相关的规范性文件，具体列举如表 6-2 所示。

表 6-2　化妆品规范性文件-注册备案相关

序号	文件名	发布日期	实施日期
1	国家药监局关于发布《化妆品注册备案资料管理规定》的公告（2021 年第 32 号）	2021 年 2 月 26 日	2021 年 5 月 1 日
2	《关于发布实施化妆品注册和备案检验工作规范的公告》	2019 年 9 月 3 日	2019 年 11 月 1 日
3	国家药监局关于发布《化妆品新原料注册备案资料管理规定》的公告	2021 年 2 月 26 日	2021 年 5 月 1 日
4	国家药监局关于发布《化妆品安全评估技术导则（2021 年版）》的公告	2021 年 4 月 8 日	2021 年 5 月 1 日
5	国家药监局关于发布《化妆品功效宣称评价规范》的公告	2021 年 4 月 8 日	2021 年 5 月 1 日
6	国家药监局关于发布《化妆品分类规则和分类目录》的公告	2021 年 4 月 8 日	2021 年 5 月 1 日
7	国家药监局发布《化妆品标签管理办法》	2021 年 5 月 31 日	2022 年 5 月 1 日
8	国家药监局关于发布《已使用化妆品原料目录（2021 年版）》的公告	2021 年 4 月 27 日	2021 年 5 月 1 日
9	国家药监局发布《关于更新化妆品禁用原料目录的公告》，发布《化妆品禁用原料目录》《化妆品禁用植（动）物原料目录》	2021 年 5 月 26 日	2021 年 5 月 26 日

(2) 化妆品生产经营相关规范性文件

与化妆品生产经营相关的规范性文件，具体列举如表 6-3 所示。

表 6-3 化妆品规范性文件-生产经营相关

序号	文件名	发布日期	实施日期
1	食品药品监管总局办公厅关于进一步规范化妆品风险监测工作的通知	2018 年 1 月 5 日	
2	国家药监局关于发布化妆品补充检验方法管理工作规程和化妆品补充检验方法研究起草技术指南的通告	2021 年 4 月 23 日	2021 年 4 月 23 日
3	国家食品药品监督管理总局关于发布化妆品安全技术规范(2015 年版)的公告	2015 年 12 月 23 日	2016 年 12 月 1 日
4	国家药监局关于发布《儿童化妆品监督管理规定》的公告	2021 年 9 月 30 日	2022 年 1 月 1 日
5	国家药监局关于发布《化妆品生产质量管理规范》的公告(2022 年第 1 号)	2022 年 1 月 7 日	2023 年 7 月 1 日
6	国家药监局关于发布《化妆品不良反应监测管理办法》的公告(2022 年第 16 号)	2022 年 2 月 21 日	2022 年 10 月 1 日
7	国家药监局综合司公开征求《化妆品抽样检验管理规范(征求意见稿)》意见	2020 年 9 月 28	
8	国家药监局综合司公开征求《化妆品境外检查暂行管理规定(征求意见稿)》意见	2019 年 11 月 22 日	
9	化妆品检查管理规定	制定中	
10	化妆品生产质量管理规范检查要点	制定中	
11	化妆品网络销售监督管理办法	制定中	
12	化妆品稽查检查指南	制定中	

(3) 牙膏监管相关规范性文件

与牙膏监督管理相关的规范性文件,具体如表 6-4 所示。

表 6-4 化妆品规范性文件-牙膏监管相关

序号	文件名
1	《牙膏备案资料规范》
2	《牙膏已使用原料目录》
3	《牙膏监督管理技术指南》

6.2.2.5 技术标准

我国已发布实施的化妆品技术标准与规范已超过百项,化妆品技术标准可分为通用基础标准、安全卫生标准、方法标准、产品标准和原料标准几大类。其中化妆品方法标准基本采用推荐性国家标准,产品标准和原料标准多为轻工业行业标准,安全卫生标准和部分基础标准则是国家强制性执行的原则性标准。表 6-5~表 6-13 罗列的是部分现行的化妆品技术标准。

(1) 化妆品通用基础标准

表 6-5 化妆品通用基础标准

序号	标准号	标准名称
1	GB 5296.3—2008	消费品使用说明 化妆品通用标签
2	QB/T 1685—2006	化妆品产品包装外观要求

（2）化妆品产品标准

表 6-6　化妆品产品标准（2010 年以来）

序号	标准号	标准名称
1	GB/T 29680—2013	洗面奶、洗面膏
2	QB/T 1857—2013	润肤膏霜
3	GB/T 29665—2013	护肤乳液
4	QB/T 2872—2017	面膜
5	GB/T 26513—2011	润唇膏
6	GB/T 27576—2011	唇彩、唇油
7	GB/T 27575—2011	化妆笔、化妆笔芯
8	GB/T 27574—2011	睫毛膏
9	GB/T 35889—2018	眼线液(膏)
10	GB/T 35914—2018	卸妆油(液、乳、膏、霜)
11	GB/T 35955—2018	抑汗(香体)液(乳、喷雾、膏)
12	GB/T 30928—2014	去角质啫喱
13	GB/T 30941—2014	剃须膏、剃须凝胶
14	GB/T 34857—2017	沐浴剂
15	GB/T 29679—2013	洗发液、洗发膏
16	QB/T 1975—2013	护发素
17	GB/T 29990—2013	润肤油
18	GB/T 29991—2013	香粉(蜜粉)
19	QB/T 4079—2010	按摩基础油、按摩油
20	GB/T 26516—2011	按摩精油
21	QB/T 2654—2013	洗手液
22	QB/T 1859—2013	爽身粉、祛痱粉
23	QB/T 1862—2011	发油
24	QB/T 1978—2016	染发剂
25	QB/T 4126—2010	发用漂浅剂
26	GB/T 29678—2013	烫发剂
27	QB/T 2284—2011	发乳
28	QB/T 4076—2010	发蜡
29	QB/T 4077—2010	焗油膏(发膜)
30	QB/T 2287—2011	指甲油
31	QB/T 2966—2014	功效型牙膏
32	GB 30000.4—2013	化学品分类和标签规范　第 4 部分:气溶胶
33	QB/T 4364—2012	洗甲液
34	QB/T 2945—2012	口腔清洁护理液
35	GB/T 26516—2011	按摩精油
36	QB/T 4159—2010	牙齿增白啫喱

（3）化妆品原料标准

表 6-7　化妆品原料标准（2010 年以来）

序号	标准号	标准名称
1	QB/T 4953—2016	化妆品用原料　熊果苷(β-熊果苷)
2	QB/T 4952—2016	化妆品用原料　抗坏血酸磷酸酯镁
3	QB/T 4951—2016	化妆品用原料　光果甘草根提取物

序号	标准号	标准名称
4	QB/T 4950—2016	化妆品用原料　PCA 钠
5	QB/T 4949—2016	化妆品用原料　脂肪酰二乙醇胺
6	QB/T 4948—2016	化妆品用原料　月桂醇磷酸酯
7	QB/T 4947—2016	化妆品用原料　三氯生
8	HG/T 5041—2016	化妆品用氢氧化钠
9	GB/T 33306—2016	化妆品用原料　D-泛醇
10	HG/T 4536—2013	化妆品用聚合氯化铝
11	HG/T 4535—2013	化妆品用硫酸钠
12	HG/T 4534—2013	化妆品用云母
13	HG/T 4533—2013	化妆品用硫酸钡
14	HG/T 4532—2013	化妆品用氧化锌
15	GB/T 29668—2013	化妆品用防腐剂　双(羟甲基)咪唑烷基脲
16	GB/T 29667—2013	化妆品用防腐剂　咪唑烷基脲
17	GB/T 29666—2013	化妆品用防腐剂　甲基氯异噻唑啉酮和甲基异噻唑啉酮与氯化镁及硝酸镁的混合物
18	QB/T 4416—2012	化妆品用原料　透明质酸钠
19	QB/T 2900—2012	口腔清洁护理用品　牙膏用十二烷基硫酸钠
20	QB/T 2335—2012	口腔清洁护理用品　牙膏用山梨糖醇液
21	QB/T 2318—2012	口腔清洁护理用品　牙膏用羧甲基纤维素钠
22	QB/T 2317—2012	口腔清洁护理用品　牙膏用天然碳酸钙
23	HG/T 4309—2012	聚丙二醇
24	GB 27599—2011	化妆品用二氧化钛
25	QB/T 4085—2010	磺基琥珀酸单酯二钠盐
26	GB/T 23957—2021	牙膏工业用轻质碳酸钙
27	GB/T 22731—2017	日用香精

（4）化妆品包材标准

表 6-8　化妆品包材标准（2010 年以来）

序号	标准号	标准名称
1	QB/T 2901—2012	口腔清洁护理用品　牙膏用铝塑复合软管
2	GB/T 29336—2012	化妆品用共挤出多层复合软管
3	QB/T 4192—2011	牙膏用全型复合软管
4	QB/T 2901—2012	口腔清洁护理用品　牙膏用铝塑复合软管

（5）化妆品方法标准

表 6-9　化妆品禁限用物质检测方法标准（2010 年以来）

序号	标准号	标准名称
1	SN/T 4578—2016	进出口化妆品中 9 种防晒剂的测定　气相色谱-质谱法
2	SN/T 4576—2016	出口化妆品中甲基丙烯酸甲酯的测定　顶空气相色谱法
3	SN/T 4575—2016	出口化妆品中多种禁限用着色剂的测定　高效液相色谱法和液相色谱-串联质谱法
4	SN/T 4505—2016	化妆品中二甘醇残留量的测定　气质联用法
5	SN/T 4504—2016	出口化妆品中氯倍他索、倍氯米松、氯倍他索丙酸酯的测定液相色谱-质谱/质谱法
6	SN/T 4442—2016	进出口化妆品中硝基苯、硝基甲苯、二硝基甲苯的检测方法
7	SN/T 4441—2016	进出口化妆品中甲醇的测定　多维气相色谱-质谱联用法
8	GB/T 33308—2016	化妆品中游离甲醇的测定　气相色谱法

序号	标准号	标准名称
9	GB/T 33307—2016	化妆品中镍、锑、碲含量的测定　电感耦合等离子体发射光谱法
10	GB/T 32986—2016	化妆品中多西拉敏等9种抗过激药物的测定　液相色谱-串联质谱法
11	SN/T 4393—2015	进出口化妆品中喹诺酮药物测定　液相色谱-串联质谱法
12	SN/T 4392—2015	化妆品和皂类产品中羟乙磷酸及其盐类的测定　离子色谱法
13	SN/T 4347—2015	进出口化妆品中氯乙酰胺的测定　气相色谱法
14	SN/T 4147—2015	进出口化妆品中利多卡因、丁卡因、辛可卡因的测定　液相色谱-质谱/质谱法
15	GB/T 29675—2013	化妆品中壬基苯酚的测定　液相色谱-质谱/质谱法
16	SN/T 4902—2017	进出口化妆品中邻苯二甲酸酯类化合物的测定　气相色谱-质谱法
17	GB/T 32093—2015	化妆品中碘酸钠的测定　离子色谱法
18	GB/T 31858—2015	眼部护肤化妆品中禁用水溶性着色剂酸性黄1和酸性橙7的测定　高效液相色谱法
19	GB/T 31408—2015	染发剂中非那西丁的测定　液相色谱法
20	GB/T 31407—2015	化妆品中碘丙炔醇丁基氨甲酸酯的测定　气相色谱法
21	SN/T 4034—2014	进出口化妆品中萘酚的测定　液相色谱-质谱/质谱法
22	SN/T 3920—2014	出口化妆品中氢醌、水杨酸、苯酚、苯氧乙醇、对羟基苯甲酸酯类、双氯酚、三氯生的测定　液相色谱法
23	SN/T 3897—2014	化妆品中四环素类抗生素的测定
24	SN/T 3827—2014	进出口化妆品中铅、镉、砷、汞、锑、铬、镍、钡、锶含量的测定　电感耦合等离子体原子发射光谱法
25	SN/T 3826—2014	进出口化妆品中硼酸和硼酸盐含量的测定　电感耦合等离子体原子发射光谱法
26	SN/T 3825—2014	化妆品及其原料中三价锑、五价锑的测定
27	SN/T 3822—2014	出口化妆品中双酚A的测定　液相色谱荧光检测法
28	SN/T 3821—2014	出口化妆品中六价铬的测定　液相色谱-电感耦合等离子体质谱法
29	SN/T 3694.1—2014	进出口工业品中全氟烷基化合物测定第1部分：化妆品　液相色谱-串联质谱法
30	GB/T 30942—2014	化妆品中禁用物质乙二醇甲醚、乙二醇乙醚及二乙二醇甲醚的测定　气相色谱法
31	GB/T 30940—2014	化妆品中禁用物质维甲酸、异维甲酸的测定　高效液相色谱法
32	GB/T 30939—2014	化妆品中污染物双酚A的测定　高效液相色谱-串联质谱法
33	GB/T 30938—2014	化妆品中食品橙8号的测定　高效液相色谱法
34	GB/T 30937—2014	化妆品中禁用物质甲硝唑的测定　高效液相色谱-串联质谱法
35	GB/T 30936—2014	化妆品中氯磺丙脲、甲苯磺丁脲和氨磺丁脲3种禁用磺脲类物质的测定方法
36	GB/T 30935—2014	化妆品中8-甲氧基补骨脂素等8种禁用呋喃香豆素的测定　高效液相色谱法
37	GB/T 30934—2014	化妆品中脱氢醋酸及其盐类的测定　高效液相色谱法
38	GB/T 30933—2014	化妆品中防晒剂二乙氨基羟苯甲酰基苯甲酸己酯的测定　高效液相色谱法
39	GB/T 30932—2014	化妆品中禁用物质二噁烷残留量的测定　顶空气相色谱-质谱
40	GB/T 30931—2014	化妆品中苯扎氟铵含量的测定　高效液相色谱法
41	GB/T 30930—2014	化妆品中联苯胺等9种禁用芳香胺的测定　高效液相色谱-串联质谱法
42	GB/T 30929—2014	化妆品中禁用物质2,4,6-三氯苯酚、五氯苯酚和硫氯酚的测定　高效液相色谱法
43	GB/T 30927—2014	化妆品中罗丹明B等4种禁用着色剂的测定　高效液相色谱法
44	SN/T 3609—2013	进出口化妆品中欧前胡素和异欧前胡素的测定　液相色谱-质谱/质谱法
45	SN/T 3608—2013	进出口化妆品中氟的测定　离子色谱法
46	GB/T 30089—2013	化妆品中氯磺丙脲、氨磺丁脲、甲苯磺丁脲的测定　液相色谱-串联质谱法
47	GB/T 30088—2013	化妆品中甲基丁香酚的测定　气相色谱/质谱法
48	GB/T 30087—2013	化妆品中保泰松含量的测定方法　高效液相色谱法
49	GB/T 29677—2013	化妆品中硝甲烷的测定　气相色谱-质谱法
50	GB/T 29676—2013	化妆品中三氯叔丁醇的测定　气相色谱-质谱法
51	GB/T 29675—2013	化妆品中壬基苯酚的测定　液相色谱-质谱/质谱法

序号	标准号	标准名称
52	GB/T 29674—2013	化妆品中氯胺 T 的测定　高效液相色谱法
53	GB/T 29673—2013	化妆品中六氯酚的测定　高效液相色谱法
54	GB/T 29672—2013	化妆品中丙烯腈的测定　气相色谱-质谱法
55	GB/T 29671—2013	化妆品中苯酚磺酸锌的测定　高效液相色谱法
56	GB/T 29670—2013	化妆品中萘、苯并[a]蒽等 9 种多环芳烃的测定　气相色谱-质谱法
57	GB/T 29669—2013	化妆品中 N-亚硝基二甲基胺等 10 种挥发性亚硝胺的测定气相色谱-质谱/质谱法
58	CB/T 29663—2013	化妆品中苏丹红 I、II、III、IV 的测定　高效液相色谱法
59	GB/T 29660—2013	化妆品中总铬含量的测定
60	GB/T 29659—2013	化妆品中丙烯酰胺的测定
61	SN/T 2933—2011	化妆品中三氯甲烷、苯、四氯化碳、三氯硝基甲烷、硝基苯和二氯甲苯的检测方法
62	GB/T 26517—2011	化妆品中二十四种防腐剂的测定　高效液相色谱法
63	SN/T 2649.2—2010	进出口化妆品中石棉的测定　第 2 部分：X 射线衍射-偏光显微镜法
64	SN/T 2649.1—2010	进出口化妆品中石棉的测定　第 1 部分：X 射线衍射-扫描电子显微镜法
65	SN/T 2533—2010	进出口化妆品中糖皮质激素类与孕激素类检测方法
66	QB/T 4128—2010	化妆品中氯咪巴唑(甘宝素)的测定　高效液相色谱法
67	QB/T 4127—2010	化妆品中吡罗克酮乙醇胺盐(OCT)的测定　高效液相色谱法
68	QB/T 4078—2010	发用产品中吡硫翁锌(ZPT)的测定　自动滴定仪法
69	食药监总局	总局关于将化妆品用化学原料体外 3T3 中性红摄取光毒性试验方法纳入化妆品安全技术规范(2015 年版)的通告(2016 年第 147 号)
70	食药监总局	总局关于发布面膜类化妆品中氟轻松检测方法的通告(2016 年第 88 号)
71	食药监总局	国家食品药品监督管理总局关于发布化妆品中巯基乙酸等禁限用物质检测方法的通告(2015 年第 69 号)
72	食药监总局	国家食品药品监督管理总局办公厅关于印发化妆品中马来酸二乙酯等禁限用物质检测方法的通知
73	食药监总局	关于印发化妆品中氢化可的松等禁用物质或限用物质检测方法的通知
74	食药监总局	关于印发化妆品中丙烯酰胺等禁用物质或限用物质检测方法的通知
75	食药监总局	关于印发化妆品中二氧化钛等 7 种禁用物质或限用物质检测方法的通知
76	食药监总局	关于印发化妆品中米诺地尔检测方法(暂行)的通知
77	食药监总局	关于提供粉状化妆品及其原料中石棉测定方法(暂定)的通知

表 6-10　化妆品微生物检测方法标准 (2010 年以来)

序号	标准号	标准名称
1	SN/T 4684—2016	进出口化妆品中洋葱伯克霍尔德菌检验方法
2	SN/T 2206.1—2016	化妆品微生物检验方法　第 1 部分：沙门氏菌
3	SN/T 4033—2014	进出口化妆品中施氏假单胞菌检测方法
4	SN/T 4032—2014	进出口化妆品中弗氏柠檬酸杆菌检测方法
5	SN/T 2206	化妆品微生物检验方法　(共 13 部分)

表 6-11　化妆品安全和功效评价方法标准 (2010 年以来)

序号	标准号	标准名称
1	QB/T 4256—2011	化妆品保湿功效评价指南
2	T/SHRH 015—2018	化妆品-酪氨酸酶活性抑制实验方法
3	T/ZHCA 001—2018	化妆品美白祛斑功效测试方法
4	T/ZHCA 002—2018	化妆品控油功效测试方法
5	T/ZHCA 003—2018	化妆品影响经表皮水分流失测试方法

序号	标准号	标准名称
6	T/ZHCA 004—2018	化妆品影响皮肤表面酸碱度测试方法
7	T/ZHCA 005—2019	化妆品影响皮肤弹性测试方法
8	T/ZHCA 006—2019	化妆品抗皱功效测试方法
9	WS/T 650—2019	抗菌和抑菌效果评价方法
10	T/SHRH 018—2019	化妆品改善眼角纹功效 临床评价方法
11	T/SHRH 027—2019	体外测试 B16 细胞黑色素合成抑制实验
12	T/SHRH 023—2019	化妆品屏障功效测试 体外重组 3D 表皮模型 测试方法
13	T/SHRH 022—2019	化妆品保湿功效评价 体外重组 3D 表皮模型 测试方法
14	T/SHRH 021—2019	化妆品美白功效测试 体外重组 3D 黑色素模型 测试方法
15	T/CNMIA 0015—2020	舒敏类功效性护肤品临床评价标准
16	T/CNMIA 0013—2020	舒敏类功效性护肤品安全/功效评价标准
17	T/CNMIA 0012—2020	祛痘类功效性护肤品临床评价标准
18	T/CNMIA 0010—2020	祛痘类功效性护肤品安全/功效评价标准
19	SN/T 4577—2016	化妆品皮肤刺激性检测重建人体表皮模型体外测试方法
20	SN/T 4030—2014	香薰类化妆品急性吸入毒性试验
21	SN/T 4029—2014	化妆品皮肤过敏试验 局部淋巴结法
22	SN/T 3824—2014	化妆品光毒性试验 联合红细胞测定法
23	SN/T 3084.2—2014	进出口化妆品眼刺散性试验 角膜细胞试验方法
24	SN/T 3715—2013	化妆品体外发育毒性试验 大鼠全胚胎实验法
25	SN/T 3084.1—2012	进出口化妆品眼刺激性试验 体外中性红吸收法
26	EEMCO	Guidance for the in vivo Assessment of Biomechanical Properties of the Human Skin and its Annexes：Revisiting Instrumentation and Test Modes（人体生物力学特性的体内评估指南）
27	EEMCO	Guidance for the in vivo Assessment of Skin Greasiness（皮肤油腻度体内评估指南）
28	EEMCO	Guidance for the in vivo Assessment of Skin Surface pH（皮肤表面 pH 值的体内评估指南）
29	EEMCO	Guidance for the Assessment of Skin Colour（肤色评估指南）
30	EEMCO	Guidance for the Measurement of Skin Microcirculation（皮肤微循环测量指南）
31	EEMCO	Guidance for the Assessment of Stratum Comeurn Hydration：Electrical Methods（地层水化评估指南：电法）
32	EEMCO	Guidance for the Assessment of Skin Topography（皮肤状态评估指南）
33	EEMCO	The Revised EEMCO Guidance for the in vivo Measurement of Water in The Skin（经修订的 EEMCO 皮肤水分体内测量指南）

表 6-12 化妆品不良反应诊断方法标准

序号	标准号	标准名称
1	GB 17149.7—1997	化妆品皮肤色素异常诊断标准及处理原则
2	GB 17149.6—1997	化妆品光感性皮炎诊断标准及处理原则
3	GB 17149.5—1997	化妆品甲损害 诊断标准及处理原则
4	GB 17149.4—1997	化妆品毛发损害诊断标准及处理原则
5	GB 17149.3—1997	化妆品痤疮诊断标准及处理原则
6	GB 17149.2—1997	化妆品接触性皮炎诊断标准及处理原则
7	GB 171491—1997	化妆品皮肤病诊断标准及处理原则 总则

表 6-13　化妆品其他方法标准（2010 年以来）

序号	标准号	标准名称
1	GB/T 33309—2016	化妆品中维生素 B6（吡哆素、盐酸吡哆素、吡哆素脂肪酸酯及吡哆醛 5-磷酸酯）的测定　高效液相色谱法
2	GB/T 30926—2014	化妆品中 7 种维生素 C 衍生物的测定　高效液相色谱-串联质谱法
3	QB/T 4617—2013	化妆品中黄芩苷的测定　高效液相色谱法
4	GB/T 29664—2013	化妆品中维生素 B3（烟酸、烟酰胺）的测定　高效液相色谱法和高效液相色谱串联质谱法
5	GB/T 29662—2013	化妆品中曲酸、曲酸二棕榈酸酯的测定高效液相色谱法
6	GB/T 29661—2013	化妆品中尿素含量的测定酶催化法
7	GB/T 27577—2011	化妆品中维生素 B_2（泛酸）及维生素原 B_5（D-泛醇）的测定高效液相色谱紫外检测法和高效液相色谱串联质谱法

6.3　化妆品注册备案管理

以《化妆品监督管理条例》的形成法规为基础，国家化妆品监管部门构建了化妆品注册备案管理法规体系，对化妆品产品及原料采取分类注册备案管理。

6.3.1　化妆品注册备案管理法规体系

6.3.1.1　法规对化妆品注册备案的规定

《化妆品监督管理条例》已于 2020 年 6 月 29 日由国务院正式颁布，自 2021 年 1 月 1 日起正式施行。其中第二章第十一条至第二十五条重点阐述化妆品原料与产品的注册备案相关要求。

6.3.1.2　规章对化妆品注册备案的规定

《化妆品注册备案管理办法》已于 2021 年 1 月 7 日经国家市场监督管理总局正式公布，自 2021 年 5 月 1 日起施行。

6.3.1.3　化妆品注册备案配套规范性文件

（1）《化妆品注册备案资料管理规定》

为贯彻落实《化妆品监督管理条例》和《化妆品注册备案管理办法》，规范和指导化妆品注册与备案工作，国家药监局制定出台《化妆品注册备案资料管理规定》。《化妆品注册备案资料管理规定》正文部分内容共六章 60 条，包括总则、用户信息相关资料要求、注册与备案资料要求、变更事项要求、延续注销等事项要求和附则，主要对资料的格式和规范性要求、用户开通资料、化妆品注册备案资料、变更和延续资料要等进行了具体规定。

《化妆品注册备案资料管理规定》附件部分共 24 个附件，一是对注册备案过程中所需要的申请表、信息表、概述表等的格式进行了明确，二是对境内责任人授权书、产品执行的标准、注册延续自查情况报告等制作样例，三是对产品执行的标准编制、原料安全相关信息报送等从技术方面进行了细化明确。

（2）《化妆品注册和备案检验工作规范》

2019 年 9 月 10 日国家药品监督管理局发布《化妆品注册和备案检验工作规范》，自 2019 年 11 月 1 日起实施，作为一部系统、完整的化妆品注册备案资料管理的规范性文件，目的是更明确地规范化妆品注册和备案检验工作，保证化妆品注册和备案检验工作公开、公平、公正、科学。

《化妆品注册和备案检验工作规范》共 24 条，明确了化妆品注册和备案检验工作程序、检验检测机构管理、不同类别产品的检验项目要求和检验报告的体例样式等。《化妆品注册和备案检验工作规范》体现了"简政放权、优化职能"原则和"放管服"改革要求，对原化妆品行政许可检验和备案检验流程进行了优化调整，重点解决现行制度执行中检验资源配置不合理导致企业在注册和备案检验环节耗时过长等问题，合理配置使用检测资源，提升化妆品注册备案效率。

（3）《化妆品新原料注册备案资料管理规定》

为配合《化妆品监督管理条例》《化妆品注册备案管理办法》的实施，国家药品监督管理局制定并于 2021 年 3 月 4 日发布了《化妆品新原料注册备案资料管理规定》，以指导、规范新原料注册人、备案人申请新原料注册或者进行新原料备案。《化妆品新原料注册备案资料管理规定》主要包括正文和附件两个部分。其中正文二十条，重点对化妆品注册和备案资料的格式要求和内容要求进行了明确，附件共 8 个，主要包括化妆品新原料注册和备案人及公开技术信息填报样例、化妆品新原料注册备案资料项目要求和毒理学安全性评价资料要求、新原料研制报告、质量控制标准、安全监测年度报告、风险控制报告等相关技术文件的编制要求。主要内容包括以下几个方面：

① 对新原料注册和备案资料要求进行细化。为方便新原料注册人、备案人申报新原料注册和进行备案，《化妆品新原料注册备案资料管理规定》重点对注册备案资料格式要求、版式要求（正文第三～八条）、资料报送渠道和注册备案信息平台用户注册（第八～十一条）、资料内容要求（第十二～十七条）以及新原料安全监测期年度报告（第十八条）、安全风险控制报告（第十九条）等进行了细化明确。

② 基于风险管理原则对新原料的情形进行细分。为更加科学、合理地判定新原料的安全风险，《化妆品新原料注册备案资料管理规定》根据在国内外化妆品中使用历史、食用历史等情况，结合原料功能、性状等，将新原料分为六种情形，根据每种情形的安全风险程度，提出更为严谨的安全性相关资料要求。对国内外首次使用的"全球新"原料，提出了较为严格的资料要求，对在国外市场有一定的安全使用历史或者食用历史、国外权威机构已有安全评估结论或经过国外监管部门批准的新原料，根据原料不同风险程度科学、合理地豁免了相应的毒理学试验资料要求。

③ 对新原料技术性相关资料的编制进行规范。为规范、指导化妆品注册人、备案人客观、准确地编制新原料注册和备案资料，《化妆品新原料注册备案资料管理规定》对新原料的技术要求、研制报告、质量控制标准等，制定了相应的技术导则，提供了编制要求。同时，对化妆品新原料注册人、备案人履行新原料安全监测义务过程中的安全监测年度报告、风险控制报告等，也提供了相应的编制要求。

（4）《化妆品安全评估技术导则（2021 年版）》

《化妆品安全评估技术导则（2021 年版）》（简称《技术导则》）是为贯彻落实《化妆品监督管理条例》，规范和指导化妆品安全评估工作，由国家药监局组织制定并公布，于2021 年 5 月 1 日起施行的与化妆品质量安全相关的系列二级法规与技术规范，也是我国目前为止唯一颁布施行的安全风险评估技术法规。《技术导则》正文部分重点对化妆品原料和产品的安全评估工作给予规范和指导，包含化妆品安全评估的基本要求、安全评估人员的要求、风险评估的程序、毒理学研究、原料的安全评估、化妆品产品的安全评估以及安全评估报告等。《技术导则》是将国际先进风险评估理念和技术与我国目前化妆品市场监管现状相结合而提出的一套具有前瞻性的化妆品安全评估体系，对保障化妆品质量安全和消费者权益，以及促进我国化妆品产业的可持续发展等具有重要意义。

（5）《化妆品功效宣称评价规范》

《化妆品功效宣称评价规范》是为规范化妆品功效宣称评价工作，保证功效宣称评价结果的科学性、准确性和可靠性，维护消费者合法权益，推动社会共治和化妆品行业健康发展，根据新《条例》等有关法律法规要求制定的。由国家药监局于2021年4月8日发布，自2021年5月1日起施行。《化妆品功效宣称评价规范》正文包括21条，主要针对化妆品功效宣称评价工作给予规范和指导，4个附件包括化妆品功效宣称评价项目要求、等效评价指导原则（第一版）、化妆品功效宣称评价试验技术导则和化妆品功效宣称依据的摘要（式样）等相关技术文件的编制要求。功效宣称评价，既可以规范化妆品的标签标识，维护市场竞争的公平性，还能保证功效宣称的客观性、合理性，鼓励企业注重科学研发，提高技术水平，化妆品的功效宣称评价管理对于规范企业行为、打击虚假夸大宣传、保护消费者权益意义重大。

（6）《化妆品分类规则和分类目录》

虽然新《条例》指出化妆品按照普通化妆品和特殊化妆品进行注册备案的分类管理，但由于化妆品种类众多，在不同的生产经营与研究等环节，有不同的分类需求。为规范和指导化妆品分类工作，国家药监局制定并公布了《化妆品分类规则和分类目录》（以下称《分类规则》），自2021年5月1日起施行。《分类规则》按照化妆品的功效宣称、作用部位、产品剂型、使用人群和使用方法进行分类，其中化妆品功效宣称分类目录26种、作用部位分类目录10种、使用人群分类目录3种、产品剂型分类目录11种和使用方法分类目录2种，并指出化妆品注册人、备案人在进行特殊化妆品注册或普通化妆品备案时，应当依据《分类目录》填报产品分类编码。

（7）《化妆品标签管理办法》

《化妆品标签管理办法》是国家药品监督管理局为加强化妆品标签监督管理，规范化妆品标签使用，保障消费者合法权益，根据新《条例》等有关法律法规制定的办法。《办法》共23条，主要内容包括：一是对化妆品标签进行了定义，明确了化妆品注册人、备案人的主体责任和化妆品标签内容和形式的原则要求；二是规定了化妆品标签应当标注的内容以及各项内容标注的细化要求，对化妆品标签禁止标注的内容进行了规定；三是按照《条例》确定的立法思路，规定了标签瑕疵的具体情形，明确了相关法律法规的适用情形。

（8）《已使用化妆品原料目录名称（2021年版）》

为进一步加强化妆品原料管理，指导化妆品许可及日常监管工作，国家药监局以《已使用化妆品原料目录名称（2015版）》为基础，形成了《已使用化妆品原料目录名称（2021年版）》，自2021年5月1日起施行。此版本目录共收录8972种原料，不在此列的是新原料。目录按使用方法的不同对原料进行了标注，并对原料按禁用组分、限用组分或准用组分分类管理，同时指出原料所标注的最高使用量并不等于最高安全使用量，以及植物提取物原料名称的命名规范。

6.3.2　化妆品注册备案管理内容细则

《化妆品监督管理条例》《化妆品注册备案管理办法》及其配套规范性文件带来的有关注册备案管理的重要变化罗列如下。

（1）调整化妆品定义

新《条例》对化妆品定义调整不大，依然是满足使用方式、作用部位和使用目的三个方面限制要求的日用化学工业产品，其中在使用目的上，新《条例》借鉴了欧盟、美国、日本等对于化妆品定义的表述，将"美容"改为"美化"，增加了"保护"，删除了"消除不良气味、护肤"。

（2）调整化妆品分类

新《条例》按照风险管理的原则，将化妆品分为特殊化妆品和普通化妆品，分别实行注册和备案管理。根据产品的风险程度以及作用机理，同时对特殊化妆品的范围进行了调整，规定用于染发、烫发、祛斑美白、防晒、防脱发以及宣称新功效的化妆品为特殊化妆品。新《条例》基于产品的风险高低进行科学分类，将监管资源更多地投入到风险程度较高的化妆品上，体现了风险管理、精准管理的理念；基于产品属性以及作用机理，将部分产品从化妆品管理范畴中剔除，也进一步理清了化妆品和药品的边界范围。

（3）新增化妆品注册人、备案人资质要求

新《条例》首次提出注册人、备案人概念，确定了化妆品注册人、备案人对化妆品的质量安全和功效宣称负责的主体责任。同时明确了化妆品注册人、备案人应当具备的资质要求，即注册人、备案人应当建立与注册备案产品相适应的质量管理体系，具有化妆品不良反应监测与评价能力，并要求注册人、备案人在首次申请化妆品注册或者办理备案时提交符合规定条件的证明文件。化妆品的质量安全，不仅要依靠严格的监管，更需要责任企业切实落实相应安全管理责任，做好产品质量保障。注册人、备案人作为化妆品产品的第一责任人，不仅要有产品的主体责任意识，还应当具备相应的安全管理能力。

（4）统一境内责任人的要求和义务

为解决境外企业和境内责任人权责不清的问题，新《条例》统一了进口特殊化妆品和进口普通化妆品的注册备案制度，提出了境外化妆品注册人、备案人应当指定我国境内的企业法人办理化妆品注册、备案，协助开展化妆品不良反应监测、实施产品召回，进一步明确了境内代理企业的要求和义务。

（5）明确化妆品注册备案资料要求

新《条例》对化妆品注册备案需要提交的资料进行了统一，明确无论是普通化妆品还是特殊化妆品，无论是国产产品还是进口产品，在申请化妆品注册或者办理化妆品备案时需要提交一致的资料。进口产品在注册备案时原则上应提交材料证明该产品已在生产国（地区）上市销售。在我国境内生产化妆品需要取得化妆品生产许可证，进口产品在注册备案时提交境外生产企业符合化妆品生产质量管理规范的证明资料。另外，新《条例》配套的法规文件《化妆品注册备案管理办法》《化妆品注册备案资料管理规定》提出化妆品注册人、备案人对所使用原料的安全性负责，首次要求化妆品注册人、备案人在进行化妆品注册或备案时应当明确原料来源和质量安全相关信息。

（6）明确化妆品安全评估要求

安全评估是保证产品安全性的重要手段，在我国化妆品及新原料注册备案过程中发挥重要作用。新《条例》在此基础上首次提出从事安全评估的人员应当具备化妆品质量安全相关专业知识，并具有 5 年以上相关专业从业经历。新《条例》配套法规文件《化妆品安全评估技术导则》中对安全评估的适用范围、基本原则和要求、安全评估人员的要求、风险评估程序、毒理学研究、化妆品原料的风险评估等进行了细化要求，同时对化妆品原料和产品的安全评估报告的体例格式、相关术语和释义、化妆品防腐效能评价方法操作程序等进行了明确。有利于行业更加规范地开展安全评估工作。

（7）新增化妆品功效宣称要求

化妆品功效宣称是消费者购买产品的重要依据，同时也是企业有力的宣传卖点。在严守化妆品安全底线的基础上，新《条例》对化妆品功效宣称提出了要求，明确注册人、备案人对功效宣称负责，规定化妆品的功效宣称应当有充分的科学依据，并要求化妆品注册人、备案人应当在国务院药品监督管理部门规定的专门网站公布功效宣称所依据的文献资料、研究数据或者功效评价资料的摘要，接受社会监督。在新《条例》配套法规文件《化妆品功效宣称评价规范》中对化妆品功效宣称评价的范围以及评价原则进行了规定。

（8）特殊化妆品变更事项调整为注册备案管理并行

为改变现行的特殊化妆品变更注册事项时费时耗力的注册管理程序，新《条例》中仅规定特殊化妆品在生产工艺、功效宣称等方面发生实质性变化的，注册人应向原注册部门申请变更注册。结合新《条例》配套文件之一《化妆品注册备案管理办法》可以理解为，涉及产品安全、功效宣称的实质性变化（例如实际生产地址、产品生产工艺的变化），将实行注册管理；不涉及产品安全、功效宣称的变化（例如企业名称、住所的变化），将实行备案管理。

值得注意的是，《化妆品注册备案管理办法》还提出产品的名称、配方等不得通过变更程序进行改变，要求注册人在注销原注册证后按照新产品重新申请注册。

（9）特殊化妆品延续实行许可承诺制审批

对于延续产品，国家药品监督管理局已于 2019 年 5 月发布《关于实施特殊用途化妆品行政许可延续承诺制审批有关事宜的公告》，将特殊用途化妆品行政许可延续由事前审评审批制度调整为企业告知承诺审批制度。即申请人在注册证有效期届满前按要求对需延续产品开展全面自查并形成自查承诺报告，经国家药品监督管理局审核符合要求的，直接准予其批件延续申请，事前不再组织技术审评，申请人在 15 个工作日内即可获得批件延续。该制度优化了延续产品的审评审批程序，进一步提升了化妆品审评审批效率，《化妆品注册备案管理办法（征求意见稿）》沿用了该承诺制审批制度。另外，新《条例》对延续产品不予延续的情形进行了规定，即注册人未按要求在规定时限内提出延续申请的情况，或申请注册延续的化妆品不能达到现行的强制性国家标准、技术规范要求的情况。

（10）明确化妆品标准体系

新《条例》规定在我国境内生产经营的化妆品应当符合强制性国家标准、技术规范的要求，并且明确了强制性国家标准修订的分工和程序。在现行的化妆品标准制度下，《化妆品安全技术规范》是我国化妆品标准体系的核心，是化妆品注册备案、审评审批的法定依据，在我国上市的化妆品应当满足《化妆品安全技术规范》的安全技术要求。新《条例》中明确指出技术规范是在强制性国家标准制定并发布实施之前，国务院药品监督管理部门为满足实际监管工作需求制定的化妆品质量安全补充技术要求。由此可知，在新《条例》实施后，《化妆品安全技术规范》仍然会在我国化妆品标准体系中发挥重要作用。

（11）进一步规范化妆品标签管理

新《条例》明确了化妆品标签应当标注的内容以及禁止标注的内容，进一步规范了化妆品的标签管理。对于进口化妆品加贴中文标签的形式，要求加贴的标签内容与原标签内容一致。结合新《条例》配套的法规文件《化妆品标签管理办法》来看，此处的一致指的是加贴标签中有关产品安全、功效宣称等方面的内容应当与原销售包装标签内容对应一致。新《条例》规定加贴的中文标签应当与原标签内容一致，有利于确保国内外化妆品在标签宣称方面的公平一致，也方便进一步加强标签监管。

（12）进一步明确注册备案程序

除了上述调整，新《条例》还对一些细节问题进行了明确，例如规定办理备案时，在线提交资料即完成备案，真正实现告知性备案。规定注册工作程序和时限，注册程序包括申请、受理、资料移交、技术审评和行政审批等，审评和审批时限分别为 90 个工作日和 20 个工作日。

6.4 化妆品生产经营监督管理

以《化妆品监督管理条例》的形成法规为基础，国家化妆品监管部门构建了化妆品生产经营管理法规体系。

6.4.1 化妆品生产经营管理法规体系

6.4.1.1 法规对化妆品生产经营的规定

《化妆品监督管理条例》已于 2020 年 6 月 29 日由国务院正式颁布，自 2021 年 1 月 1 日起正式施行。其中第三章第二十六条至第四十五条重点阐述化妆品生产经营的相关要求。新《条例》将进一步规范化妆品生产经营活动，涉及的相关词汇中，"生产"134 处、"经营"84 处，表明了在化妆品监管领域，突显生产与经营两大环节的监管是确保产品质量安全的关键。同时为保证化妆品质量安全，更好地保障消费者权益，新《条例》加强了化妆品的监督管理，对化妆品生产经营中的各类企业主体提出了更高的要求，将进一步促进化妆品产业健康发展。

6.4.1.2 规章对化妆品生产经营的规定

《化妆品生产经营监督管理办法》已于 2021 年 8 月 26 日由国家市场监督管理总局正式发布，自 2022 年 1 月 1 日起施行。这是我国首部专门针对化妆品生产经营管理的部门规章。《化妆品生产经营监督管理办法》贯彻落实了新《条例》的立法精神和要求，进一步加强化妆品生产经营监督管理，保障消费者健康权益，规范和促进化妆品行业健康发展。《化妆品生产经营监督管理办法》从细化监管制度，创新监管方式，突出重点环节、重点产品、重点企业监管等方面，落实新《条例》关于化妆品生产经营监督管理的各项规定，是新《条例》重要的配套文件之一。

6.4.1.3 化妆品生产经营的配套规范性文件

（1）《化妆品生产质量管理规范》

《化妆品生产质量管理规范》是国家药品监督管理局为规范化妆品生产质量管理，根据《化妆品监督管理条例》及相关规定制定的规范。规范是化妆品生产质量管理的基本要求，分为九章 67 条，化妆品注册人、备案人、受托生产企业应当按照本规范的要求建立生产质量管理体系，实现对化妆品物料采购、生产、检验、贮存、销售和召回等全过程的控制和追溯，确保持续稳定地生产出符合质量安全要求的化妆品。

（2）《化妆品生产质量管理规范检查要点及判定原则》

长期以来化妆品生产企业的质量管理主要依据《化妆品生产许可规范及检查要点（105

条）》，在新《条例》颁布实施后，规定化妆品注册人、备案人、受托生产企业应当按照国务院药品监督管理部门制定的《化妆品生产质量管理规范》的要求组织生产化妆品。为规范化妆品生产许可和监督检查工作，《化妆品生产质量管理规范检查要点及判定原则》对从事化妆品生产活动的化妆品注册人、备案人、受托生产企业，依据化妆品生产质量管理规范检查要点，分实际生产版、委托生产版，并阐明了化妆品生产质量管理规范检查分类（生产许可现场核查、生产许可延续后现场核查、日常监督检查）及判定原则。

（3）《化妆品抽样检验管理办法》

《化妆品抽样检验管理办法》是国家药品监督管理局为加强化妆品监督管理，规范化妆品抽样检验工作，根据《化妆品监督管理条例》《化妆品生产经营监督管理办法》等法规规章制定的规范。《化妆品抽样检验管理办法》共八章 61 条，是负责化妆品监督管理的部门组织实施化妆品抽样检验工作的工作准则，加强对抽样、检验、异议审查和复检、核查处置及信息公开的全过程管理，自 2023 年 3 月 1 日起施行。

（4）《化妆品风险监测工作规程》

化妆品风险监测工作主要依据由国家食品药品监督管理总局 2018 年 1 月 5 日发布的《化妆品风险监测工作规程》，随着新《条例》的颁布与实施，化妆品风险监测工作也需开展相应规范的优化与制定。《规程》为开展化妆品风险监测（通过系统地、持续地对化妆品中风险因素进行信息收集、样品采集、检验、结果分析，及早发现化妆品质量安全问题，为化妆品监督抽检、风险研判和处置提供依据的活动）、工作原则、计划、采样、检验、监测报告、结果利用及工作要求等规范指引。

（5）《化妆品不良反应监测管理办法》

作为我国首个关于化妆品不良反应监测的专门法规文件，在新《条例》基础上，对化妆品不良反应监测工作提出具体要求，为实际工作开展提供基本遵循，为我国化妆品不良反应监测工作提供工作依据、指明方向。

（6）《化妆品境外检查管理规定》

为规范进口化妆品境外检查工作，明确境外检查工作要求和内容，保证境外检查过程规范、公开、公平，检查结果客观、公正、有效，国家药品监督管理局组织起草了《化妆品境外检查暂行管理规定（征求意见稿）》。《规定》正文共 5 章，36 条，并附 6 个辅助性文件。

《规定》充分考虑了化妆品境外检查存在的实际问题，区别于国内企业飞行检查规定，重点规范境外检查的启动和处置环节，明确了相关外事程序要求，设定了对发现问题的判定原则和处置措施。

6.4.1.4 化妆品生产经营管理中的其他规范性文件

包括《化妆品网络销售监督管理办法》《化妆品稽查检查指南》和《化妆品补充检验方法管理规定》等。

（1）《化妆品安全技术规范》

化妆品行业的健康良性发展离不开科学的监管和技术法规的规范。1987 年，由国家技术监督局和卫生部联合发布了《化妆品卫生标准》，这是我国首部化妆品国家标准。为了进一步完善化妆品监督管理的技术法规，满足化妆品卫生监督管理的需要，1999 年卫生部参考欧盟化妆品法规制定发布了《化妆品卫生规范》，作为对《化妆品卫生标准》的更新，并于 2002 年、2007 年和 2015 年三次对《化妆品卫生规范》做了修订。现行的《化妆品安全技术规范》（2015 年版）（简称《技术规范》）自 2016 年 12 月 1 日起实施。

《技术规范》共分八章。第一章为概述，包括范围、术语和释义、化妆品安全通用要求。第二章为化妆品禁限用组分要求，包括 1388 项化妆品禁用组分及 47 项限用组分要求。第三章为化妆品准用组分要求，包括 51 项准用防腐剂、27 项准用防晒剂、157 项准用着色剂和 75 项准用染发剂的要求。第四章为理化检验方法，收载了 77 个方法。第五章为微生物学检验方法，收载了 5 个方法。第六章为毒理学试验方法，收载了 16 个方法。第七章为人体安全性检验方法，收载了 2 个方法。第八章为人体功效评价检验方法，收载了 3 个方法。

随着社会发展和技术的进步，《化妆品安全技术规范》不断新增、修订了多项检测方法。其中《化妆品中游离甲醛的检测方法》《化妆品用化学原料体外兔角膜上皮细胞短时暴露试验》《皮肤变态反应：局部淋巴结试验：DA》《皮肤变态反应：局部淋巴结试验：BrdU-ELISA》《化妆品用化学原料体外皮肤变态反应：直接多肽反应试验》《化妆品中 3-亚苄基樟脑等 22 种防晒剂的检测方法》《化妆品中激素类成分的检测方法》和《化妆品中抗感染类药物的检测方法》为 2019 年新增的 8 项检测方法；《化妆品中斑蝥素和氮芥的检测方法》《化妆品中 10 种 α-羟基酸的检测方法》《细菌回复突变试验》和《致畸试验》为 4 项修订检测方法。

(2)《儿童化妆品监督管理规定》

为规范儿童化妆品生产经营活动，加强儿童化妆品监督管理，保障儿童使用化妆品安全，依据《化妆品监督管理条例》等法律法规，国家药监局组织制定了《儿童化妆品监督管理规定》，已于 2021 年 9 月 30 日公布，自 2022 年 1 月 1 日起施行。

《儿童化妆品监督管理规定》共二十二条，其中，具体明确了儿童化妆品注册人、备案人主体责任，规定了覆盖注册备案管理、标签、上市后监管等全链条监管要求，指导企业开展儿童化妆品生产经营活动，并提出较一般化妆品更为严格的监管要求。

《儿童化妆品监督管理规定》是国家药监局专门针对儿童化妆品制定的规范性文件，对规范儿童化妆品市场有着重要意义。

6.4.2 化妆品生产经营管理内容细则

《化妆品生产经营监督管理办法》带来的有关注册备案管理的重要变化罗列如下。

(1) 生产经营活动中企业主体分类

由于历史原因，化妆品监管相关法规中，企业责任担当的主体常常表述为"生产企业""生产者"或"化妆品生产者""化妆品分装者""化妆品经营者"等。此类表述不统一，在各类生产经营活动中应当分别承担何种责任也并不明确。新《条例》和《化妆品生产经营监督管理办法》对化妆品生产经营活动中企业主体做出了清晰界定和分类。主要分为：化妆品注册人与化妆品备案人；化妆品新原料注册人与化妆品新原料备案人；境外化妆品注册人与境外化妆品备案人，以及其在我国境内指定的企业法人（境内责任人）；受托生产企业；化妆品经营者；化妆品集中交易市场开办者、展销会举办者；电子商务平台经营者；化妆品网络销售者；美容美发机构、宾馆等。

(2) 不同主体需要承担的责任

① 化妆品注册人与化妆品备案人

以往的化妆品企业主体普遍存在产品质量管理滞后、包装标识混乱无序、不执行或上报不良反应监测等问题。新《条例》要求化妆品注册人与化妆品备案人，需要保证化妆品的质量安全，真实地宣传化妆品功效宣称，履行相关义务，强化主体责任；按照法定要求组织生产，通过生产许可审批制度，遵守生产质量管理规范，执行质量管理制度，按注册备案组织生产，设立质量安全负责人，落实从业人员健康管理和培训，定期自查报告；对产品、原料、包装材料的合法合规性负责，进一步保证产品质量安全，承担化妆品质量安全责任；在委托加工生产过程中，监督受托企业生产活动，明确委托双方资质、责任，签订委托合同，落实生产中物料管理责任；履行产品上市的不良反应监测义务；在产品出现质量安全风险时，主动履行产品召回的义务。

② 化妆品新原料注册人与化妆品新原料备案人

此前我国未能建立科学有效的化妆品安全性评价体系，导致我国化妆品新原料的发展长期滞后。化妆品新原料注册备案制度的改进，将促进化妆品产业的创新发展，同时也对相关主体提出了新的要求。化妆品新原料注册人与化妆品新原料备案人，需要根据风险程度，依据新原料的备案和注册程序，对原料实施注册或备案；履行监测义务，对已注册备案新原料，建立监测体系，在监测期内按要求执行安全情况报告、年度报告，有效防控化妆品原料的安全风险。

③ 委托加工中受托企业

委托加工是化妆品生产中常见的生产形式，新法规改变了以往化妆品委托加工责任不清的状况。受托企业需要明确委托双方资质、责任，按照法定要求组织生产，通过生产许可审批，遵守生产质量管理规范，执行质量管理制度，按注册备案组织生产，设立质量安全负责人，落实从业人员健康管理和培训，定期自查报告；对产品、原料、包材的合法合规性负责，承担相关责任；配合化妆品注册人与备案人进行产品上市后的不良反应监测，及时报告；在产品生产过程中，有义务接受委托方监督；在产品出现质量安全风险时，配合化妆品注册人与备案人进行产品召回。

④ 境外化妆品注册人与境外化妆品备案人、境内责任人

我国境外企业，即境外化妆品注册人与境外化妆品备案人，按新《条例》规定应指定我国境内的企业法人作为境内责任人。境内责任人得到授权办理化妆品、新原料的注册或备案；负责境外企业产品在我国境内的进口与经营，保证产品质量安全并依法承担相应责任；协助境外化妆品注册人与境外化妆品备案人开展化妆品不良反应监测、产品召回及新原料安全监测与报告工作；产品出现质量安全风险时，协助境外化妆品注册人与境外化妆品备案人开展问题产品的召回工作；相关监督管理部门开展监督检查工作时，需要全力配合。

⑤ 化妆品经营者

化妆品的经营是化妆品监管领域的重点内容，关系到消费者的切身利益，化妆品经营者往往会法律意识淡薄，对经营活动中的主体责任缺乏认知。新《条例》加强了对化妆品经营者的监管，要求化妆品经营者应建立与其经营活动相适应的经营质量管理制度与进货查验记录制度，保证有效执行，确保产品来源明确、合规、可追溯；建立销售记录制度，落实记录保存；做好产品运输储存工作，确保产品品质稳定；履行化妆品不良反应监测和报告工作、协助产品召回工作；在产品销售过程中，明确法规禁止经营产品，杜绝虚假宣称，禁止自行配制化妆品行为。

⑥ 美容美发机构、宾馆

长期以来，美容美发机构、宾馆中化妆品的使用管理监管基本缺失，新法规有效弥补了以往的监管空白，明确了相关主体所需要履行的义务和承担的责任。美容美发机构、宾馆等

主体所提供的服务中如果使用了化妆品，视同化妆品经营行为，应履行化妆品经营者的相关义务。使用化妆品提供服务前，提倡相关主体向消费者详细展示化妆品销售包装、正确引导消费者使用、禁止虚假夸大宣传化妆品功效；使用化妆品提供服务过程中，按照化妆品产品标签或使用说明书载明的使用方法和注意事项正确使用化妆品；鼓励相关主体在经营场所内公示化妆品的注册或备案信息；依法诚信经营，接受社会监督。

⑦ 集中交易市场

化妆品集中交易市场、展销会是化妆品集中经营的常见形式，通常包含多家化妆品经营者，牵涉到各化妆品经营者的管理和监督工作。化妆品集中交易市场开办者、展销会举办者应建立并执行入场化妆品经营者管理制度，承担场内经营者的管理工作。严格审查场内经营者主体登记证明并建立相应的登记档案；定期组织对化妆品经营者检查，记录保存，有效监督，及时发现、制止、上报违法行为。

⑧ 化妆品网络经营者

近年来网络销售发展势头强劲，但销售产品信息不透明、混乱、虚假等情况，网络监管加强的呼声日益提升。新法规满足了化妆品网络销售中迫切需要的更全面、严格的监管要求。化妆品网络经营者是主要通过网络开展化妆品经营活动的主体（包括自然人、法人和非法人组织），主要分为化妆品电子商务平台经营者与化妆品网络销售者两类。

Ⅰ.化妆品网络销售者　化妆品网络销售者（包括自然人、法人和非法人组织）是通过自建网站、加入电子商务平台或通过其他网络服务形式开展化妆品经营活动。化妆品网络销售者需要明确主体责任，履行化妆品经营者义务，确保资料信息数据真实、完整、及时更新，化妆品来源可追溯；显著标识市场主体登记信息或链接标识，保证主体资质信息有效展示；销售的化妆品信息展示，应当全面、真实、准确、及时，确保消费者知情权；杜绝销售法规禁止经营的产品，以及涉嫌医疗、虚假夸大功效的宣传。

Ⅱ.化妆品电子商务平台经营者　化妆品电子商务平台经营者（包括法人和非法人组织），主要以网络的形式提供化妆品经营场所、交易、信息管理和发布等服务，帮助企业或个人独立开展化妆品交易活动。化妆品电子商务平台经营者应及时向相关部门登记主体资质信息；建立管理机构或专人管理，建立执行平台内经营者管理制度、化妆品产品信息和交易记录保存制度、化妆品投诉管理和争议解决制度、化妆品不良反应信息收集制度；承担平台入驻管理工作，负责平台内经营者登记建档、协议签字、责任明确等；承担平台监督管理工作，主动发现、报告、制止违规或违法行为，记录并及时处理投诉；及时收集不良反应信息记录并及时转交平台内经营者处理；必要时配合管理部门调查取证及制止违法或违规行为。

（3）企业主体中个人需要承担的责任

新《条例》及相关管理办法为使责任全面落实，对违法违规行为进一步处罚到人，实行企业与个人双罚制度，迫使企业主体中不同个人，应匹配其所需的职业素质与能力，落实工作义务和责任

① 企业法定代表人或者主要负责人

企业法定代表人或者主要负责人是企业从事生产经营活动的主要责任人。在化妆品生产许可证变更、加贴标签或包装不直接接触化妆品内容物加工备案、集中交易市场中化妆品经营者的市场主体登记证明、电子商务平台对申请入驻的平台内经营者登记信用档案信息等时，都需要登记法定代表人或者主要负责人相关信息；生产经营过程中存在安全隐患且不及时采取措施，管理部门可对法定代表人或者主要负责人进行责任约谈；违法违规行为，对个

人的处罚首先处罚到企业法定代表人或者主要负责人。

② 质量安全负责人

质量安全负责人主要负责企业生产经营过程中的质量安全相关制度的建立和执行，保证产品质量安全，防范质量风险。质量安全负责人承担相应的产品质量安全管理和产品放行职责，需要具备化妆品质量安全相关专业知识，并具有 5 年以上化妆品生产或者质量安全管理经验；在化妆品生产许可证变更、加贴标签或包装不直接接触化妆品内容物加工备案、经营者登记信用档案信息等时，都需要登记质量安全负责人相关信息；违法违规行为，根据实际情况决定对质量安全负责人的处罚。

③ 化妆品安全评估人员

化妆品的安全评估工作通过理化性质、危害识别、毒理数据、暴露评估等方面，科学、全面、准确、可靠地进行安全评估，对化妆品安全评估人员的资质和能力提出了严格的要求。化妆品安全评估人员需要具有医学、药学、化学或毒理学等化妆品质量安全相关专业知识，了解化妆品生产过程和质量安全控制要求，并具有 5 年以上相关专业从业经历；能够查阅和分析化妆品和原料安全等相关文献信息，分析、评估、解释、引用相关数据；客观公正地分析化妆品和原料的安全性，利用全面、准确可靠、科学的数据，开展安全评估工作；能定期通过专业培训，学习新的安全评估的相关知识，提升自身职业素质和能力，并用于实践。

④ 化妆品从业人员

我国化妆品中小企业普遍存在从业人员整体素质不高，培训不足的情况。化妆品从业人员需要开展化妆品法律法规、规章、强制性国家标准、化妆品安全技术规范、工作操作规范等知识培训，并建立培训档案；对直接从事化妆品的相关人员进行健康管理，每年进行健康检查，取得健康证明后方可从事化妆品生产活动；生产岗位操作人员，需要掌握与生产化妆品相适应的技术；检验人员，需具有对生产的化妆品进行检验的相应知识和实际操作技能；严格遵守各项法律法律、规章制度，努力提升自身职业素质和能力，承担工作中相应的责任。

6.5　化妆品上市后监督管理

6.5.1　化妆品上市后监管概述

化妆品不良反应监测、监督检查、抽样检验、风险监测与评价和投诉举报与违法查处被誉为化妆品上市后监管的"五架马车"，在落实《化妆品监督管理条例》目标、保证化妆品质量安全、保障消费者健康、促进化妆品产业健康发展上具有重要意义。

在目前国家简政放权、放管结合的改革背景下，国家治理模式从管理走向治理，政府与社会重新定位，政府的监管起到保障性作用，社会公众的参与起到监督性作用，化妆品的消费离不开终端，化妆品的使用离不开终端，化妆品的信息反馈更离不开终端，因此，以诚信为抓手，以政府信息公开为依据，以社会共治为基础，释放社会公众的知情权、投诉权、求偿权，打破政府与社会公众之间的信息壁垒，从而倒逼企业的合法经营，最终保障企业在新政策实施过程中的平稳过渡、保障产品质量安全。

化妆品不良反应监测正是终端消费者反映化妆品安全情况的最有效最真实的途径（图6-3），是对新时代中国主要社会矛盾的科学认识以及全方位保证化妆品安全治理体系建设而开展的工作。通过开展化妆品不良反应监测及时发现安全风险信号，保障公众健康。

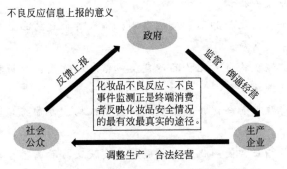

图 6-3　化妆品不良反应/事件信息上报的意义

6.5.2　化妆品不良反应监测

6.5.2.1　我国化妆品不良反应监测发展历程

我国化妆品不良反应监测工作主要经历了卫生系统和药监系统两个时期。20世纪90年代到2008年这段时间属于卫生系统时期。2008年后属于药监系统时期，化妆品监管职能部门由卫生部门划转到药品监管部门，国家药品监督管理局主管全国化妆品不良反应监测工作。经过卫生、药监等部门三十年的努力，目前已初步建成了遍布全国各省的化妆品不良反应监测组织体系、实时在线上报化妆品不良反应的信息化系统和一支不断成长的化妆品不良反应监测评价人员队伍。

6.5.2.2　我国化妆品不良反应监测机构

各级化妆品监管部门负责不良反应监测组织、管理和指导。

（1）国家化妆品不良反应监测中心

负责全国化妆品不良反应报告和监测有关的技术工作。

（2）省级化妆品不良反应监测机构

负责本行政区域内化妆品不良反应报告和监测的技术工作。该区的市级化妆品不良反应监测机构（以下称"市级化妆品不良反应监测机构"）负责本行政区域内化妆品不良反应报告和监测的技术工作。

（3）化妆品不良反应监测哨点

由省级市场监督管理局按照国家市场监督管理总局制定的标准进行认定，在省级化妆品不良反应监测机构的管理和技术指导下，承担工作职责并开展相关工作。

6.5.2.3　化妆品不良反应监测法律法规和重要文件

（1）化妆品不良反应监测行政法规

2020年6月16日李克强总理签发的中华人民共和国国务院令第727号《化妆品监督管理条例》中第二十三、五十、五十二、六十二、七十、七十二条涉及了化妆品不良反应监测的内容，其中第五十二条，对我国化妆品不良反应监测做出了规定。

第五十二条　国家建立化妆品不良反应监测制度。

化妆品注册人、备案人应当监测其上市销售化妆品的不良反应，及时开展评价，按照国务院药品监督管理部门的规定向化妆品不良反应监测机构报告。

受托生产企业、化妆品经营者和医疗机构发现可能与使用化妆品有关的不良反应的，应当报告化妆品不良反应监测机构。

鼓励其他单位和个人向化妆品不良反应监测机构或者负责药品监督管理的部门报告可能与使用化妆品有关的不良反应。

化妆品不良反应监测机构负责化妆品不良反应信息的收集、分析和评价，并向负责药品监督管理的部门提出处理建议。

化妆品生产经营者应当配合化妆品不良反应监测机构、负责药品监督管理的部门开展化妆品不良反应调查。

化妆品不良反应是指正常使用化妆品所引起的皮肤及其附属器官的病变，以及人体局部或者全身性的损害。

（2）化妆品不良反应监测部门规章

2021 年 8 月 2 日颁布，2022 年 1 月 1 日实施的《化妆品生产经营监督管理办法》在新《条例》基础上对化妆品不良反应监测工作进一步做出规定，以下截取部分主要内容。

第四条　化妆品注册人、备案人应当依法建立化妆品生产质量管理体系，履行产品不良反应监测、风险控制、产品召回等义务……

第二十八条　质量安全负责人……承担下列相应的产品质量安全管理和产品放行职责：（四）化妆品不良反应监测管理……

第四十七条　化妆品电子商务平台经营者收到化妆品不良反应信息、投诉举报信息的，应当记录并及时转交平台内化妆品经营者处理……

第五十二条　对举报反映或者日常监督检查中发现问题较多的化妆品，以及通过不良反应监测、安全风险监测和评价等发现可能存在质量安全问题的化妆品，负责药品监督管理的部门可以进行专项抽样检验。

第五十五条　化妆品不良反应报告遵循可疑即报的原则。国家药品监督管理局建立并完善化妆品不良反应监测制度和化妆品不良反应监测信息系统。

（3）化妆品不良反应监测规范性文件及配套技术指南

在《条例》和《化妆品生产经营监督管理办法》的指导下，国家药品监督管理局制定了《化妆品不良反应监测管理办法》，作为我国首个关于化妆品不良反应监测的专门法规文件，为指导化妆品不良反应监测工作提供具体要求和遵循原则。其他的相关配套技术指南包括：

《化妆品安全技术规范》

《化妆品注册备案检验工作规范》

《化妆品分类规则和分类目录》

《化妆品功效宣称评价规范》

《化妆品标签管理办法》

《化妆品不良反应/事件报告表填写指南》

《化妆品不良反应风险报告技术规范》

《化妆品皮肤病判断标准》

6.5.2.4 建立化妆品不良反应监测制度的意义

《化妆品监督管理条例》第五十二条规定，国家建立化妆品不良反应监测制度。化妆品注册人、备案人应当监测其上市销售化妆品的不良反应，及时开展评价，按照国务院药品监督管理部门的规定向化妆品不良反应监测机构报告。受托生产企业、化妆品经营者和医疗机构发现可能与使用化妆品有关的不良反应的，应当报告化妆品不良反应监测机构。鼓励其他单位和个人向化妆品不良反应监测机构或者负责药品监督管理的部门报告可能与使用化妆品有关的不良反应。

化妆品不良反应报告遵循可疑即报原则，即怀疑与化妆品有关的人体损害，均可以作为化妆品不良反应信息进行报告，同时对错误使用或使用非法添加等假冒伪劣造成皮肤及全身性损伤的化妆品不良事件也一并监测。

化妆品不良反应监测机构负责化妆品不良反应信息的收集、分析和评价，并向负责药品监督管理的部门提出处理建议。化妆品生产经营者应当配合化妆品不良反应监测机构、负责药品监督管理的部门开展化妆品不良反应调查。通过开展化妆品不良反应监测，收集消费者由于使用化妆品引起不良后果或伤害的信息，发现和研究真实世界中化妆品的风险信号和线索，为监管部门采取监督检查和抽检、停止生产销售、实施产品召回等监管措施，以及指导公众合理用妆提供重要的技术支撑，对切实保障人民群众消费安全，促进化妆品产业良性健康发展具有重要意义。

6.5.2.5 化妆品不良反应监测及报告上报

（1）化妆品不良反应监测

是指化妆品不良反应收集、报告、分析、评价、调查、处理的全过程。

（2）化妆品不良反应上报原则

《化妆品监督管理条例》规定化妆品行业中，化妆品注册人、备案人监测并报告，受托生产企业、化妆品经营者和医疗机构发现并报告，鼓励其他单位和个人向化妆品不良反应监测机构或者负责药品监督管理的部门报告可能与使用化妆品有关的不良反应。化妆品不良反应监测机构负责化妆品不良反应信息的收集、分析和评价，并向负责药品监督管理的部门提出处理建议。

《化妆品生产经营监督管理办法》中规定，化妆品不良反应报告遵循可疑即报的原则。行业内应主动收集并按要求的时限及时报告化妆品不良反应，确保报告内容"真实、完整、准确"。

（3）化妆品不良反应诊断标准

1998年12月1日起实施的由中华人民共和国卫生部发布的《化妆品皮肤病诊断及处理原则》（GB 17149.1—1997）提出，化妆品皮肤病的范围包含：化妆品接触性皮炎、化妆品痤疮、化妆品毛发损害、化妆品甲损害、化妆品光感性皮炎、化妆品皮肤色素异常6类，后期加入化妆品唇炎、化妆品接触性荨麻疹以及激素依赖性皮炎等皮损。近年来，对于化妆品中激素添加造成的激素依赖性皮炎也纳入化妆品不良反应监测的范围。

（4）化妆品不良反应监测报告形式

2014年12月29日，为更有效开展监测工作，国家药品不良反应监测中心发布了《化妆品不良反应报告表》和《化妆品群体不良事件基本信息表》两种表格，分别用于收集化妆品不良反应和群体不良事件信息，其中《化妆品不良反应报告表》于2017年1月1日更新。

①《化妆品不良反应报告表》

化妆品生产企业、经营者和医疗机构应当在获知或发现化妆品不良反应后 15 日内，填写纸质的《化妆品不良反应报告表》并按照规定程序进行上报，也可直接在国家化妆品不良反应监测系统中在线填写报告表并上报。社会组织和个人也可向化妆品不良反应监测机构报告可能与使用化妆品有关的不良反应。

《化妆品不良反应报告表》可大致分为六个部分，分别为报告基本情况、患者（消费者）相关信息、不良反应相关信息、化妆品相关信息、关联性评价、报告人/报告单位信息（图 6-4）。

化妆品不良反映报告表

报告表编号：		报告类型：	□一般　　□严重	
报告单位名称：				
报告单位类型：	□医疗卫生机构 □生产公司 □经营公司□个人□其他			
患者/消费者姓名：	性别：□男　□女　民族：　　　年龄：　（岁）　体重：　（kg）			
联系电话：		通讯地址：		
有无化妆品过敏史	□有,具体＿＿＿＿　□无□不详	有无药物过敏史	□有,具体＿＿＿　□无□不详	
有无食物过敏史	□有,具体＿＿＿　□无□不详	有无其他接触物过敏史	□有,具体＿＿＿　□无□不详	
开始使用日期：□年□月□日		化妆品不良反映发生日期：□年□月□日		停用日期：□年□月□日

不良反映过程描述(涉及症状、体征等)及解决状况:(可多选)

过程描述：

1. 潜伏期(可疑化妆品□开始□停止使用时间～浮现临床体现的时间差):＿＿＿＿(□小时□天□月)。

2. 自觉症状:□瘙痒□灼热感□疼痛 □干燥 □紧绷感 其他＿＿＿＿＿＿

3. 皮损部位:□面部(□额部□颊部□眼周□鼻部□口唇□口周□颏部)□头皮□外耳廓□颈部□全身
　□胸部□腹部□背部□腋窝□腹股沟□上肢□下肢□手部□甲周 □甲板 □其他＿＿＿＿＿

4. 皮损形态:□红斑 □丘疹 □斑块 □丘疱疹 □水肿 □水疱
　□粉刺 □风团 □毛囊炎样 □毛细血管扩张
　□色素沉着 □色素减退 □色素脱失
　□毛发脱色 □毛发变脆 □毛发分叉 □毛发断裂 □毛发脱落
　□甲板变形 □甲板软化 □甲板剥离 □甲板脆裂 □甲周皮炎
　□伴糜烂 □渗出 □痂 □鳞屑 □苔藓样变 □萎缩 □抓痕 □其他＿＿＿＿＿

5. 其他损害:□神经系统 □全身性 □肾损害 □精神障碍 □其他＿＿＿＿＿

采用过(何种)解决措施：

1. 停用可疑化妆品:□未停 □已停(已停用时间＿＿＿□天□月)。

2. 局部解决:□冷敷□糖皮质激素□钙调神经磷酸酶抑制剂□抗组胺药 □中药制剂 □其他＿＿＿＿＿

初步鉴定：

□化妆品接触性皮炎 □化妆品光感性皮炎 □化妆品皮肤色素异常 □化妆品痤疮 □化妆品唇炎
□化妆品毛发损害 □化妆品甲损害 □化妆品荨麻疹 □激素依赖性皮炎□其他＿＿＿＿＿

补充说明：	

图 6-4　化妆品不良反应监测报告表

《化妆品不良反应报告表》填报内容应真实、完整、准确，尽可能详细地填写报告表中所要求的项目。填写内容、签署意见（包括有关人员的签字）字迹要清楚不得用报告表中未规定的符号、代号、不通用的缩写形式和花体式签名。其中选择项画"√"。对于报告表中的描述性内容，如果提供的空间不够，可另附 A4 纸说明。

②《化妆品群体不良事件基本信息表》

化妆品群体不良事件是指同一化妆品（同一生产企业生产的同一类型化妆品）在使用过程中，在相对集中的时间内，对一定数量人群（一般反应 10 人及以上，重反应 3 人及以上）的身体健康或者生命安全造成损害或者威胁，需要予以紧急处置的事件。

发送或获知化妆品群体不良事件后应按要求填写《化妆品群体不良事件基本信息表》，对于各个例还应及时填写《化妆品不良反应报告表》并及时上报。

③ 化妆品不良反应报告内容

报告内容应至少包括以下内容：	① 报告人或发生不良反应者的姓名 ② 症状或者体征 ③ 不良反应类型 ④ 不良反应发生日期 ⑤ 所使用化妆品名称
报告内容推荐且不限于以下内容：	① 所使用化妆品批号 ② 产品类别 ③ 化妆品开始使用日期 ④ 化妆品生产企业 ⑤ 化妆品经营者 ⑥ 化妆品、食物、药物过敏史 ⑦ 不良反应/事件过程描述 ⑧ 医生的信息和诊断意见 ⑨ 引起不良反应可能的原因 ⑩ 处理结果

参 考 文 献

[1] 王钢力,邢书霞.化妆品安全性评价方法及实例.北京:中国医药科技出版社,2020.

[2] 杜志云.化妆品感官评价:基础篇.北京:化学工业出版社,2020.

[3] 董银卯.化妆品植物原料开发与应用.北京:化学工业出版社,2019.

[4] 张婉萍.化妆品配方科学与工艺技术.北京:化学工业出版社,2018.

[5] 李丽,董银卯,郑立波.化妆品配方设计与制备工艺.北京:化学工业出版社,2018.

[6] 王培义.化妆品:原理·配方·生产工艺.北京:化学工业出版社,2014.

[7] 邹志飞.化妆品安全评价及检测技术.北京:化学工业出版社,2017.

[8] 余丽丽.化妆品:配方、工艺及设备.北京:化学工业出版社,2018.

[9] 唐冬雁,董银卯.化妆品:原料类型·配方组成·制备工艺.2版.北京:化学工业出版社,2017.

[10] 朱薇.化妆品安全监管实务.北京:中国医药科技出版社,2017.

[11] 顾振华.食品药品安全监管工作指南.上海:上海科学技术出版社,2017.

[12] 裴炳毅,高志红.现代化妆品科学与技术.北京:中国轻工业出版社,2016.